"十三五"江苏省高等学校重点教材

工程热力学

ENGINEERING THERMODYNAMICS

主　编　王　谦　刘　涛　吉恒松

参　编　柏　金　张　墨　仲敏波

韩新月　姜　鹏　赵　炜

冯永强

镇　江

图书在版编目(CIP)数据

工程热力学 / 王谦,刘涛,吉恒松主编. —镇江：江苏大学出版社,2020.9
ISBN 978-7-5684-1437-1

Ⅰ. ①工… Ⅱ. ①王… ②刘… ③吉… Ⅲ. ①工程热力学 Ⅳ. ①TK123

中国版本图书馆 CIP 数据核字(2020)第 188436 号

工程热力学
Gongcheng Relixue

主　　编/王　谦　刘　涛　吉恒松
责任编辑/李经晶
出版发行/江苏大学出版社
地　　址/江苏省镇江市梦溪园巷 30 号(邮编：212003)
电　　话/0511-84446464(传真)
网　　址/http://press.ujs.edu.cn
排　　版/镇江文苑制版印刷有限责任公司
印　　刷/扬州皓宇图文印刷有限公司
开　　本/787 mm×1 092 mm　1/16
印　　张/15.5
字　　数/397 千字
版　　次/2020 年 9 月第 1 版　2020 年 9 月第 1 次印刷
书　　号/ISBN 978-7-5684-1437-1
定　　价/55.00 元

前言 QIANYAN

工程热力学是一门古老而又充满活力的学科，也是能源动力类专业以及建筑环境与能源应用工程等相关专业的核心专业基础课程，随着能源利用领域科学技术的不断进步，工程热力学的内容和体系也不断拓展，相应的，教材和教学内容需要不断改进和完善。

工程热力学主要研究热现象与热能利用过程中能量转换的规律及应用。工程热力学经过200多年的发展，其理论日趋完善，在能源领域的运用也日益广泛，除了传统化石能源领域外，在新能源领域的应用也不断深入。工程热力学涉及的知识及应用是当前国际能源领域的专家学者和科研人员研究的热门课题，这带来工程热力学内容与应用实践的不断丰富。作为能源动力类人才培养的重要基础课程，工程热力学课程承担的使命越发重要，从知识学习到能力培养的要求也越来越高，工程热力学课程的建设越来越受到各高校的重视。其中工程热力学教材建设一直是国内外高校开展的重要工作，从未间断。国内《工程热力学》教材主要有清华大学朱明善等、西安交通大学傅秦生、上海交通大学沈维道等、上海电力大学华自强、重庆大学曾丹苓等以及哈尔滨工业大学严家騄等编著出版的，从国外引用的教材主要有美国内华达大学 Yunus A. Cengel 等编写的 *Thermodynamics: An Engineering Approach* 以及 Michael J. Moran 等编写的 *Fundamentals of Engineering Thermodynamics*，此外还有西安交通大学何雅玲编写的《工程热力学精要分析典型题解》、清华大学吴晓敏编写的《工程热力学精要与题解》等。这些教材为工程热力学课程教学和人才培养质量提供了保证。随着工程热力学在线课程建设以及线上线下混合式教学需求的提出，对工程热力学教材的建设提出新的要求。

大力开展工程热力学教材建设，对促进新工科背景下工程热力学教学水平的提升和人才培养的成效，特别是应对目前国际教育形势和国外先进教育理念更新的挑战，具有重要意义。本教材被列为江苏省重点教材，编者在多年工程热力学教学实践经验，以及工程热力学一流课程建设的基础上，依托能源动力类核心课程江苏省优秀教学团队，参阅国内多本工程热力学教材和国外英文原版教材，运用互联网相关的教学资源，根据我国教育部能源动力类专业工程热力学课程大纲的教学要求，科学合理编排各章节内容，对于每章的知识点，都采用相关典型生活案例和工程案例进一步阐述其应用，包括采用相关科研成果案例，希望能够加深学生对工程热力学原理的理解，增加对工程热力学的学习兴趣。每章辅以相关例题与习题，并配以线上教学内容，可供读者更好地学习和掌握工程热力学知识，提高解决能源利用中的工程热力学实际问题的能力。

编　者

2020年9月

目录

MULU

主要符号

拉丁字母

A	面积
c	声速
c_f	流动速度
c_p	比定压热容(质量定压热容)
c_V	比定容热容(质量定容热容)
$C_{p,m}$	摩尔定压热容
$C_{V,m}$	摩尔定容热容
d	含湿量,直径
D	过热度
e	比总能
E	总能
$e_{x,U}$	闭口系统㶲参数(可用度参数)
$e_{x,H}$	开口系统㶲参数
h	比焓
H	焓
H_m	摩尔焓
L	汽化潜能
m	质量
q_m	质量流量
M	摩尔质量
Ma	马赫数
n	物质的量,多变指数
p	压力
q	单位质量物质的吸热量
Q	吸热量
$\dot{Q}$	单位时间的吸热量
R	摩尔气体常数
R_g	气体常数
s	比熵
S	熵
S_m	摩尔熵
t	摄氏温度
T	热力学温度
u	比热力学能
U	热力学能
U_m	摩尔热力学能
v	比体积(比容)
V	体积(容积)
V_m	摩尔体积
w	单位质量物质做的容积变化功,质量分数
W	容积变化功
w_S	单位质量物质做的轴功
W_s	轴功
w_0	单位质量物质做的循环净功
W_0	循环净功
$\dot{W}_s$	单位时间的轴功
x	距离
y	摩尔分数
z	离地高度,压缩因子
Z	空气燃料比

希腊字母

γ	比热[容]比(质量)热容比	λ	升压比
τ	增温比,时间	μ	回热度,引射系数
ε	压缩比,制冷系数	π	增压比
η	效率	ρ	密度,预胀比
η_t	热效率	φ	相对湿度,体积分数
k	等熵指数	ε'	热泵装置的供热系数

下角标

a	空气的	s	定熵过程的
c	临界状态的,压气机的,卡诺循环的	s	饱和状态的,轴功的
m	平均数值的,每摩尔物质的	T	涡轮机(透平)的
n	多变过程的	T	定温过程的
p	定压过程的	v	水蒸气的
r	对比状态的	V	定容过程的
rev	可逆过程的	0	周围物质的或周围物质状态的,理想气体状态的,滞止状态的

上角标

0	标准状态的

工程热力学中英文专业词汇索引

A

Absolute humidity （绝对湿度）

Absolute pressure （绝对压力）

Adiabatic （绝热的）

Adiabatic system （绝热系统）

B

Boiler （锅炉）

Bottom dead center （下止点）

Boundary （边界）

C

Carnot cycle （卡诺循环）

Clausius statement （克劳修斯表述）

Closed system （闭口系统）

Combined cycle （混合加热循环）

Compression ignition engine （压缩点火发动机）

Compressor （压缩机）

Condenser （冷凝器）

Constant （常数）

Convergent nozzle （渐缩喷管）

Critical pressure （临界压力）

D

Density （密度）

Dew point （露点）

Diesel cycle （狄赛尔循环）

Dry air （干空气）

Dry-bulb temperature （干球湿度）
Dry saturated vapor （干饱和蒸汽）
Dynamic equilibrium （力平衡）

E

Energy transformation （能量转换）
Enthalpy （焓）
Entropy （熵）
Entropy change （熵变）
Entropy production （熵产）
Entropy transfer （熵流）
Equation of state （状态方程式）
Expansion valve （膨胀阀）
Evaporation （汽化）
Evaporator （蒸发器）

F

First law of thermodynamics （热力学第一定律）
Flow work （流动功）

G

Gas turbine （燃气轮机）
Gauge pressure （表压力）

H

Heat （热）
Heat engine （热机）
Heat (enthalpy) of formation （生成热/生成焓）
Heat pump （热泵）
Heat-rejection （放热）
Heat source （热源）
Heat exchanger （热交换器）
Helmholtz function （亥姆霍兹函数）
Hess' low （赫斯定律）
High-temperature source （高温热源）

Humidity （湿度）
Humidity ratio （含湿量）

I

Ideal gas constant （理想气体常数）
Ideal gas equation of state （理想气体状态方程）
Imperfect gas （非理想气体）
Inequality of Clausius （克劳修斯不等式）
Intensive quantity （强度量）
Intercool （中间冷却）
Intercooler （中间冷却器）
Intermediate pressure （中间压力）
Internal combustion engine （内燃机）
Internal energy （热力学能/内能）
Inversion curve （转变曲线）
Inversion temperature （转回温度）
Irreversible cycle （不可逆循环）
Irreversible process （不可逆过程）
Isenthalpic （等焓的）
Isentropic （等熵的）
Isentropic compressibility （定熵压缩系统）
Isentropic process （定熵过程）
Isobaric process （定压过程）
Isolated system （孤立系统）
Isometric process （定容过程）
Isopressure （等压的）
Isotherm （等温线）
Isothermal （等温的）
Isothermal compressibility （定温压缩系数）
Isothermal process （定温过程）

J

Joule J.P. （焦耳）
Joule-Thomson effect （焦耳-汤普逊效应）

K

Kelven-Planck statement （开尔文-普朗克表述）

Kelvin L. （开尔文）

Kinetic energy （动能）

Kirchhoff's law （基尔霍夫定律）

L

Latent heat （潜热）

Law of energy conservation （能量守恒定律）

Law of partial volume （分体积定律）

Local velocity of sound （当地声速）

Lost of available energy （有效能耗散）

Low-temperature sink （低温热源）

M

Mach number （马赫数）

Mass （质量）

Mass flow rate （质量流量）

Maximum work from chemical reaction （反应最大功）

Maxwell relations （麦克斯韦关系）

Mayer' s formula （迈耶公式）

Mechanical equilibrium （力平衡）

Mixture of gases （混合气体）

Moist air （湿空气）

Molar specific heat （摩尔热容）

Molecular （分子的）

Molecule （分子）

Moisture content （含湿量）

Multi-stage compression （多级压缩）

N

Negative （负的）

Net work （净功）

Nozzle （喷嘴）

O

One dimensional floe （一维流动）
Open system （开口系统）
Otto cycle （奥托循环）

P

Parameter of state （状态参数）
Partial pressure （分压力）
Perfect gas （理想气体）
Perpetual-motion engine （永动机）
Perpetual-motion engine of the second king （第二类永动机）
Perpetual-motion machine of first kind （第一类永动机）
Phase （相）
Positive （正的）
Polytropic process （多变过程）
Potential energy （势能）
Potential heat （潜热）
Power cycle （动力循环）
Pressure （压力）
Pressure-volume chart （压容图）
Principle of increase of entropy （熵增原理）
Process （过程）
Psychrometric chart （湿空气焓-湿图）
Pure substance （纯物质）
Push work （推动功）

Q

Quality of vapor-liquid mixture,Dryness （干度）
Quantity of refrigeration （制冷量）
Quasi-equilibrium process （准平衡过程）
Quasi-static process （准静态过程）

R

Rankine cycle （朗肯循环）

Ratio of pressure of cycle （循环增压比）
Real gas （实际气体）
Reciprocating engine （往复式发动机）
Reduced parameter （对比参数）
Refrigerant （制冷剂）
Refrigeration cycle （制冷循环）
Refrigerator （制冷机）
Regenerative cycle （回热循环）
Reheated cycle （再热循环）
Relative humidity （相对湿度）
Relative pressure （相对压力）
Reversed Carnot cycle （逆卡诺循环）
Reversed cycle （逆循环）
Reversible （可逆的）
Reversible cycle （可逆循环）
Reversible process （可逆过程）

S

Saturated air （饱和空气）
Saturated liquid （饱和液体）
Saturation pressure （饱和压力）
Saturated steam pressure （饱和蒸汽压）
Saturation temperature （饱和温度）
Saturated vapor （饱和蒸汽）
Saturated water （饱和水）
Second law of thermodynamics （热力学第二定律）
Sensible heat （显热）
Shaft work （轴功）
Simple compressible system （简单可压缩系统）
Single-stage compression （单级压缩）
Sink （冷源）
Specific enthalpy （比焓）
Specific heat （比热容）
Specific heat at constant pressure （比定压热容）
Specific heat at constant volume （比定容热容）

Specific humidity （绝对湿度）
Specific internal energy （比内能）
Specific volume （比体积）
Stagnation enthalpy （滞止焓）
Standard atmosphere （标准大气压）
Standard enthalpy of formation （标准生成焓）
Standard state （标准状况）
State （状态）
State postulate （状态假设）
Statistical thermodynamics （统计热力学）
Steady flow （稳定流动）
Steam （水蒸气）
Subsonic （亚声速）
Superheated steam （过热蒸汽）
Supersonic （超声速）
Surrounding （外界）
System （系统）

T

Technical work （技术功）
Temperature （温度）
Temperature scale （温标）
Temperature-entropy chart （温熵图）
Theoretical flame temperature （理想燃烧温度）
The Carnot cycle （卡诺循环）
The Carnot principle （卡诺定理）
Thermal coefficient （热系数）
Thermal efficiency （热效率）
Thermal equilibrium （热平衡）
Thermodynamics （热力学）
Thermodynamics equilibrium （热力学平衡）
Thermodynamic probability （热力学概率）
Thermodynamic property （热力性质）
Thermodynamic system （热力学系统）
Thermodynamic temperature scale （热力学温标）

Thermodynamic wet-bulb temperature （热力学湿球温度）
Thermometer （温度计）
Third law of thermodynamics （热力学第三定律）
Throttling （节流）
Throttling valve （节流阀）
Top dead center （上止点）
Total pressure （总压）
Triple point （三相点）
Turbine （涡轮机）
Two-stage compression （两级压缩）

U

Unavailable energy （无效能）
Unit mass （单位质量）
Universal gas constant （通用气体常数）

V

Vacuum （真空度）
Van der Waals' equation （范德瓦尔方程）
Velocity of sound （声速）
Virial equation of state （维里状方程）
Volume （容积）
Volumetric efficiency （容积效率）

W

Wet-bulb temperature （湿球温度）
Wet saturated steam （湿饱和蒸汽）
Work （功）
Working substance （工质）

Z

Zeroth law of thermodynamics （热力学第零定律）

0 绪 论

工程热力学是能源动力类专业核心专业基础课程，能源动力类专业主要包括能源与动力工程、新能源科学与工程以及能源与环境系统工程等专业。同时工程热力学也是其他相关专业如建筑环境与能源应用工程、核科学与核工程等非常重要的专业基础课程。因此，工程热力学课程为今后进一步学习能源动力类专业以及相关专业的专业知识提供了理论基础支撑。

工程热力学，顾名思义，是“工程＋热力学”，可以理解为热力学理论在工程中的应用，工程应用又推动了热力学理论的发展。这里的所说的“工程”主要涉及能源与动力工程及相关领域。目前普遍认可的工程热力学定义是：工程热力学是热力学最先发展的一个分支，主要研究热能与机械能及其他能量之间相互转换的规律及应用。从这个定义可以看出：工程热力学的任务主要有两个，一是揭示热能与机械能及其他能量之间转换的规律；二是将这些规律应用到工程中，解决热能利用中的实际问题。

0.1 热力学起源与工程热力学发展

热力学英文名 thermodynamics 来自希腊语 theme（热）和 dynamis（力或功），从它的字面意义上讲，热力学是研究热和热-力（功）转化规律的科学，而热和热-力（功）转化与人类生活和生产中的能源利用紧密相关。正是能源利用中存在诸多的热-力（功）转化过程，因而热力学在能源利用中的重要性不言而喻。

170 万年前，北京元谋人开始使用火，火的利用标志着人类第一次支配了自然力，是人类文明的伟大进步。钻木取火、火石取火以及阳燧取火等开启了人类对热现象的认识和对热学的研究，随之经历了一个漫长、曲折的探索过程。

1593 年，意大利数学家、物理学家和天文学家伽利略（Galileo Galilei）利用物体热胀冷缩的性质制作了人类第一个空气温度计，实现了对物体的冷热程度（即温度）的定量测量研究。

1620 年，英国哲学家培根（Francis Bacon）最早从摩擦生热的现象，提出热是物体内部微小粒子运动的观点，这是人类对“热量”的本质进行科学研究的开端。

1714 年，德国科学家法伦海托（Daniel Gabriel Fahrenheit）建立了华氏温标。

1742 年，瑞典科学家摄尔修斯（Anders Celsius）建立了摄氏温标，“测温学”有了较大的突破。

1755 年，瑞士物理学家兰伯特和英国化学教授布雷克（Joseph Black）成功地澄清了温度和热量这两个概念，提出物质相变时潜热的概念，并指出不同的物质具有不同的热容量。

1712 年，英国人纽科门(Thomas Newcomen)发明第一台实用蒸汽机，但效率很低。1765 年，英国发明家詹姆斯·瓦特(James Watt)对蒸汽机做了重大改进，使冷凝器与汽缸分离，发明了曲轴和齿轮传动以及离心调速器等，大大提高了蒸汽机的效率，从而引发了第一次工业革命。

蒸汽机的发明和实践，大大促进了热力学理论和工程热力学的发展。

1840 年，英国物理学家焦耳(James Prescott Joule)提出热功当量理论，证明了热是能量的形式，热功可以转换。

1841 年，德国物理学家迈尔(Julius Robert Mayer)提出能量守恒理论，认定热是能的一种形式，可与机械能互相转化，并且从空气的比定压热容与比定容热容之差计算出热功当量。

1847 年，德国物理学家亥姆霍兹(Hermannvon Helmholtz)在通过动物体实验，以及物理理论方面再次论证了能量转换规律，明确提出能量守恒定律，即“能量不会被创造或毁灭，它只是从一种形式变为另一种形式”，并称之为热力学第一定律。

热力学第一定律的发现应该归功于焦耳、迈尔和亥姆霍兹三位科学家。热力学第一定律使当时的科学界彻底抛弃了“热质说”。所谓热质说，即认为物体温度的升高是由于吸收了一种叫“热质”的物质(其实不存在)，“热质”会由温度高的物体流到温度低的物体。“热质说”是 1770 年英国当时著名的化学家普里斯特利(J.Joseph Priestley)提出的，该结论统治了当时科学界相当长一段的时间，但它是一种错误的观点。

同时，热力学第一定律宣告了“第一类永动机”是不可能实现的。“第一类永动机”，是指不需要外部任何能量而能持续对外做功的机械，这显然违背了热力学第一定律。

1842 年，法国工程师卡诺(Nicolas Léonard Sadi Carnot)提出了“卡诺热机”和“卡诺循环”的概念，以及著名的“卡诺定理”，建立了高低温热源之间工作的理想热机模型，创立了理想热机理论。卡诺定理指明了工作在给定温度范围的热机所能达到的效率极限，奠定了工程热力学热力循环分析的基石。这个定理后来也成为热力学第二定律的先导。

1848 年，英国工程师开尔文(Lord Kelvin)根据卡诺定理制定了热力学温标(绝对温标)，是“测温学”的又一个重要进展。

1850 年和 1851 年，德国的物理学家克劳修斯(Rudolf Julius Emanuel Clausius)和开尔文先后提出了非常重要的热力学第二定律，表明任何热机的效率总是小于 100%。同时，热力学第二定律也宣告了“第二类永动机”的破产。

1854 年，克劳修斯根据卡诺定理提出并发展了熵的概念，并与热力学第一定律和第二定律，正式形成热现象的宏观理论热力学，同时也形成了“工程热力学”这门技术科学。它成为研究热机工作原理的理论基础，使内燃机、汽轮机、燃气轮机和喷气推进机等相继取得迅速进展。

1859 年，英国科学家朗肯(W.J.M. Rankine)出版了第一本系统阐述蒸汽机理论的经典著作，书名为《蒸汽机和其他动力机手册》，朗肯第一个计算出了蒸汽动力循环的热效率，被命名为朗肯循环热效率，为进一步提高蒸汽动力装置的热效率提供了理论支撑。

1876 年，德国技术家奥托(N.A. Otto)研制成功了火花点火四冲程煤气发动机，也称为奥托发动机,这个“奥托”煤气发动机是历史上最早获得成功的内燃机。

几乎在同一年,美国科学家布雷顿(G.B. Brayton)发明了二冲程内燃机,提出了气体压缩燃烧的布雷顿循环。

1893 年,德国技术家狄塞尔(R.C.K. Diesel)出版了名为《取代蒸汽机及以往内燃机的热机理论和结构》的著作,并研制成功四冲程压燃式柴油机。奥托和狄塞尔也被公认为内燃机的鼻祖。

19 世纪,统计热力学也有了长足发展,最有代表性的人物是美国物理化学家吉布斯(J. W. Gibbs)。1873 年吉布斯研究流体的热力学性质,并提出流体的三维相图,1876 年他发表了化学热力学的经典之作《论非均相物体的平衡》,提出了吉布斯自由能、化学势等概念,阐明了化学平衡、相平衡、表面吸附等现象的本质。1899 年吉布斯又出版了统计力学的经典教科书《统计力学的基本原理》,这本书对统计热力学的发展具有深远的影响。1901 年吉布斯由于对热力学的突出贡献,获得了科学界最高奖柯普利奖。

1873 年,美国物理化学家范德瓦尔斯(J.D.van der Waals)证明了分子体积以及分子间作用力的存在,并对气体和液体的连续性进行了研究,提出了一个能够反映气液连续性的实际气体状态。我们高中物理学曾经学过的理想气体状态方程,是完全忽略了气体分子间的作用力,所以方程只能对高温低密度(或者说稀薄)气体成立,对其他状态的气体就不适用。范德瓦尔斯在理想状态方程的基础上,考虑实际气体的分子间作用力和气液连续性,对压力项和体积项做了修正,分别进行“加”和“减”,得到了完美的范德瓦尔斯实际气体方程。实践证明该方程能够很好地满足实际气体的状态。由于范德瓦尔斯的杰出贡献,他于 1910 年获得了诺贝尔物理学奖。

除了前面介绍的热力学第一和第二定律外,热力学还有第三定律。这个定律属于低温热力学范畴。德国化学家能斯特(Walther Hermann Nernst)通过大量的低温实验中,于 1912 年提出热力学第三定律,即物质的绝对零度不可能达到或者说“不可能使一个物体冷却到绝对温度的零度”。由于热力学第三定律的重大发现,能斯特获得 1920 年诺贝尔化学奖。

此外,热力学还有第四个定律,但名字不叫热力学第四定律,而是热力学第零定律。热力学第零定律是在 1939 年才由英国物理学家拉尔夫 · 福勒(Ralph Howard Fowle)正式提出的,比热力学第一定律和热力学第二定律晚了整整 80 余年,但它又是热力学其他三个定律的基础,所以被称为热力学第零定律。热力学第零定律的表述为:若两个热力学系统均与第三个系统处于热平衡状态,此两个系统也必互相处于热平衡。热力学第零定律广泛应用于物理学和化学各个方面,特别是对温度计的研制起了关键的作用。

工程热力学是一门古老而又年轻的学科,随着科学技术的进步,其理论体系也在不断拓展,充满活力。

20 世纪 60 年代,美国物理化学家昂萨格(Lars Onsager)由于其在线性不可逆热力学理论方面的开拓性工作,从而获得 1968 年的诺贝尔化学奖。

随后比利时布鲁塞尔学派的伊利亚 · 普里高津(Ilya Prigogine)发展了著名的不可逆过程热力学的“耗散结构”理论,从而获得 1977 年的诺贝尔化学奖。

目前,我国在热力学基本理论及热力学现代应用与研究方面,已经基本跟上了世界发展水平。1989 年中国主持召开了世界工程热力学每年一次的学术会议,并拥有一批工程热力学领域的杰出科学家，如我国工程热力学界先驱陈大燮、“斯贝发动机之父”吴仲华等等，他们为我国工程热力学领域的理论与技术的发展做出了重要贡献。

陈大燮

(1903—1978)

吴仲华

(1917—1992)

20 世纪初以来，随着人类对能源问题的重视，热力学在超高压、超高温水蒸气等物性和极低温度的研究领域不断获得新成果；人们对与节能有关的复合循环、新型的复合工质的研究产生了很大兴趣；同时面对未来的生产发展和原动力的需求增加，热力学领域扩展到原子能和太阳能等新能源方向，热力学正不断为能源的高效利用与减少排放提供科学的理论方法和途径。

0.2 工程热力学与能量转换

0.2.1 能量及其转换形式

能量是物质运动的一般量度，表征物质系统对外做功的能力。能量可分为机械能、化学能、热能、电能、辐射能、核能、光能、潮汐能等，这些不同形式的能量之间可以通过物理效应或化学反应而相互转化。图 0-1 是各种能量形式及其转换利用关系。

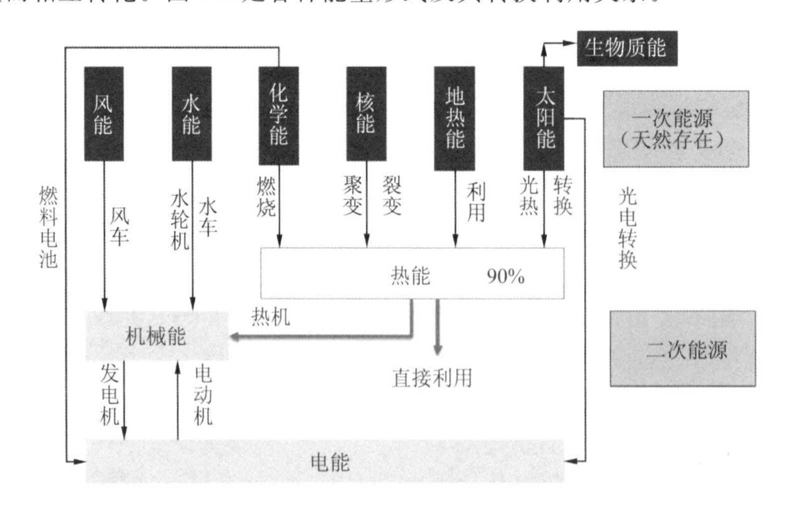

图 0-1 各种能源转换利用的关系

化石燃料的化学能通常采用燃烧方法由热机(比如电厂锅炉、内燃机、燃气轮机等)先转化为热能,再转化为机械能,机械能可以进一步通过发电机转化为电能,实现化学能—热能—机械能—电能的转换。

化石燃料的化学能也可以通过燃料电池(或电化学发电器)直接转换成电能。目前有再生氢氧燃料电池(RFC)、直接甲醇燃料电池(DMFC)和固体氧化物燃料电池(SOFC)等。

核燃料通过裂变或者聚变反应从原子核释放巨大的热能,热能给水加热产生高压蒸汽,高压蒸汽推动汽轮机旋转产生机械能,再由发电机转化为电能,实现核能—热能—电能的能量转换。核燃料有铀、钍、氘、锂、硼等。

随着传统化石能源的大量消耗,以及污染物的严重危害,可再生能源的开发利用日益受到人们的重视。太阳能、风能、水能、生物质能、地热能和海洋能等的利用技术正不断被研究开发出来。

太阳能的高品质转化利用主要有太阳能热利用和太阳能光伏发电。(1) 太阳能热利用是采用太阳能集热器将太阳辐射能收集起来,通过与集热介质的相互作用转换成热能。热能可以进一步转换成工质的蒸汽,再驱动汽轮机发电。太阳能集热器是太阳能热利用的关键部件,目前有平行板集热器、真空管集热器、槽式聚焦器、塔式聚焦器和碟式聚焦器等,可以分别获得不同温度的太阳能热。(2) 太阳能光伏发电是根据光伏效应原理,利用太阳能电池将太阳光直接转化为电能。光伏发电系统主要由太阳能电池板、控制器和逆变器三大部分组成,其中太阳能电池的转换效率是太阳能转化为电能的关键因素。

生物质能一方面可以像化石燃料那样,采用生物质锅炉直接燃烧的方法转化为热能,然后转换为水蒸气,再通过蒸汽轮机转化为机械能,进而转化为电能;另一方面可以采用热化学方法如气化、裂解和水热等转化为甲烷、氢和生物柴油燃料,或者通过生物发酵转化为沼气等燃料,从而进一步高效利用。

地热能的利用首先是通过开发潜力较大的地热田,使地热能就地转变成电能;其次是直接向生产工艺流程供热,如蒸发海水制盐、海水淡化、制冷和空调等;第三是向生活设施供热,如地热采暖以及地热温室栽培等;第四是农业用热,如土壤加温以及利用某些热水的肥效等。

风能、水能和海洋能直接发电利用。风能的利用是通过风力机将风能转换为叶片的旋转机械能,驱动发电机发电;水能的利用是通过建立水电站,将水能转换成水轮机的旋转机械能,驱动发电机发电;海洋能是潮汐能、波浪能、温差能和海流能等的统称。这些形式的海洋能都可以采用不同的能量转换装置来直接发电。

上述能量转换过程几乎都涉及工程热力学,其中热能与其他形式能量(主要是机械能)转化的热力过程是工程热力学的重点内容。热能与机械能的转化是在实际的能量转换装置中实现的,这类能量转换装置主要包括热能-机械能转换装置、制冷与低温装置两大类。工程热力学的主要任务就是研究这些能量转换装置的热力循环过程,为提高装置的能量转换效率提供理论基础。

0.2.2 热能-机械能转换装置

引发第一次工业革命的标志性机器——瓦特蒸汽机,就是将热能转换为机械能的重要装置。图 0-2 为其工作过程示意。

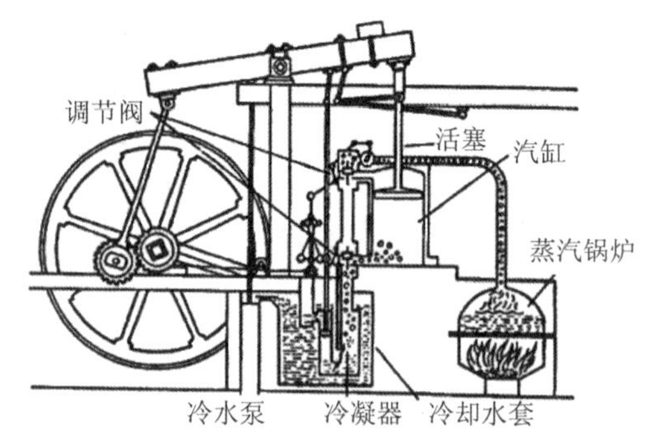

图 0-2　瓦特蒸汽机工作过程

首先燃料（如木柴、煤炭等）在炉膛内燃烧，加热水，使常温的水变成高温高压蒸汽，高压蒸汽进入一个圆形汽缸内，然后膨胀推动汽缸内的活塞上下运动，并带动外部机械做功，实现了燃料的热能向机械能的转换。蒸汽机的发明引领了一个时代，但是瓦特初期的蒸汽机，总效率不超过 3%；到 1840 年，蒸汽机总效率可达 8%；到 20 世纪，蒸汽机最高效率可达到 20%以上，从而使得蒸汽机能够被广泛应用。

众所周知，热力发电厂是为人类生产活动提供电力的重要来源。热力发电是热能转换为电能的典型例子。首先看一下热力发电厂发电的简要过程，如图 0-3 所示。煤炭等燃料在锅炉内燃烧，将锅炉管道内的水加热成高温高压蒸汽，蒸汽流经汽轮机，推动汽轮机旋转，产生旋转机械能，再带动发电机发电，实现燃料热能到机械能再到电能的转换。在整个发电过程中，锅炉和蒸汽轮机是非常重要的两个装置，锅炉的热力过程和蒸汽机的热力过程决定了热电厂最终的发电效率。而锅炉和蒸汽机的热力过程正是工程热力学要研究的重要内容。

再来看一下人们都熟悉的内燃机。内燃机广泛应用于交通运输、工程机械等领域，汽车、飞机、船舶、拖拉机以及潜艇等都采用内燃机作为动力。图 0-4 显示了内燃机工作过程。

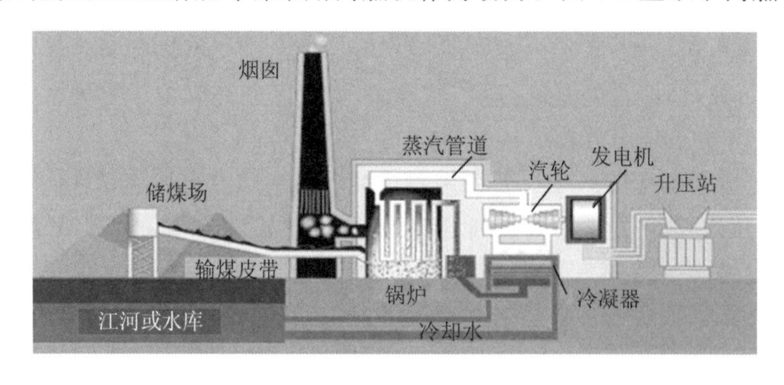

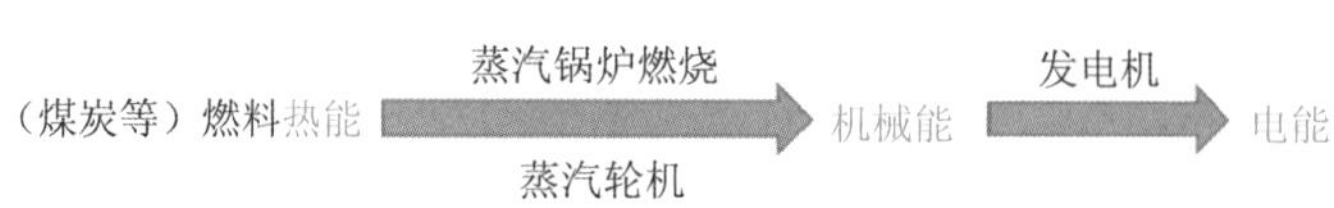

图 0-3　热力发电过程

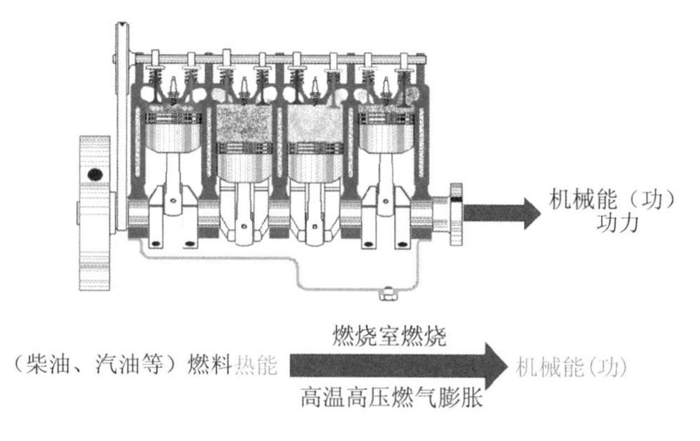

图 0-4 内燃机工作过程

柴油、汽油等燃料在燃烧室内和空气混合后进行燃烧，燃烧产生高温高压燃气，燃气在气缸内膨胀，推动气缸内活塞运动，并带动连杆和曲轴运转，活塞不停地循环往复运动，使得内燃机能连续对外输出旋转的机械能，实现了燃料的热能向机械能的转换。

目前先进内燃机的热效率为 40%左右，但仍然面临严峻的节能与排放的挑战，开发高效清洁内燃机技术，更需要工程热力学热力循环理论的支撑。

用于飞机及航天器的航空发动机被誉为“现代工业皇冠上的明珠”，是一个国家科技、工业和国防实力的重要标志。图 0-5 显示了航空发动机的基本工程过程。高空低气压空气经过压气机压缩，进入燃烧室，航空燃料再通过喷射器喷射到燃烧室，燃料和空气在燃烧室中燃烧，产生高温高压燃气，燃气膨胀并高速冲出燃烧室的尾喷管，在航空发动机尾部产生强大的推力，从而给飞机和航天器提供飞行动力。

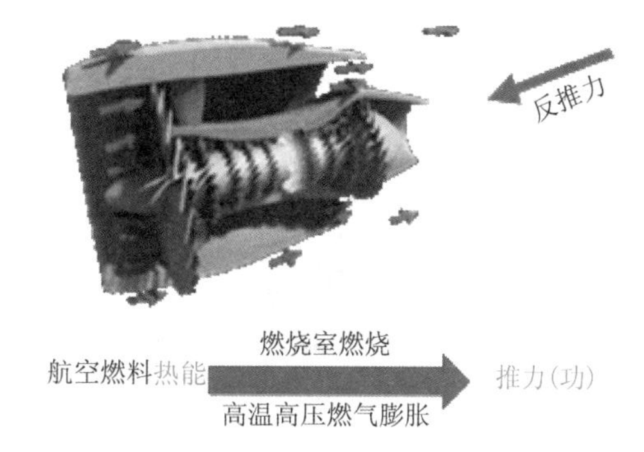

图 0-5 航空发动机工作过程

随着航空航天事业的发展，航空发动机技术越发重要，世界上只有少数几个国家掌握了先进航空发动机的研制和生产技术。我国正在实施“两机”重大专项计划，专门开展航空发动机和燃气轮机的研究，其中涉及诸多工程热力学理论。

为有效解决能源短缺和传统能源使用带来的环境污染问题，新能源开发利用日益被重视。新能源清洁干净、污染物排放很少，已成为能源开发的重要组成部分。

新能源利用中同样涉及大量的工程热力学知识。比如太阳能热电站，就是将太阳能转换为机械能再转换为电能的装置。如图 0-6 所示，其原理是采用大面积的定日镜场将太阳光聚焦到集热器上，加热集热器内的导热流体，达到 500～1 000 ℃。高温导热流体通过蒸汽发生系统产生高温高压的蒸汽推动汽轮机运转，再带动发电机组发电。图 0-7 是中国首座百兆瓦级太阳能熔盐电站，建于甘肃省敦煌市。除了太阳能热电站外，其他新能源利用领域都涉及工程热力学的应用。

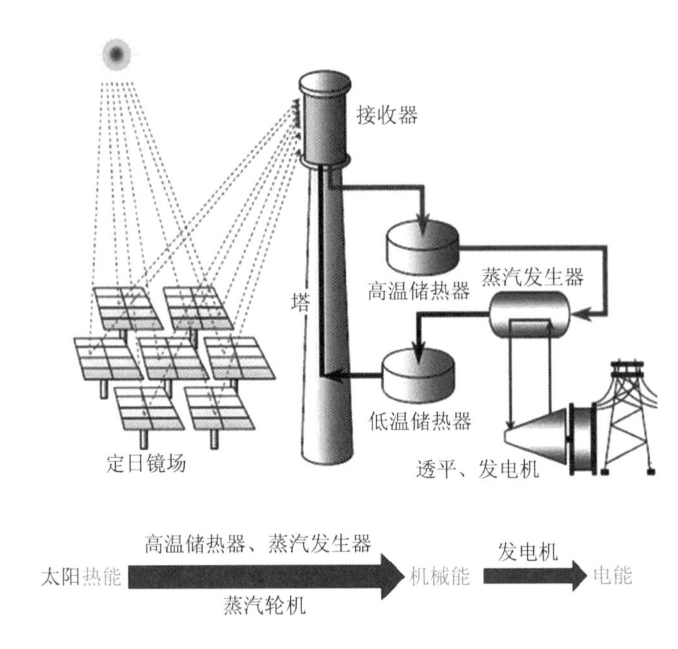

图 0-6　太阳能热电站工作原理

图 0-7　中国首座百兆瓦级太阳能熔盐电站

最后，介绍一种与前面介绍的不一样的能量转换过程，就是将机械能或者电能等转换为热能，准确地说就是实现热量的转移。这类能量转换过程多应用于电冰箱、空调等制冷或制热设备。图 0-8 是电冰箱、空调等制冷、制热设备。热量从冰箱内部的低温区转移到外部的高温区，这其中有个关键部件就是压缩机，如图 0-9 所示。

压缩机通过电能驱动，实现了冷藏室管道内制冷剂的流动。制冷剂经过状态的变化，从低温吸热，再向高温放热，使得冰箱内的温度不断降低，直至达到设定温度。冰箱、空调作为家用电器，为人们提供了舒适的生活环境，但冰箱、空调等的制冷、制热效率依然需要努力改进提升，这其中就要运用到大量的工程热力学知识。

综合上述各种热能动力装置工作循环过程，为实现热能向机械能的转换，总是利用工质先吸收能量（燃料化学能、太阳能、电能以及环境中空气、水、土壤中的热量等），然后通过工质发生物理过程（膨胀、吸热等）产生状态的改变而对外做功，实现能量的转换或者转移。因此，正确分析能量转换过程，合理设计能量转换装置，获取能量转换（转移）的最大效率，必须掌握工程热力学的知识。

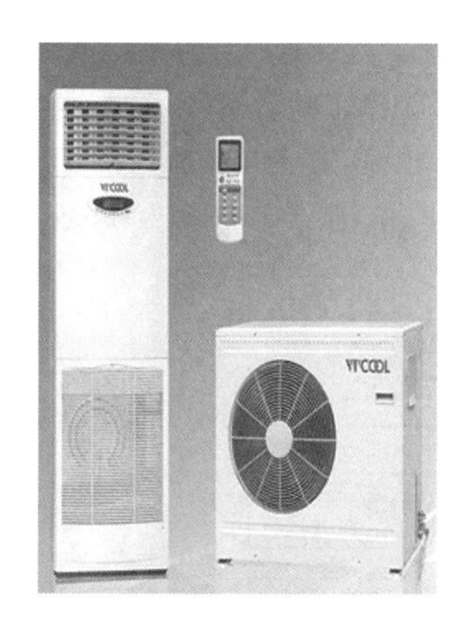

图 0-8 电冰箱、空调等制冷、制热设备

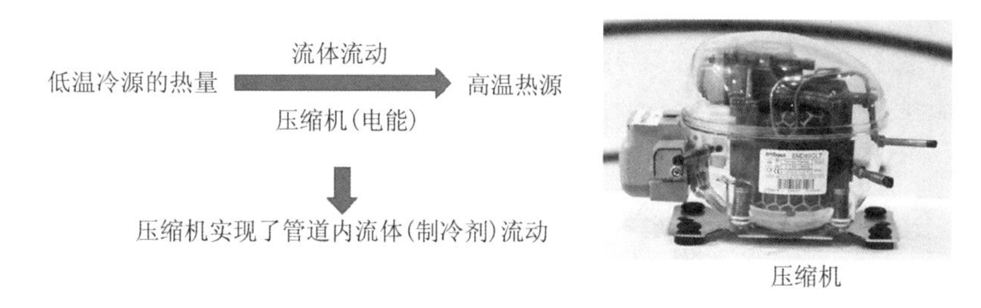

图 0-9 压缩机作用下热量的转移过程

0.3 工程热力学主要内容和学习方法

根据前面介绍的工程热力学发展史，工程热力学的基本内容主要涵盖两部分，一是热力学基本理论，二是热力过程与热力循环。热力过程与热力循环又涉及热力学理论的应用。热力学基本理论主要包括热力学的四大定律，实际气体状态方程、低温热力学等相关理论知识。热力过程与热力循环主要包括闭口、开口系热力过程，各种热力循环分析，熵的知识与工质性质等等，如图 0-10 所示。

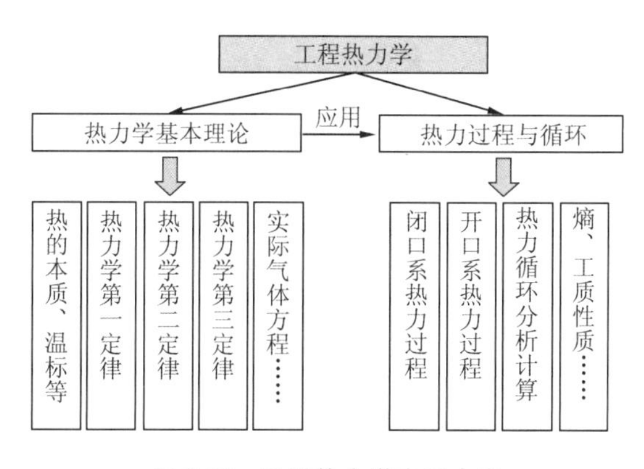

图 0-10 工程热力学主要内容

这其中，典型的热力过程包括定压、定容、定温、定熵、绝热和多变过程等。典型的热力循环包括最基本和最重要的卡诺循环，用于蒸汽动力装置分析的朗肯循环和用于冰箱、空调热力过程分析的制冷循环，还包括用于各种动力装置过程的奥托循环、狄塞尔循环等，如图 0-11 所示。

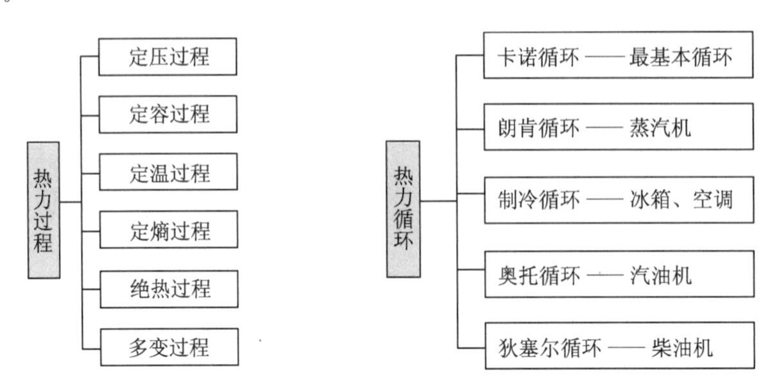

图 0-11　典型的热力过程与热力循环

那么如何学好工程热力学这门课程呢？首先看一下工程热力学课程的学习目标(图 0-12)，课程目标有两个：首先要学好、掌握好理论知识；通过本课程的学习，提升自身的能力和素质。能力、素质的培养主要体现在思考表达能力，也就是要边学习边思考并能够把自己的见解表达出来。其次是批判创新能力，对所学的理论要敢于质疑，敢于提出新的想法；同时要培养自己的综合分析、设计计算能力，并且能够从热力学先驱们的身上，学习科学素养和科学精神。

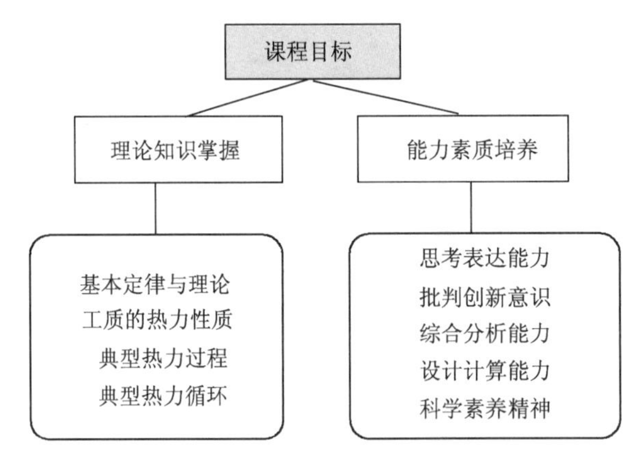

图 0-12　工程热力学的学习目标

学习工程热力学，既要掌握知识，又要提升能力。所以，首先必须培养课程兴趣，正确把握热力学分析方法。要不断在知识的学习中，激发对热力学的好奇心；要经常思考、提问、质疑，不断培养课程兴趣；要善于运用宏观分析法，并结合分子运动的微观分析法，理解热力学的概念、定律及公式。其次要树立工程观，做到理论联系实际。热力学原理大多来自于实验或者实践，所以要运用工程观分析热力学问题，注重联系生活案例和工程实例去理解热力学基本理论；同时要认真结合理论开展实验研究分析，学深、学透热力学知识，最终达到课程学习的目标。

1 基本概念

工程热力学在应用热力学基本定律分析能量转换的过程时，要用到一些基本的概念和定义，它们构成了工程热力学的基础。

本章介绍了工程热力学的基本概念、定义和术语，并从热力学观点重新讲解某些已经熟悉的概念，为后续内容学习奠定基础。

线上课程视频资料

1.1 工质和热力学系统

分析热力学现象时，明确研究对象是热力学分析方法中的首要任务，选定了研究对象就明确了热力学系统所包含的内容和范围，也就可以分析出系统与周围因素的相互关系，便于利用热力系统建立热力学过程的定性和定量的关系。

1. 工质

工质用来实现热能和机械能相互转化的媒介物质。它是实现能量相互转换不可缺少的内部条件。例如，内燃机凭借燃气的膨胀把热转换为功，这里的燃气就是工质；再如，在蒸汽动力装置中的工质是水蒸气。物质的状态分为三态，固态、液态和气态，原则上三态物质均可作为工质，但是，工程热力学研究的是热能和机械能之间的相互转换，是通过物质的体积变化来实现的，对体积变化敏感且有效而迅速的是气(汽)态物质。因此，在热力学中，主要研究气(汽)工质及涉及气(汽)工质相变的液体。

2. 热源

工质从中吸取或向之排出热能，且有限热量的交换不引起热力系温度发生变化的系统。根据热源温度的高低和作用，热源可分为高温热源和低温热源，简称热源和冷源。

3. 热力学系统

为了便于研究与分析问题，将所要研究的对象与周围环境分割开来，这种人为地划定出来的一个或多个任意几何面所围成的空间作为热力学研究对象，这种空间内的物质的总和称为热力学系统，简称热力系或系统。如图 1-1 所示，气缸中虚线所包围的气体就是研究对象，气体便是热力学系统。

系统之外的一切物质称为外界。分隔系统与外界的分界面，称为边界，其作用是选定研究对象，将系统与外界分割开来。系统的边界可以是固定不变的，也可以是移动的；可以是实际存在的，也可以是假想的。如图 1-1(a)所示中的气缸活塞系统，边界是气缸内壁与活塞所包围的一个空间，工质在受热体积发生膨胀的过程中，虚线中气缸内壁边界是固定的边界，不发生移动；而靠近活塞一侧的是会随活塞一起移动的边界，即移动边界，移动的这一面与外界就有功量发生交换。又如图 1-1(b)所示，同样虚线表示的是边界，是气缸内壁与进出气口(进口截面 1-1′和出口截面 2-2′)所包围的空间，靠近气缸内壁的边界是实实在在的，也是固定的边界，而进出口边界 1-1′和 2-2′是人为划分出来的，即进出口处的边界是假想的。

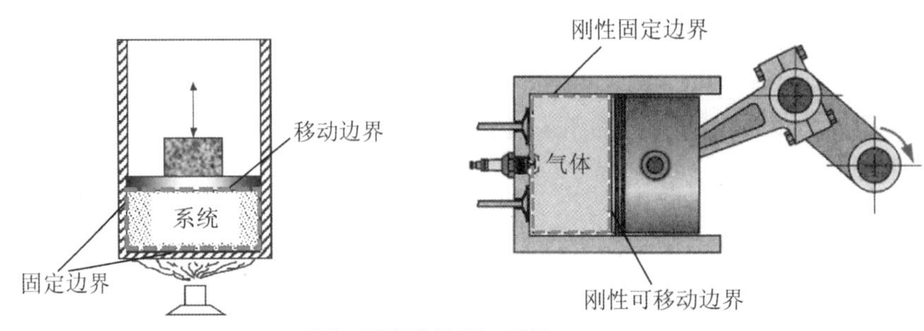

(a) 汽缸-活塞装置(闭口系统)

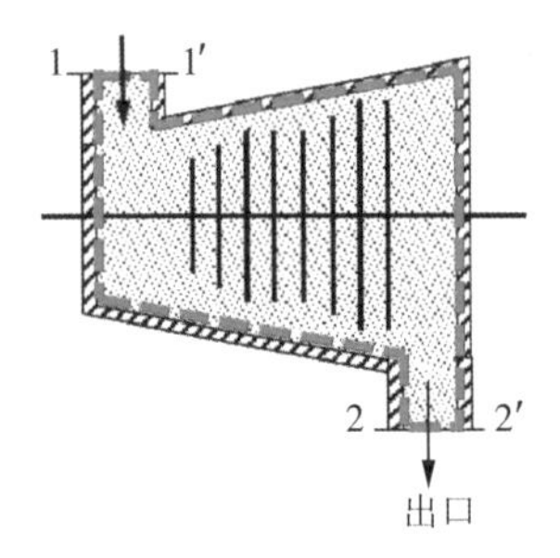

(b) 汽轮机(开口系统)与汽轮机实物

图 1-1　热力系统

实际研究中，一般根据研究目的和研究便利性来合理选取系统，同时边界也随之确定了。当热力学系统与外界发生相互作用时，必然有能量和质量穿越边界，因而要判定热力学系统和外界传递的能量和质量的形式和数量，就要沿着边界去判定。

4. 闭口系统与开口系统

在热力过程中，按照系统与外界是否进行物质交换，系统可分为闭口系统和开口系统两种。

若一个热力学系统和外界间不发生物质交换，称为闭口系统(闭口系)。闭口系统的质量保持恒定，故也称控制质量系统，如图 1-1(a)就是闭口系统的实例。但是，值得注意的是，不是所有恒定质量的系统都是闭口系统。例如，一个稳定流动系统中，进入与离开系统的质量是恒定的，故系统内的质量也是恒定的，但这样的系统不是闭口系统。

若一个热力学系统和外界间发生物质交换，则称为开口系统(开口系)。如图 1-1(b)所示，虚线表示的是选定的边界，水蒸气从汽轮机入口处不断流入汽轮机，做功后再从汽轮机出口流出。通过边界，系统与外界间不仅有物质发生交换，也有能量发生交换。

闭口系统与开口系统都可能通过边界与外界发生能量(功量和热量)的传递。

5. 绝热系统与孤立系统

若一个热力学系统和外界间无热量发生交换，则称为绝热系统。如图 1-2 所示，取保温壶(a)里面的水为系统，可视其为闭口绝热系。取集中供暖系统的一段保温性能良好的管子

(b)为系统,可视为开口绝热系。完全绝热的热力系统是不可能存在的,但当热力过程进行得极快、极短暂,或边界保温性能很好,传递的热量小到可以忽略不计时,如活塞快速压缩(c)、喷管流动(d)等工程实例,就可以将研究对象简化为绝热系统进行分析。

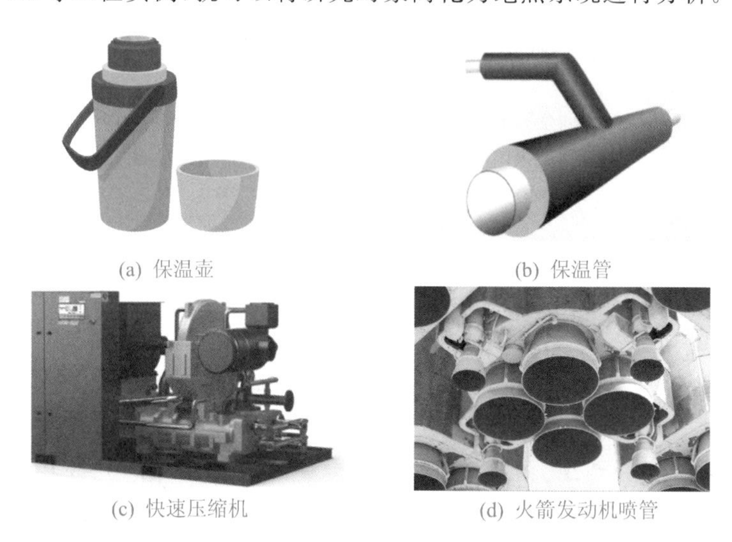
(a) 保温壶　(b) 保温管
(c) 快速压缩机　(d) 火箭发动机喷管

图 1-2　绝热系统示例图

若一个热力学系统和外界间即无物质交换又无能量交换,则称为孤立系统。孤立系统必定是绝热的,但绝热系统不一定是孤立系统。如图 1-3 是蒸汽动力循环装置简图,如果忽略泄漏、排污、散热等,整个系统就为闭口系,而对于其每一个子系统而言,如锅炉装置、汽轮机装置等均为开口系,而汽轮机装置为开口绝热系,但如果把这整个动力循环装置都选为系统,则一切相互作用都发生在系统内部,可视为孤立系统。这个热力学系统模型是为了便于研究复杂的宏观事物,能够抓住主要矛盾进而解决实际问题而人为设定的(如力学中的“刚体”)。类似的假设后面还会遇到很多,如理想气体、平衡状态、可逆过程等。大家应从方法论的角度来理解这些假设的实质意义。

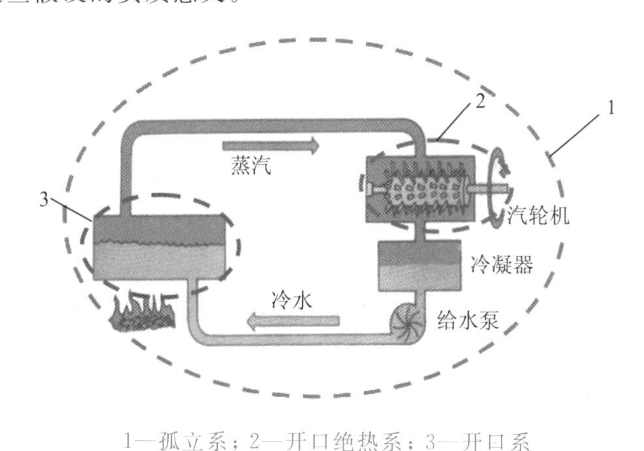

1—孤立系;2—开口绝热系;3—开口系

图 1-3　蒸汽动力循环装置

热力系统的划分要根据具体要求而定。另外,也可按系统内部的状况,将系统分为均匀系(各部分具有相同的性质,如单相系,如图 1-4A 所示)、非均匀系(各部分具有不同的性质,如复相系，如图 1-4B 所示）。根据工质的种类，可以分为单元系（如图 1-4A 所示）和多元系（如图 1-4C 所示）等。

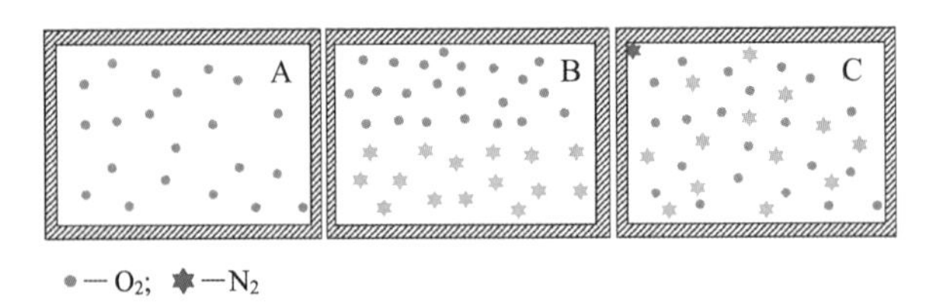

图 1-4　系统示意图

1.2　工质的热力状态及状态参数

1.2.1　热力学状态和状态参数

在分析能量转换的过程中，热力系本身的状况是不断发生变化的，这就需要正确地描述热力系的热力状态。热力学中，把热力系所处的宏观物理状况称为系统的热力学状态，简称状态；把用来描述系统状态的一些常用物理量称为状态参数。

常用的状态参数有压力(p)、温度(T)、比体积(v)、热力学能(U)、焓(H)和熵(S)。其中压力比体积和温度可以直接用仪器测定，称为基本状态参数。其他状态参数可依据这些基本状态参数之间的关系间接地导出，称为非基本状态参数，如热力学能、焓和熵等。在给定状态下的状态参数根据其是否与系统内物质数量有关，可分为强度参数和广延参数两类。凡与系统质量无关的状态参数称为强度参数，又称强度量，如压力、温度等。与系统质量成比例的状态参数称为广延参数，又称尺度量，如体积、热力学能、焓和熵等。

单位质量的广延参数具有强度参数的性质，称为比参数。即系统的广延参数除以系统的总质量就称为比参数，从而成为强度参数，如比体积 v、比热力学能 u、比焓 h、比熵 s 等。通常广延参数用大写字母表示，由广延参数转化而来的比参数用相应的小写字母表示，但是为了叙述和书写的方便，常常把除比体积以外的其他比参数的“比”字省略。

还有一些参数，它们与热力系统的内部状态无关，常需要借助外部参考系来确定，如热力系统作为一个整体的运动速度、重力位能和动能等，它们描述热力系统的力学状态，称为力学状态参数，也叫外参数。

1.2.2　状态参数的特性

状态参数是热力状态的单值函数，即状态参数的数值仅取决于给定的状态。状态给定，所有状态参数都应有确定的数值；反之，一组数值确定的状态参数可以确定一个状态。状态参数具有如下数学特性：

1. 积分特性

当系统由某个初态 1 变化到终态 2 时，任一状态参数 ζ 的变化量均等于初、终状态下该状态参数的差值，与变化过程中所经历的一切中间状态或路径无关，即

$$\int_1^2 d\zeta = \zeta_2 - \zeta_1 = \Delta\zeta_{1,2} \tag{1-1}$$

当系统经历一系列状态变化又回到初态时，其状态参数的变化量为零，即它的循环积分为零，有

$$\oint \mathrm{d}\zeta = 0 \tag{1-2}$$

2. 微分特性

由于状态参数是点函数，它的微分是全微分。设状态参数 z 是另外两个变量 x 和 y 的函数，则有

$$\mathrm{d}z = \left(\frac{\partial z}{\partial x}\right)_y \mathrm{d}x + \left(\frac{\partial z}{\partial y}\right)_x \mathrm{d}y \tag{1-3}$$

在数学上的充要条件为

$$\frac{\partial^2 z}{\partial x \partial y} = \frac{\partial^2 z}{\partial y \partial x} \tag{1-4}$$

反之，如果某物理量具有上述的数学特征，则该物理量一定是状态参数。

1.2.3 基本状态参数

比体积、压力和温度是三个可以测量且常用的状态参数，称为基本状态参数。其他的状态参数可依据这些基本状态参数之间的关系间接导出。

1. 比体积

比体积是单位质量的工质所占的体积，在法定计量单位制中单位是 $\mathrm{m^3/kg}$。值得注意的是，比体积不是容积的概念，而是描述分子聚集疏密程度的比参数。如果质量为 m(kg)的工质占有容积 $V(\mathrm{m^3})$，则比体积 v 为

$$v = \frac{V}{m} \tag{1-5}$$

密度在数值上等于单位容积内所包含的工质质量，是强度量，单位是 $\mathrm{kg/m^3}$，即

$$\rho = \frac{m}{V} \tag{1-6}$$

不难看出，比体积与密度互为倒数，即

$$\rho v = 1 \tag{1-7}$$

由此可见，它们不是互相独立的参数，可以任意选用其中一个。为了方便起见，热力学中通常选用比体积 v 作为独立的状态参数。

2. 压力

压力指单位面积上承受的垂直作用力，即物理学中的压强，用 p 表示，即

$$p = \frac{F}{A} \tag{1-8}$$

式中，A 表示面积；F 表示作用于面积 A 上的均匀作用力。

对于流体而言，常用“压力”概念，而对于固体，则用“应力”。静止流体内任意一点的压力值，在各个方向都是相同的。气体的压力是气体分子运动撞击容器壁面，而在容器壁面的单位面积上所呈现的平均作用力。

流体的压力常用压力表或真空表来测量。常用的测压计有弹簧管测压计如图 1-5(a)和 U 形管测压计如图 1-5(b)，但不管哪种测压计，通常测量的都是压差。图 1-5(c)是弹簧管式测压

计的基本结构，它是利用弹簧管内外压差的作用产生变形从而带动指针转动，指示被测工质与环境间的压差。图 1-5(d)是 U 形管测压计，U 形管中盛有用来测压的液体，如水、水银、酒精或汞。U 形管的一端与被测系统相连，而另一端敞开在环境中。当被测的压力与大气压力不相等时，U 形管两边液柱高度不等，此高度差就指示了被测工质与环境间的压差。

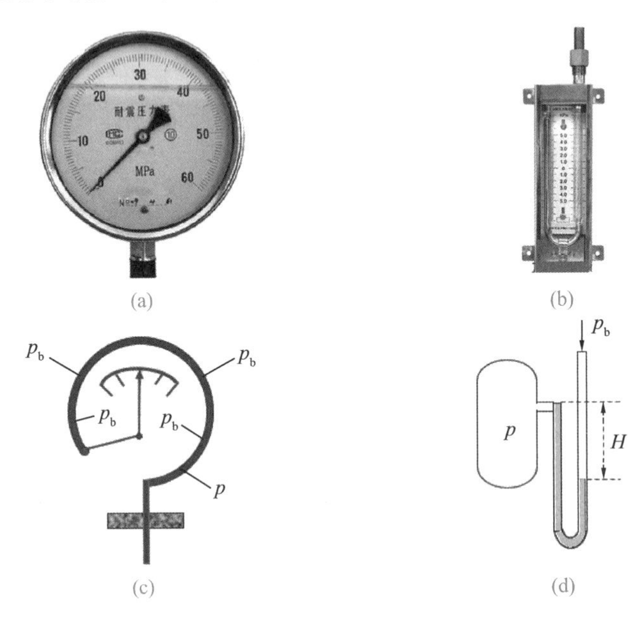

图 1-5　压力的测量

工质的真实压力称为绝对压力，以 p 表示。如以 p_b 表示大气压力(或测压计所处空间的压力)，则不管使用什么压力计，测量得到的都是工质的绝对压力 p 和大气压力 p_b 之间的相对值。

当 $p>p_b$ 时，测压计称为压力表，压力表上的读数称为表压力 p_g(gage pressure)，如图 1-6(a)所示，显然有

$$p=p_g+p_b \tag{1-9}$$

当 $p<p_b$ 时，测压计称为真空表，真空表上的读数称为真空度 p_v(vacuum pressure)，如图 1-6(b)所示，显然有

$$p=p_b-p_v \tag{1-10}$$

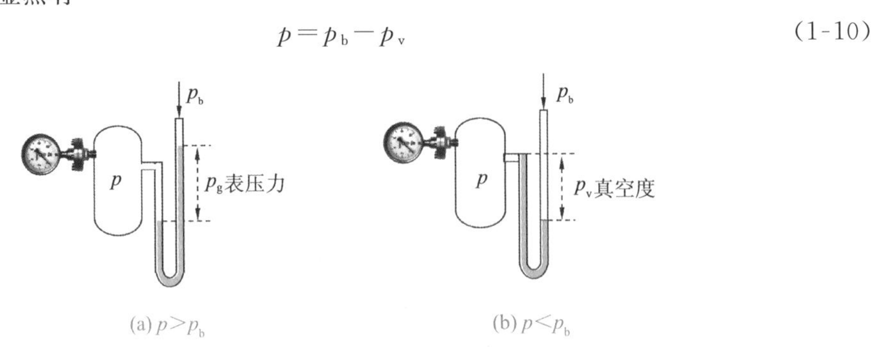

图 1-6　U 形管压力计压差关系图

由于大气压力会随时间、地点的不同而不同，因此，即使表压力或真空度保持不变，绝对压力也会随大气压力的变化而变化。在热力学的分析与计算中，所要用的压力均为绝对

压力。

在国际单位制中，压力的单位是帕斯卡(Pascal)，简称帕(Pa)，1 Pa＝1 N/m^2。由于"帕"这个单位过小，工程上常用千帕(kPa)或兆帕(MPa)作为压力的单位。1 kPa＝10^3 Pa，1 MPa＝10^6 Pa。此外，曾经广泛应用，目前仍能见到的其他压力单位还有 bar(巴)、atm(标准大气压)、mmHg(毫米汞柱，0 ℃)及 mm H_2O(毫米水柱，4 ℃)等。各种压力单位之间的换算关系见附表 1。

【例 1-1】　型号为 HG1021/20.2－540/540 的锅炉，其中 20.2 指的是蒸汽的表压力为 20.2 MPa，已知当地大气压力为 750 mmHg，试求蒸汽的绝对压力为多少？

解：根据

$$p=p_g+p_b$$

绝对压力 p 为

$$\begin{aligned} p &= p_g+p_b \\ &= 20.2\times10^6+750\times133.3 \\ &= 20.3\times10^6\,(\text{Pa}) \end{aligned}$$

3. 温度

人类在很早就懂得了用感觉来比较冷热，如中国古代冶铁中要掌握"火候"(即温度的高低)，直到今天用感觉判断温度的方法还被应用在手工业锻造中。随着科学技术的发展，人们的生活领域不断扩大，需要对冷热程度给出精确的定量描述。

1709 年荷兰的玻璃工人华伦海特(Fahrenheit)制造出世界上第一个温度计。他选水、冰、食盐和氨水混合平衡时的温度为零度，冰点为 32 度，水在常压下沸腾的温度为 212 度，又将冰点与沸点之间分为 180 等份，一等份为 1 度，这就是世界上第一个温标——华氏温标，这是热学发展的一个重要标志。

1742 年瑞典天文学家摄尔修斯(Anders Celsius)制定了以他的名字命名的摄氏温标。温标以冰点为 0 度，一个大气压下沸点为 100 ℃，从 0 点到沸点分为 100 等份，一等份为 1 ℃。

此外还出现了法国列奥谬尔(Reaumur)的列式温标。

现在常用的有 3 种，即华氏、摄氏、列氏。英、美用华氏最多，用列氏最多的是德国，法国摄氏占优势，而科学界普遍采用摄氏。常用的测温装置如图 1-7 所示。

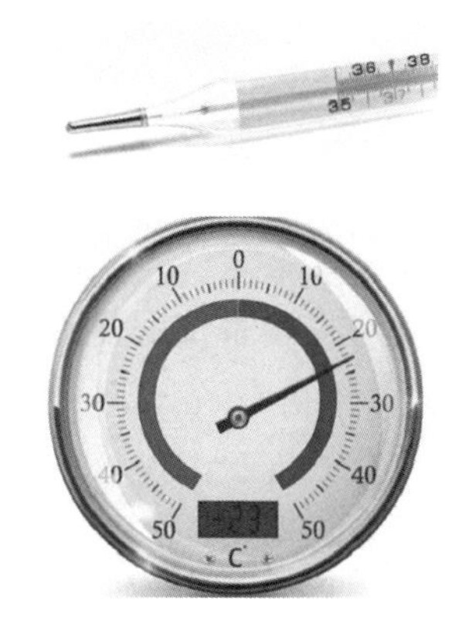

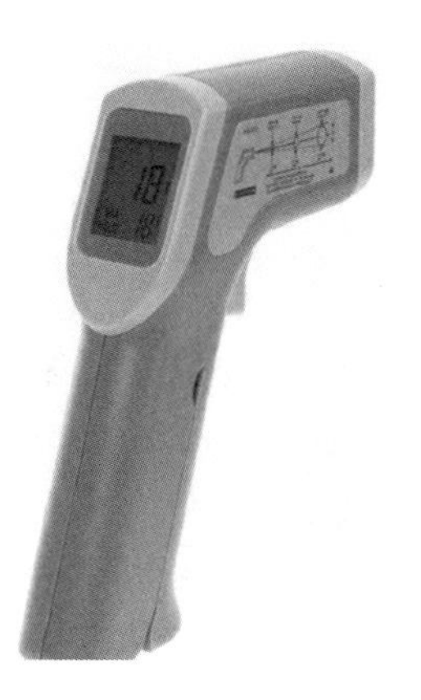
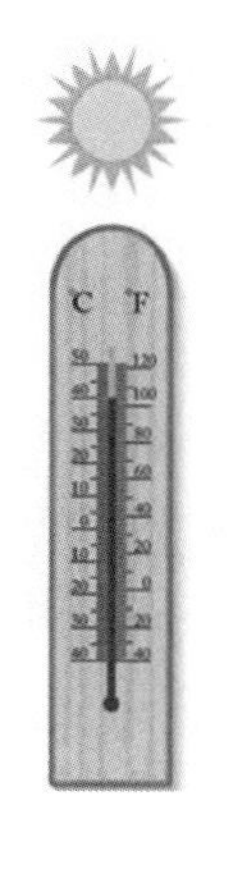
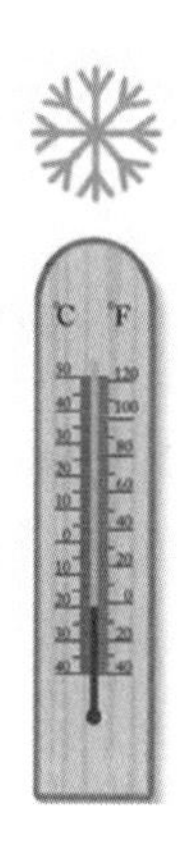

图 1-7　常用测温仪器

以上这些温度概念的建立及测量是以热力学第零定律为依据的。该定律表明：处于热平衡的两个物体，如果分别和第三个物体处于热平衡，则三个物体之间必然处于热平衡。根据此定律，处于同一热平衡状态的各个系统，无论是否相互接触，必定具有一个彼此相同的宏观特性，描述这个宏观特性的物理量称为温度。换言之，温度是决定系统间是否存在热平衡的物理量。因为温度是系统状态的函数，所以它是一个状态参数。一切处于热平衡的系统其温度值均相等。

温度与其他状态参数的区别在于，只有温度才是热平衡的判据，而其他参数如压力、比容是无法判断系统是否处于热平衡的。处于热平衡的系统具有相同的温度，这是可以用温度计测量物体温度的依据。当温度计与被测物体达到热平衡时，温度计的温度即等于被测物体的温度。

温度的数值表示法称为温标。温标的建立一般需要选定测温物质及其某一物理性质，规定温标基础点及分度方法。如旧的摄氏温标规定，标准大气压下，纯水的冰点温度和沸点温度为基础点，并规定冰点温度为 0 ℃，沸点温度为 100 ℃。这两个基础点之间的温度，按照温度与被测物质的某种性质（如液柱体积或金属的电阻等）的线性函数确定。

采用不同的测温物质，或者采用同种测温物质的不同测温性质所建立的温标，除基础点的温度值按规定相同外，其他的温度值都有微小的差异。因此，需要寻求一种与测温物质的性质无关的温标，这就是热力学温标，用这种温标确定的温度称为热力学温度，以符号 T 表示，单位为开尔文(Kelvin)，以符号 K 表示。

热力学温标选用水的汽、液、固三相平衡共存的状态点——三相点为基础点，并规定它的温度为 273.16 K。因此，热力学温度的每单位开尔文等于水的三相点热力学温度的 1/273.16。

与热力学温度并用的有摄氏温标，以符号 t 表示，单位为摄氏度，以符号℃表示。摄氏温标的定义为

$$\{t\}_{℃}=\{T\}_{K}-273.15 \tag{1-11}$$

也就是说，摄氏温度的零点相当于热力学温度的 273.15 K，而且这两种温标的温度差是完全相同的，即

$$\Delta T=\Delta t \tag{1-12}$$

1.3 平衡状态、状态方程式、坐标图

1.3.1 平衡状态

为了分析热力系统中能量转换的情况，首先必须能够正确地描述系统的热力状态。热力系统可能呈现各种不同的状态，其中最具有特别重要意义的是平衡态，它是经典热力学理论框架得以建立的重要基础。看下面两个例子。

【例 1-2】 如图 1-8 所示，A、B 两物体的温度分别是 T_A、T_B，且 $T_A<T_B$，当两物体相互接触后，经过一段时间，A 物体的温度逐渐升高，B 物体的温度逐渐降低，最后 A、B 两物体的温度趋于一致。

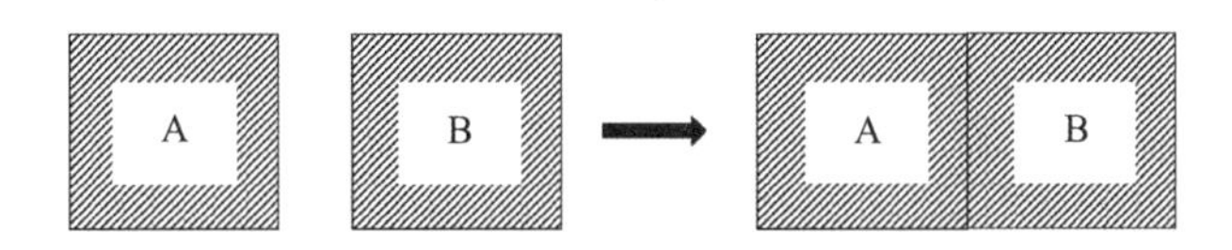

图 1-8 两不等温物体接触实例

【例 1-3】 如图 1-9 所示，有一密封容器，有隔板将其分为 A、B 两部分，A 有气体，B 抽成真空。当把隔板抽掉后，由于 A、B 两边压力不等，A 的气体会向 B 转移，经过一段时间后，A、B 两边气体的压力会趋于一致。

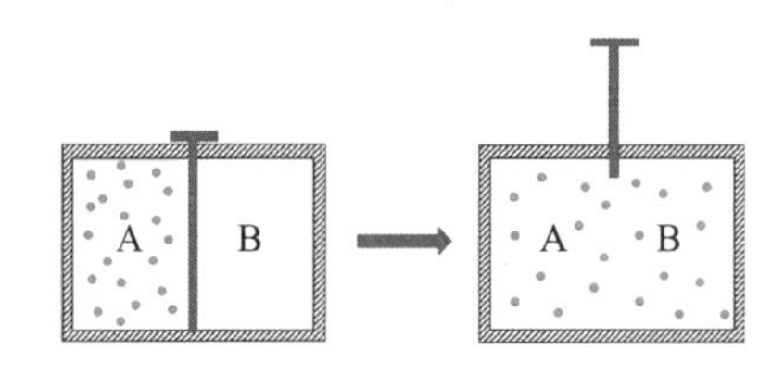

图 1-9 混合过程

所谓平衡态，是指在不受外界影响（重力场除外）的条件下，如果系统的状态参数不随时间变化的状态。处于平衡状态的热力系，各处应具有均匀一致的温度、压力等参数。试想各物体间有温差存在，如图 1-8 所示，发生接触时，则必然有热自发地从高温物体传向低温物体，这时系统不会维持状态不变，而是不断产生状态变化直至温差消失而达到平衡，这种平衡称为热平衡。可见，温差是驱动热传递的不平衡势差，而温差的消失则是系统建立热平衡的必要条件。同样，如图 1-9 所示，如果物体之间有压差的作用，则将引起物体的宏观位移变化，这时系统的状态会不断变化直至压差消失而达到平衡，这种平衡称为力平衡。压差也是驱动状态变化的一种不平衡势差，而压差的消失是建立力学平衡的必要条件。对于有相变和化学反应的情况，也必因为存在其他势差如化学势差，当这种势差消失时，达到相应的相平衡或化学平衡，即化学势差的消失是使系统建立平衡的另一必要条件。由此可见，若系统内存在温差、压差、化学势差等驱使状态变化的不平衡势差，系统就不可能处于平衡状态。

综上所述，系统内部以及系统与外界之间各种不平衡势差的消失是系统建立平衡的另一必要条件。

不平衡势差是驱使状态发生变化的原因，而处于平衡状态的系统，其参数不随时间而改变则是不存在不平衡势差的结果。对于平衡状态，其本质是不存在不平衡势差，表现出来就是状态参数不随时间而改变。判断系统是否处于平衡状态，要从本质上加以分析。如稳态导热中，系统的状态不随时间而改变，但此时在外界的作用下系统有内、外势差存在，该系统的状态只能认为处于“稳态”，而非平衡状态。可见，平衡必稳定，但稳定未必平衡。

还需注意两个不同的概念，平衡与均匀。平衡是相对时间而言的，而均匀是相对空间而言的。平衡不一定均匀。如处于平衡状态下的水和水蒸气，虽汽液两相的温度与压力分别相同，但比容相差很大，显然并非均匀系统。但是对于单相系统（特别是气体组成的单相系统），如果忽略重力场对压力分布的影响，则可以认为平衡必均匀，即平衡状态下单相系统内部各处的热力学参数均匀一致。不仅温度、压力以及其他比参数均匀一致，且它们均不随时间而改变。因此，对于整个系统来说，就可以用一组统一的并具有确定数值的状态参数来描述其状态，使热力分析大为简化。在工程热力学中，主要研究这种均匀系统的平衡状态。

1.3.2 状态公理

热力系统的状态可以用状态参数来描述，这些参数分别从不同角度描述系统的某一宏观特性，它们并不都是独立的。如果要想确切地描述系统的平衡状态，需要多少个独立参数呢？

如前所述，若存在某种不平衡势差，就会引起闭口系统状态的改变以及系统与外界之间的能量交换。每消除一种不平衡势差，就会使系统达到某一种平衡。各种不平衡势差是相互独立的。因而，确定闭口系统平衡状态所需的独立变量数目应该等于不平衡势差的数目。对于组成一定的闭口系统而言，与外界的相互作用除了表现为各种形式的功的交换外，还可能交换热量。因此，对于组成一定的闭口系统的给定平衡状态而言，可用 $n+1$ 个独立的状态参数来限定它。这里 n 是系统可能出现的准静态功形式的数目，1 是考虑系统与外界的热交换。这就是所谓的"状态公理"。

对于简单可压缩系统来说，由于不存在电功、磁功等其他形式的功量，热力系与外界交换的准静态功只有气体的体积变化功（膨胀功或压缩功）一种形式。根据状态公理，决定简单可压缩系统平衡状态的独立状态参数只有 $n+1=1+1=2$ 个。即对于简单可压缩系统来说，只要给定两个相互独立的状态参数就可以确定它的平衡状态。举个例子，一定量的气体在固定容积内被加热，其压力会随着温度的升高而升高。但若规定容积和温度，则压力就只能具有一个确定不变的数值，即状态也就被确定了。

1.3.3 状态参数坐标图、状态方程式

对于简单可压缩的平衡热力系来说，由于独立的状态参数只有两个，因而，可以利用任意两个独立状态参数来组成二维平面坐标系，这种坐标系图称为状态参数坐标图。在这个坐标图中，任意一点代表某一确定的平衡状态，如图 1-10 中的点 1 或点 2。不平衡状态由于没有一确定的热力状态参数，所以在坐标图上无法表示出来。

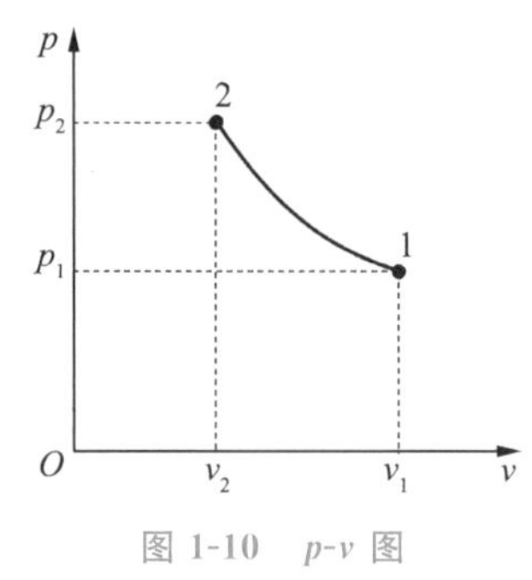

图 1-10 p-v 图

经常应用到的状态参数坐标图有压容图（p-v 图）和温熵图（T-s 图）等，如图 1-11 所示。利用坐标图进行热力分析，既直观清晰，又简单明了，因此，在后续的学习中被广泛应用。

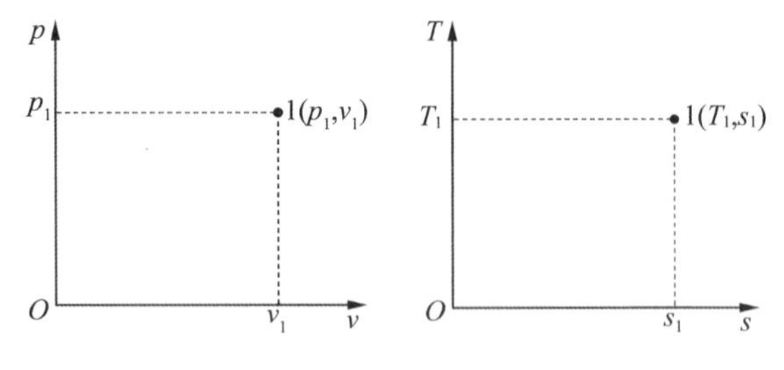

图 1-11 状态参数坐标图

对于基本状态参数，有

$$p=p(v,T),v=v(p,T),T=T(p,v)$$

或综合写成

$$F(p,T,v)=0 \tag{1-13}$$

此式建立了平衡状态下压力、温度、比体积这三个基本状态参数之间的关系。这一关系式称为状态方程式。状态方程式的具体形式取决于工质的性质，而在状态变化过程中，它反映了上述三个参数的相互制约。

1.4　工质的热力过程

线上课程视频资料

热能和机械能的相互转化必须通过工质的状态变化才能实现。热力系从一个状态向另一个状态变化时所经历的全部状态的总和称为热力学过程，简称热力过程。

化工生产中应用热力过程的目的：(1) 使原料、中间产品和产品完成预期的状态变化，以满足后续工序加工和产品使用的要求，例如，在合成氨工厂中，氮氢混合气进入合成塔前，必须经过压缩，将气体压力升高到合成塔的操作压力；(2) 实现能量的传递和转化，以满足某种过程的需要，并有效地利用能量，例如，通过热力过程循环把合成氨厂中的各种工艺余热转化为机械功。

前面讲到，工程热力学仅对热力系本身的平衡状态进行描述，"平衡"就意味着宏观是静止的，而要实现能量的转换，热力系就必须通过状态的变化即过程来实现；"过程"就意味着变化，就要打破平衡状态。那"平衡"和"过程"这两个矛盾的概念又是怎么统一起来的呢？这就要引入准平衡(准静态)过程的概念。

1.4.1　准平衡(准静态)过程

考察一下如图 1-12 所示的气缸活塞系统。设气缸、活塞是绝热的，气缸内储有气体，活塞上载有质量为 m 的重物。选取缸内气体作为热力系，开始时，热力系与外界建立起力的平衡，气体处于平衡状态 1，现将所有重物取走，则热力系与外界间出现力的不平衡，引起气体膨胀做功，将留在活塞上的重物举起，产生热力过程，直至热力系与外界重新建立起力平衡时为止，达到新的平衡状态 2。在这一变化过程中，除初态 1、终态 2 是平衡状态外，所经历的状态都不能确定是平衡状态，因此，在 p-v 图上除 1、2 点以外，其他状态点均无法在图上表示，通常以虚线代表所经历的非平衡过程，如图 1-12 中的虚线 a 所示。

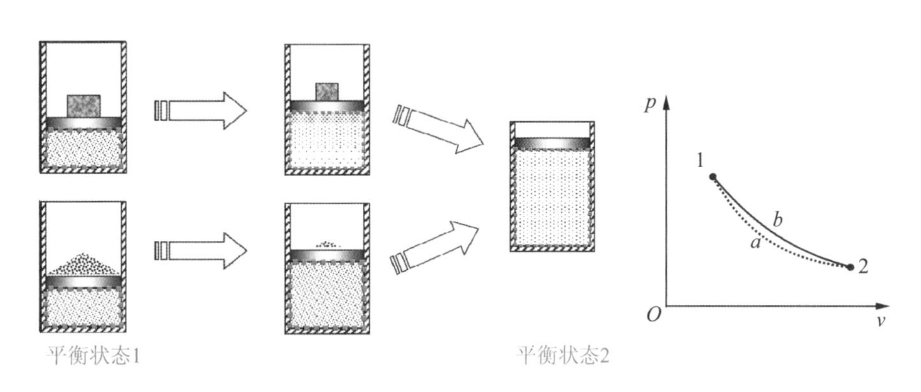

图 1-12　准静态过程的实现

移去重物的质量愈大，则突然移去后引起热力系内部的不平衡愈明显。如果不是一次将全部重物取走，而是将重物分成若干小块，并令总质量 $m=n\Delta m$，其中 n 为小块的数量；Δm 为被移除小块的质量；然后依次移去小块，则随着块数 n 的增加，Δm 的减小所引起的热力系内部的不平衡性也减小。当 n 的数目极大时，Δm 为一微小质量时，其所造成的热力系内部的不平衡小到可以忽略。此时，热力系所经历的一系列状态都无限接近于平衡状态，这种过程为准平衡过程，又叫准静态过程。显然，准平衡过程可以在状态参数坐标图上用一连续的曲线表示，如图 1-12 中的实线 b 所示。

可见，热力系实施准平衡过程的条件是，推动过程进行的不平衡势为无限小，使得系统在任意时刻皆无限接近于平衡态，这就要求过程必须进行得无限缓慢。准平衡过程是一种理想化过程，一切实际过程只能接近于准平衡。

实际过程不可能进行得无限缓慢，那么准平衡过程的概念有什么实际意义呢？在什么情况下，才能将一个实际过程看成是准平衡过程呢？

处于非平衡态的系统经过一定时间便趋向于平衡，从不平衡态到平衡态所需经历的时间间隔称为弛豫时间。这个时间的长短由促成平衡的过程性质决定。例如，在气体中压强趋于平衡是分子碰撞、互相交换动量的结果，弛豫时间为 10～16 s；而气体中浓度的均匀化需要分子作大距离的位移，弛豫时间可延长至几分钟。如果系统某一个状态参数变化时所经历的时间比其弛豫时间长，也就是说系统有足够的时间恢复平衡态，它的每一个中间态都非常接近平衡态，这样的过程就可以近似视为准平衡过程。

在热力学中，为便于分析，一般可以把实际设备中进行的过程当作准平衡过程处理，这是因为不平衡态的出现常常是短暂的。例如，两冲程内燃机的转速为 2 000 r/min，即 4 000 个冲程/min，每个冲程为 0.15 m，则活塞运动速度为 4 000×0.15/60=10 m/s，而空气压力波的传播速度是 350 m/s，远大于 10 m/s，即空气在体积变化的过程中有足够的时间恢复平衡，因此，可将内燃机气缸内的过程近似地看成准平衡过程，即将某些实际设备中进行的过程看作准平衡过程通常是允许的。当然，在某些情况下，这样的处理会导致较大的误差，此时应考虑引入不平衡进行修正处理。

综上所述，热力系的一切变化过程都是在不平衡势推动下进行的，没有不平衡就没有变化，也就没有过程。当不平衡势为无限小时，所进行的过程可视为准平衡过程，就可以用确定的状态参数变化描述过程，在参数坐标图上将这个变化过程表示出来，利用状态方程计算过程中系统与外界的功热交换。

1.4.2 可逆过程

准平衡过程仅是针对系统的热力过程进行描述而提出的。而当研究设计系统与外界的功量和热量交换时，即在设计热力过程中能量的传递计算时，就必须引入可逆过程的概念。如果系统完成某一热力过程后，再沿原来路径逆向进行，能使系统和外界都返回原来状态而不留下任何变化，则这一过程称为可逆过程。否则，其过程称为不可逆过程。

实现可逆过程需要什么条件呢？

首先，它应是准平衡过程，因为有限势差的存在会导致不可逆。如两个不同温度的物体相互接触，高温物体会不断放热，低温物体会不断吸热，直到两者达到热平衡为止。要使两物体恢复原状，必须借助于外界的作用，这样外界就会留下变化，因此，此过程是个不可逆过程。其次，在变化过程中不应包括诸如电阻、摩阻、磁阻等的耗散效应，因为这些电阻、摩阻、磁阻等会使功变为热。图 1-13 为气缸内气体的膨胀过程,假设气体的膨胀过程是准平衡过程,但是气体内部以及气体与气缸间存在摩阻。在正向进行的过程中,气体的膨胀功有一部分消耗于摩阻而变为热;在反向过程中,不仅不能把正向过程中由摩阻变成的热量再转换回来变成功,而且还需要消耗额外的机械功,即外界必须提供更多的功,才能使工质回到初态,这样外界就发生了变化。只有没有摩阻的准平衡过程,系统工质所做的功,外界才能没有损失地全部得到。

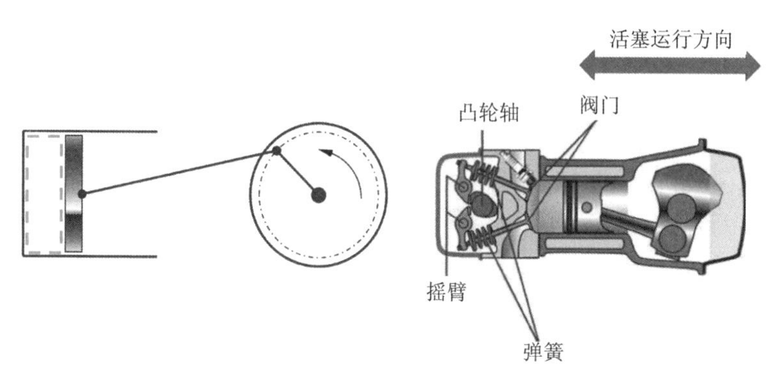

图 1-13　有摩阻的准平衡过程

上述两个特征也是可逆过程实现的充要条件,即只有准平衡过程且过程中无耗散效应的过程才是可逆过程。准平衡过程是针对系统内部的状态变化而言的,而可逆过程则是针对过程中系统所引起的外部效果而言的。可逆过程必然是准平衡过程,而准平衡过程则未必是可逆过程,它只是可逆过程的条件之一。比如,化学纯气体在喷管内做绝热稳定流动时,垂直于流动方向的各截面上气体的压力和温度均匀一致,过程中气体状态随时处于平衡,此时流动是准平衡过程,不会有非平衡损失出现。但同一截面上气体的流速并不相等,中心的流速大于临近管壁处的流速,因而会有流体的宏观相对运动。流体的黏性作用将使气体的宏观动能一部分转化为热能而产生黏性摩擦生热的损失。这时这个流动过程是准平衡过程,而不是可逆过程。反过来说,可逆过程则一定是准平衡过程。

准平衡过程和可逆过程之间既有联系又有区别。它们之间的共同之处是都无限缓慢进行、由无限接近平衡态所组成的过程。因此,在状态参数坐标图上,它们都可以用连续的实线描绘过程。差别在于,准平衡过程虽然是过程理想化了的物理模型,但并不排斥耗散效应的存在,而可逆过程是一个理想化的极限模型。可逆过程进行的结果不会产生任何能量损失,可以作为实际过程中能量转换效果比较的标准,所以可逆过程是热力学中极为重要的概念。

实际过程都或多或少地存在着各种不可逆因素,因此,严格来讲,实际的热力学过程既不可能完全无耗散,又不可能是严格的准平衡过程,所以可逆过程实际上不存在。但是在理想情况下,可逆过程是可以发生的,如忽略轴摩擦的真空中的单摆运动,它没有能量的耗损。还有很多接近于可逆情况的实际变化,如,液体在其沸点时的蒸发,固体在其熔点时的熔化,可逆电池外加电动势与电池电动势近似相等情况下的充电与放电等。

对不可逆过程的分析计算往往是相当困难的,因为此时的热力系以及热力系与外界间不但存在着不同程度的不可逆,而且情况错综复杂。由于可逆过程是没有耗散的准平衡过程,因此可用系统的状态参数及其变化计算系统与外界的能量交换,而不必考虑外界复杂的变化，从而解决热力过程的计算问题。同时，由于可逆过程突出了能量转换的主要矛盾，因此可以通过对可逆过程的分析，选择更为合理的热力过程，以达到预期效果。正是由于可逆过程反映了热力过程中能量转换的主要矛盾，因此，可逆过程偏离实际过程是有限的，可以用一些经验系数对可逆过程计算结果加以修正而得到实际过程系统与外界的能量交换。

1.5 可逆过程的功量和热量

18 世纪末 19 世纪初，随着蒸汽机在生产中的广泛应用，人们越来越关注热和功的转化问题。图 1-14 为一个典型的火力发电厂的蒸汽动力循环，燃料在锅炉中燃烧加热使水变成蒸汽，将燃料的化学能转变成热能，高温高压蒸汽流经汽轮机利用气体体积膨胀去推动叶轮转动，热能转换成机械能，然后汽轮机带动发电机旋转，将机械能转变成电能。可见，功和热是在热力过程中系统与外界发生的两种能量交换方式，下面分别介绍这两种能量交换方式，以及可逆过程中的功和热量的计算式。

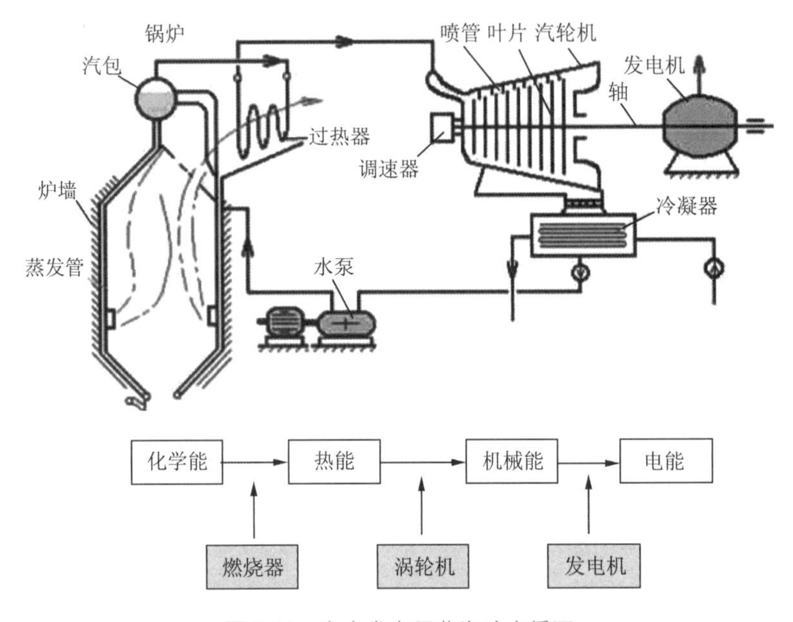

图 1-14 火力发电厂蒸汽动力循环

1.5.1 功

功是系统与外界间在力差的推动下，通过有序(有规则)运动方式传递的能量。在力学中，功被定义为力与力方向上的位移的乘积。若系统在力 F 的作用下，在力的方向上产生微小的位移 dx，则所做的微元功为

$$\delta W = F\mathrm{d}x \tag{1-14}$$

若在力 F 作用下，系统从点 1 移动到点 2，则所做的功为

$$W = \int_1^2 F\mathrm{d}x \tag{1-15}$$

由式(1-15)可见，功的大小不仅与初、终态有关，而且与过程中 F 随 x 的变化函数关系有关，也就是说功与过程进行的性质、路径有关。因此，功不是状态参数，不能说某状态下的系统具有多少功。功是与过程有关的过程量，只有在能量传递过程中才有意义，即功是迁移的能量。为了将功与状态参数加以区别，其微元过程记作 δW，而不是全微分符号 dW。

热力学中规定，系统对外界做功为正值；而外界对系统做功为负值。

在法定计量单位中，功的单位为J(焦耳)，1 J的功相当于系统在1 N力作用下产生1 m位移时完成的功量，即

$$1\ \mathrm{J}=1\ \mathrm{N}\cdot\mathrm{m}$$

单位质量的系统所做的功称为比功，用 w 表示，单位为J/kg。

单位时间内完成的功称为功率，单位为W(瓦特)，即

$$1\ \mathrm{W}=1\ \mathrm{J/s}$$

在工程热力学中，热和功的相互转换是通过气体的体积变化功(膨胀功或压缩功)来实现的，因此，体积变化功具有特别重要的意义。下面推导可逆过程的体积变化功。

如图1-15所示，取气缸里质量为 m 的气态工质为系统，气体的压力为 p，活塞的面积为 A，则系统作用于活塞的总作用力为 $p\cdot A$。当活塞移动 dx 时，由于热力系进行可逆过程，外界压力必须始终与系统压力相等，因此，系统对外做功为

$$\delta W=F\mathrm{d}x=pA\mathrm{d}x=p\mathrm{d}V \tag{1-16}$$

式中，dV 为活塞移动 dx 时工质的容积变化量。

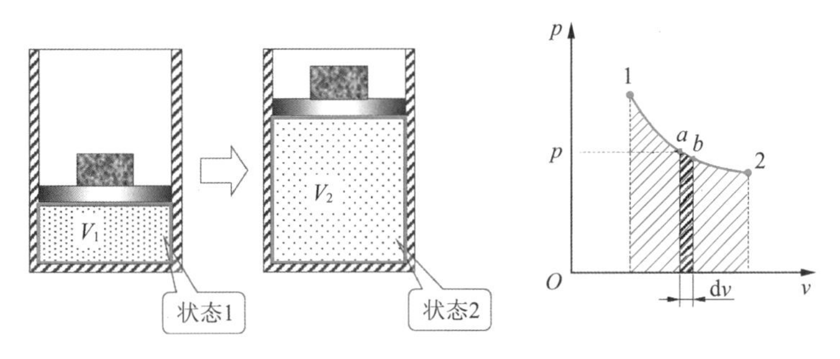

图1-15 可逆过程的体积变化功

系统从状态1变化到状态2时，系统在整个过程中所做的功为

$$W=\int_1^2 p\mathrm{d}V \tag{1-17}$$

这就是任意可逆过程容积变化功的表达式。

对于系统内质量为1 kg的工质，系统所做的功为

$$\delta w=p\mathrm{d}v \tag{1-18}$$

$$w=\int_1^2 p\mathrm{d}v \tag{1-19}$$

由式(1-16)和式(1-17)可见，式中右边的参数全部是系统参数及其变化量，说明系统进行可逆过程时，所做的功可以仅通过系统内部的参数来描述，而无须考虑外界的情况，只要已知过程的初、终状态以及描述过程性质的 $p=f(V)$，就可确定容积变化功。这正是可逆过程的突出优点。

在 p-v 图中，积分 $\int_1^2 p\mathrm{d}v$ 相当于过程曲线1—2下的面积，所以，这种功在 p-v 图上可用

过程曲线下的面积表示,因此 p-v 图也叫示功图,用它可以方便地分析功量。

另外,如气体膨胀,$dv>0$,因而 $\delta w>0$,功量为正值,表示气体对外做功。反之,如气体被压缩,$dv<0$,因而 $\delta w<0$,功量为负值,表示外界对气体做功。

1.5.2 热量

热是人类须臾不能离开的能量,万物生长靠太阳,没有太阳的热能,就没有万物。墨子指出,鸟遇热则高飞,鱼遇热则深潜。人们对热的本质及热现象的认识经历了一个漫长的、曲折的探索过程。

在古代,人们就知道利用摩擦生热、燃烧、传热、爆炸等热现象,来达到一定的目的。例如,中国古代燧人氏的钻木取火、火药的发明,在古希腊有“水、火、土、气组成世界”的四元素学说,我国战国时期(公元前 300 多年)提出了“水、火、金、木、土为万物之本”的五行学说等。但因当时生产力低下,不可能对这些热现象有任何实质性的解释。

热这个词在日常生活中一般并不代表热量——人们使用热和冷这两个词来描述物体触摸上去的感觉,而且对物体加热就意味着升高它的温度。大多数人都倾向于考虑温度而不是热能。热是在物体之间流动的能量,自然地从高温物体流向低温物体。

所谓热量是系统与外界之间在温差的推动下,通过微观粒子无序(无规则)运动的方式传递的能量。热量和功一样,都是系统和外界通过边界传递的能量,它们都是过程量。热量用符号 Q 表示。微元过程中传递的微小热量则用 δQ 表示。

热力学中规定:系统吸热时热量取正值,放热时取负值。法定计量单位中,热量的单位为 J。工程上曾用卡(cal)为单位。两者的换算关系为

$$1\ \text{cal}=4.186\ 8\ \text{J}$$

不同单位制的换算参见附表 1。

单位质量的工质与外界交换的热量,用符号 q 表示,单位为 J/kg。

热量和功既然都是与过程特征有关的量,它们必然具有某些共性。可逆过程的功量可以用计算式 $\delta w=p\,dv$ 来计算,那可逆过程的热量是否也有类似的计算式呢?功的计算式中,压力 p 是做功的推动力,状态参数 V 的变化是做功与否的标志,若 $dV=0$,则系统与外界无体积变化功的交换。由此类比,既然热量是系统与外界在温差推动下所传递的能量,则温度 T 是传热的推动力,于是相应地也应有某一状态参数的变化来标志有无传热,这个状态参数就定义为熵,以符号 S 表示。因此,在可逆过程中类比功的关系式,热量也可用如下数学表达式计算,即

$$\delta Q_{re}=T\,dS \text{ 或 } \delta q_{re}=T\,ds \tag{1-20}$$

$$Q_{re}=\int_1^2 T\,dS \text{ 或 } q_{re}=\int_1^2 T\,ds \tag{1-21}$$

式中,下标 re 表示可逆过程,由式(1-20)可得状态参数熵的定义式为

$$dS=\frac{\delta Q_{re}}{T} \tag{1-22}$$

比熵

$$ds=\frac{\delta q_{re}}{T} \tag{1-23}$$

式中,δQ_{re} 为微元可逆过程中系统与外界传递的热量;T 为传热时热源的温度。

和 p-v 图类似，在 T-s 图上可逆过程线下面的面积表示该过程中系统与外界交换的热量，如图 1-16 所示，所以 T-s 图也叫示热图。

另外，如热力学温度 $T>0$，即 $ds>0$，因而 $\delta q>0$，热量为正值，表示系统从外界吸热；反之，如热力学温度 $T<0$，即 $ds<0$，因而 $\delta q<0$，热量为负值，表示系统向外界放热。

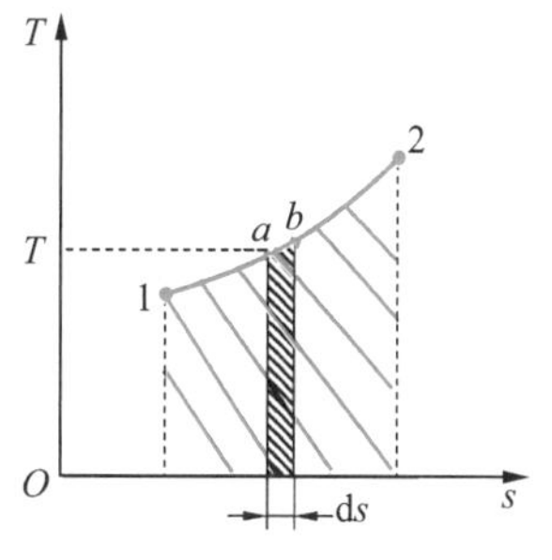

图 1-16 可逆过程的热量

1.6 热力循环

工程热力学已渗透到各种学科和技术领域，其主要研究对象是热能转换为机械能的规律和方法，以及使热机更有效地将热能转化为功的途径，所涉及的主要领域是能源与动力；实现热能与机械能相互转换的封闭过程的热力循环一直是工程热力学研究的重点。

热力循环在热力学和动力机械发展史上占有重要的地位，它是热机发展的理论基础和能源动力系统的核心，也是热力学学科开拓发展的一个重点与推动力。历史表明，每一次新的热力循环及其动力机械发展应用都带动了能源利用的飞跃，大大推动了社会的进步和生产力的发展。面对 21 世纪可持续发展的绿色能源战略的背景，热力循环研究的总目标是要解决能源利用与环境相容的协调难题，即要大幅度提高能源利用率和减少有害污染物排放。

热能和机械能之间的转换，通常都是利用工质在相应的热力设备中通过循环的过程来实现的。例如，图 1-17 所示是热力发电厂的热力循环，系统实施循环的目的是为了持续地将热量转变为功。图 1-18 为制冷循环的示意图，其循环实施的目的是把热量从低温物体取出并排向高温物体。

工质从某一初态出发经历一系列热力状态变化又回到原来初态的热力过程，即封闭的热力过程，称为工质经历了一个热力循环，简称循环。系统实施热力学循环的目的不是要使系统获得某种状态变化，而是通过热力系的状态变化实现预期的能量转换。

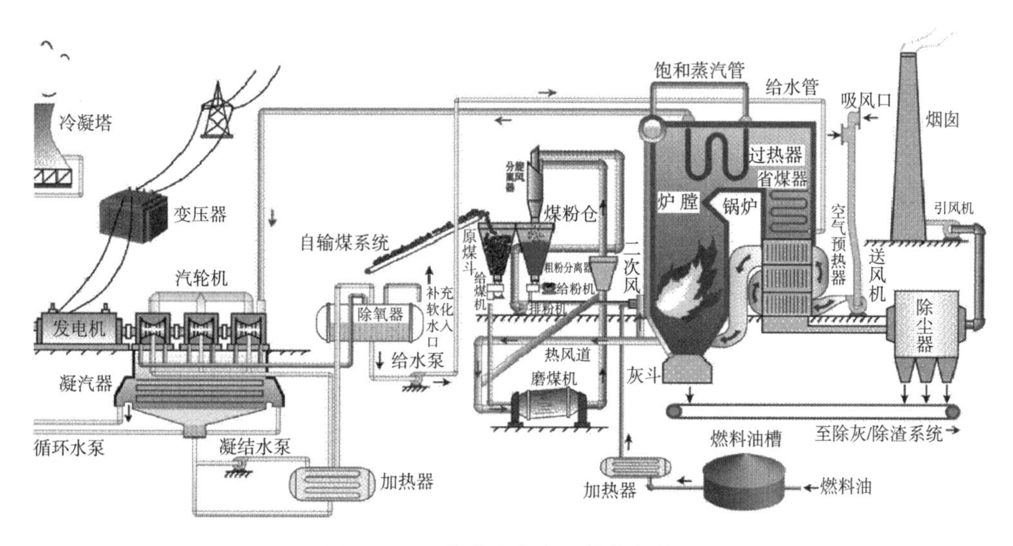

图 1-17 现代火力发电厂的热力循环

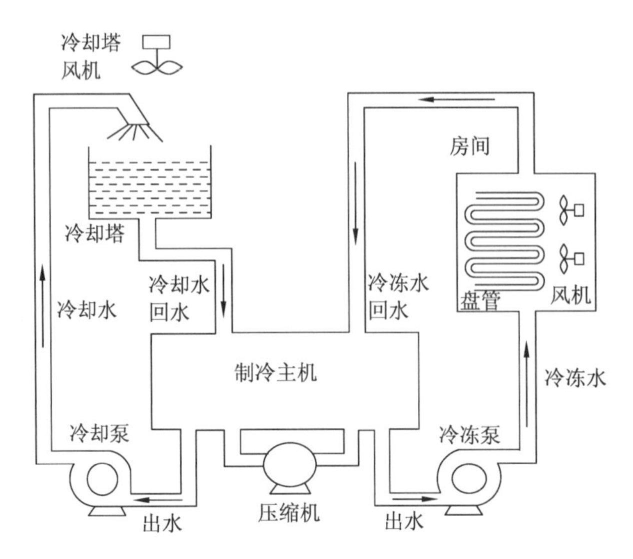

图 1-18　制冷系统结构与循环示意图

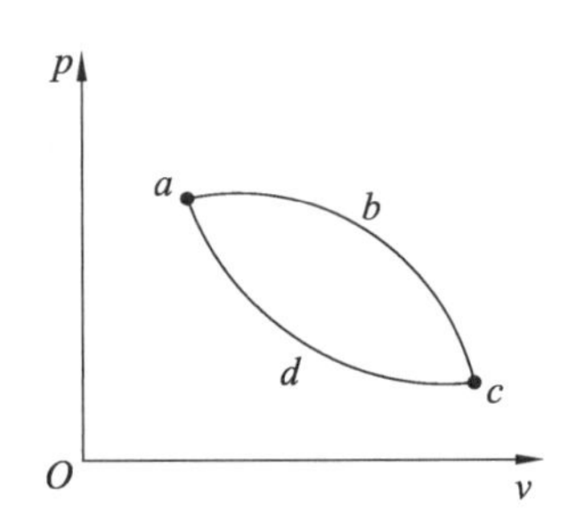

图 1-19　热力循环示意图

热力循环按性质分有可逆循环和不可逆循环。其中，全部由可逆过程组成的循环，称为可逆循环；含有不可逆过程的循环，称为不可逆循环。在 p-v 图或 T-s 图上，可逆循环用闭合实线表示，如图 1-19 所示。不可逆循环中的不可逆过程用虚线表示。

热力循环按目的分有正循环（即热机循环或动力循环）和逆循环（即制冷循环或热泵循环）。正循环的目的是实现热功转换，即从高温热源取得热量 q_1，而对外做净功 w_0，其工作原理如图 1-20(a)所示。为对外输出有效功量，循环的膨胀功应大于压缩功，故在状态参数坐标图上正循环的工质状态变化是沿顺时针方向进行的，按图 1-19 中的 $a-b-c-d-a$ 方向进行。利用内能做功的机械，称为热机，例如蒸汽机、内燃机、汽轮机、喷气发动机等（图 1-21）。

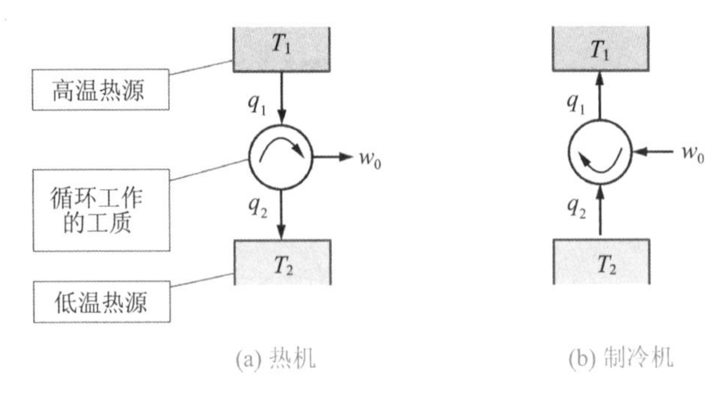

图 1-20　热力循环示意图

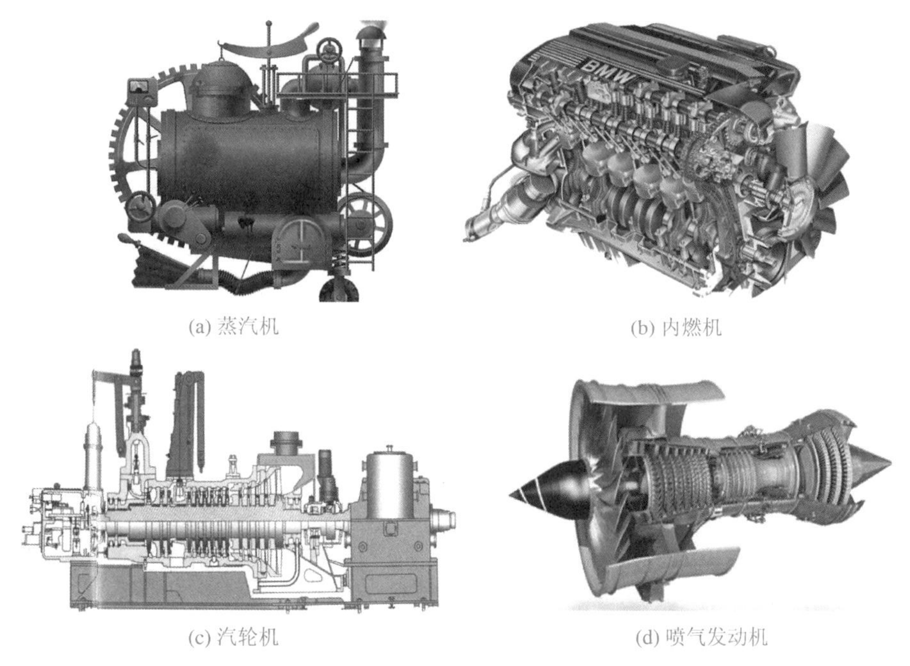

(a) 蒸汽机　(b) 内燃机

(c) 汽轮机　(d) 喷气发动机

图 1-21　正循环利用装置图

反之，逆循环主要用于制冷装置及热泵系统。在制冷装置中，功源（如电动机）供给一定的机械能，使低温冷藏库或冰箱里的热量排向温度较高的大气环境，空调和冰箱是比较常见的一种应用，如图 1-22(a)和(c)所示；而在热泵中，热泵消耗机械能，把低温热源（如室外大气）的热量输入到高温热源（如室内空气），以维持高温热源的温度，如图 1-22(b)所示。两种装置用途不同，但工作原理相同，均是消耗机械能（或其他能量）把热量从低温热源传给高温热源，如图 1-20(b)所示，即需要消耗功 w_0，实现从低温热源吸热 q_2，向高温热源放热 q_1。故逆循环在状态参数坐标图上沿逆时针方向进行，按图 1-19 中的 $a-d-c-b-a$ 的方向进行。

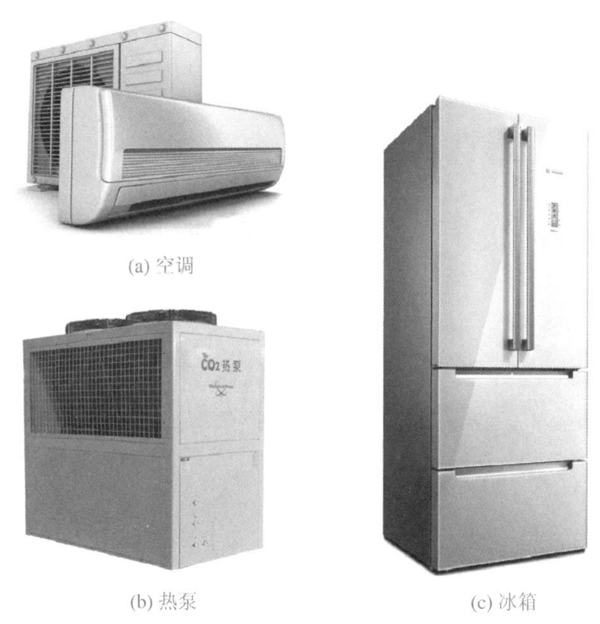

(a) 空调

(b) 热泵　(c) 冰箱

图 1-22　逆循环利用装置图

循环中能量利用的经济性(能量利用率)是指通过循环所得收益与所付出代价之比。对于正循环,这一指标用循环热效率 η_t 来衡量,即

$$\eta_t=\frac{W_{net}}{Q_H} \tag{1-24}$$

式中,W_{net}是循环对外界做出的功量;Q_H 是为了完成 W_{net}输出从高温热源取得的热量。

对于逆循环的经济性用制冷系数来衡量,即

$$\varepsilon=\frac{Q_L}{W_{net}} \tag{1-25}$$

式中,Q_L 是该循环从低温热源(冷库)取出的热量;W_{net}为取出 Q_L 所耗费的功量。

热泵循环的经济性用供热系数来衡量,即

$$\zeta=\frac{Q_H}{W_{net}} \tag{1-26}$$

式中,Q_H 是热泵循环给高温热源(供暖的房间)提供的热量;W_{net}为提供 Q_L 所耗费的功量。

习 题

1-1 试确定表压力为0.5 kPa时U形管压力计中液柱的高度差。(1) 液体为水,其密度为1 000 kg/m³;(2) 液体为酒精,其密度为789 kg/m³。

1-2 容器中的真空度为 p_v=600 mmHg,气压计上水银柱高度为 p_b=755 mm,求容器中的绝对压力(以MPa表示)。如果容器中的绝对压力不变,而气压计上水银柱高度为 p_b'=770 mm,求此时真空表上的读数(以mmHg表示)是多少?

1-3 某容器被一刚性壁分成两部分,在容器的不同部位设有压力计,如习题1-3图所示,设大气压力为97 kPa,求:(1) 若压力表B、C读数分别是75 kPa、0.11 kPa,试确定A表读数及容器两部分气体的绝对压力;(2) 若表C为真空计,读数为24 kPa,压力表B读数为36 kPa,试问A表是什么表,读数是多少?

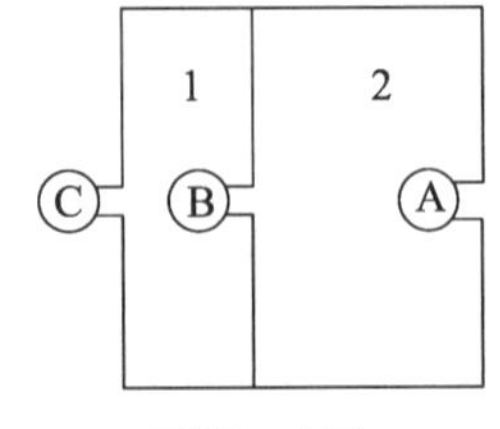

习题1-3图

1-4 气缸中密封有空气，初态为 $p_1=0.2$ MPa，$V_1=0.4\ \mathrm{m}^3$，缓慢膨胀到 $V_2=0.8\ \mathrm{m}^3$。(1) 过程中 pV 保持不变；(2) 过程中气体先遵循 $p=(0.4-0.5V)\times10^6$ 膨胀到 $V_m=0.6\ \mathrm{m}^3$，再维持压力不变，膨胀到 $V_2=0.8\ \mathrm{m}^3$。分别求出两个过程中气体做出的膨胀功。

1-5 若气缸中 O_2 气体的初始压力为 0.25 MPa、温度为 200 ℃，气体经历了一个膨胀过程后温度为 100 ℃。设过程中气体的状态变化规律为 $pv^{1.3}=p_1v_1^{1.3}=$常量，试求膨胀过程中气体所做的膨胀功。

1-6 有一辆汽车在 1.1 h 内消耗汽油 40 L，已知通过车轮输出的功率为 64 kW，汽油的发热量为 44 000 kJ/kg，汽油的密度为 0.75 g/cm^3，试求汽车通过排气、水箱散热及机件散热所放出的热量。

1-7 用压力计测量某容器内气体的压力，压力计上的读数为 0.27 MPa，气压计的读数为 755 mm 水银柱。求气体的绝对压力。若气体的压力不变而大气压力下降至 740 mm 水银柱，问压力计上的读数有无变化？如有，变化了多少？

1-8 一蒸汽动力厂，锅炉的蒸汽产量 $D=180\times10^3$ kg/h，输出功率 $P=55\ 000$ kW，全厂耗煤 $G=19.5$ t/h，煤的发热量 $q_H=30\times10^3$ kg/h。蒸汽在锅炉中的吸热量 $q=2\ 680$ kJ/kg。求：

(1) 该蒸汽动力厂的热效率 η_t；

(2) 锅炉的效率 η_B(蒸汽总吸热量/煤的总发热量)。

1-9　某种气体在气缸中进行一个膨胀过程，其容积由 0.1 m^3 增加到 0.3 m^3。已知膨胀过程中气体的压力与容积变化关系为 $p=(0.24V+0.04)\times10^6$。试求：

(1)气体所做的膨胀功；

(2)当活塞和气缸的摩擦力保持为 1 000 N，而活塞面积为 0.2 m^2 时，扣除摩擦消耗后活塞所输出的功。

1-10　有一绝对真空的钢瓶，当阀门打开时，在大气压 $p_0=1.013\times10^5$ Pa 的作用下有体积为 0.1 m^3 的空气被输入钢瓶，求大气对输入钢瓶的空气所做的功为多少？

2 热力学第一定律

热力学第一定律是热力学的基本定律之一，其实质就是能量守恒与转换定律在热力学中的应用。本章将根据热力学第一定律的一般关系式导出热力学第一定律表达式，即闭口系统的能量方程、开口系统的能量方程和稳定流动系统的能量方程，它们是热工设备计算的基础。

2.1 热力学第一定律的提出

19 世纪初，蒸汽机的进一步发展，迫切需要研究热和功的关系，对蒸汽机“出力”作出理论上的分析，由此热与机械功的相互转化关系得到了广泛的研究。

埃瓦特(Peter Ewart)对煤燃烧所产生的热量和由此提供的“机械动力”之间的关系作了研究，并建立了两者之间的定量联系。

丹麦工程师和物理学家柯尔丁(Colding Ludwig August)对热、功之间的关系也作过研究，他进行过摩擦生热的实验，1843 年丹麦皇家科学院对他的论文签署了如下的批语：“柯尔丁的这篇论文的主要思想是由于摩擦、阻力、压力等造成的机械作用的损失，引起了物体内部的如热、电以及类似的动作，它们皆与损失的力成正比。”

俄国的赫斯(Germain Henri Hess)在更早就从对化学的研究中得到了能量转化与守恒的思想。赫斯于 1840 年 3 月 27 日在一次科学院演讲中提出了一个普遍的表述：“当组成任何一种化学化合物时，往往会同时放出热量，这热量不取决于化合是直接进行还是经过几道反应间接进行。”以后他把这条定律广泛应用于他的热化学研究中。赫斯的这一发现第一次反映了热力学第一定律的基本原理：热和功的总量与过程途径无关，只取决于体系的始末状态；体现了系统的内能的基本性质——与过程无关。赫斯的定律不仅反映了守恒的思想，也包括了“力”的转变思想。至此，能量转化与守恒定律已初步形成。

其实法国工程师卡诺(Nicolas léonard Sadi Carnot)早在 1830 年就已确立了功热相当的思想，他在笔记中写道：“热不是别的什么东西，而是动力，或者可以说，它是改变了形式的运动，它是(物体中粒子的)一种运动(的形式)。当物体的粒子的动力消失时，必定同时有热产生，其量与粒子消失的动力精确地成正比。相反地，如果热损失了，必定有动力产生。”“因此人们可以得出一个普遍命题：在自然界中存在的动力，在量上是不变的。准确地说，它既不会创生也不会消灭；实际上，它只改变了它的形式。”卡诺未作推导而基本上正确地给出了热功当量的数值：370 千克米/千卡。由于卡诺过早地去世，他的弟弟虽看过他的遗稿，却不理解这一原理的意义，直到 1878 年，才公开发表了这部遗稿。这时，热力学第一定律早已建立了。

热力学第一定律于1847年被正式提出，对此发现首先要提到三位科学家。他们是德国的迈尔(J.R. Mayer)、赫姆霍兹(Hermann von Helmholtz)和英国的焦耳(James Prescott Joule)。

在物理学界普遍接受能量守恒观点的基础上，1850年，德国物理学家克劳修斯(Rudolf Julius Emanuel Clausius)考虑一无限小过程，计算做功和消耗的热量与气体某一状态函数 u 之间的联系，将这种关系完整地表述为 $dq=du+dw$。将热力学第一定律首次以明确的数学形式表述出来。1851年，汤姆生(William Thomson)明确地把函数 u 称为物体所需要的机械能。这样就全面阐述了能、功和热量之间的关系。

2.2 热力学第一定律的实质

能量守恒与转换定律是自然界中最重要的基本规律之一。这个定律告诉我们：自然界中一切物质都具有能量，能量有各种不同的形式；能量不可能被创造也不可能被消灭，但可以从一种能量形式转换成另一种能量形式；在能量的传递和转换过程中能量的总量恒定不变。

在我们的生活和生产中经常会遇到涉及热现象的能量转换过程。如，生活中利用电磁炉烧水的过程[见图2-1(a)]和利用太阳能热水器生产热水的过程[图2-1(b)]，以及通过定滑轮机构连接的重物下落使得容器内水温升高的过程[图2-1(c)]等，这些过程的能量转换是怎样的呢？热力学是研究能量及其特性以及热能与其他形式能量之间相互转换规律的科学，其所涉及的各热力过程理应遵从能量守恒与转换定律，所以将这一定律应用于涉及热现象的能量传递与转换过程中，即热力学第一定律。热力学第一定律确定了热力过程中系统与外界进行能量交换时，各种形式能量在数量上的相互关系。所以，电磁炉烧水的过程和太阳能热水器生产热水的过程理应满足热力学第一定律，在不考虑能量转换过程中的损失时，电磁炉消耗的电能应该都转换为水的热能，同理，通过太阳能集热器吸收的太阳能应该都转换为水的热能。

(a) 电磁炉烧热水

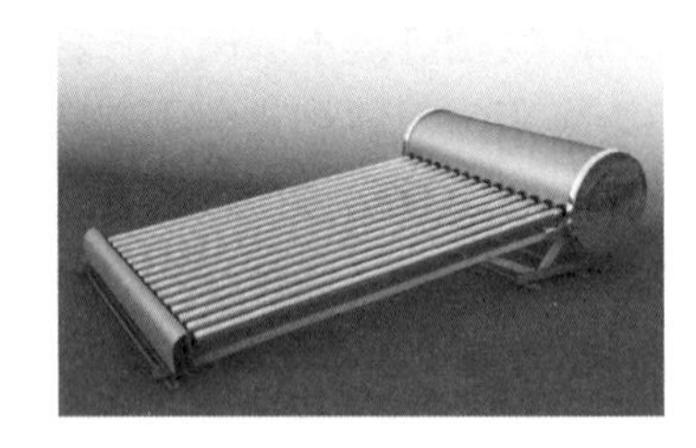

(b) 太阳能热水器

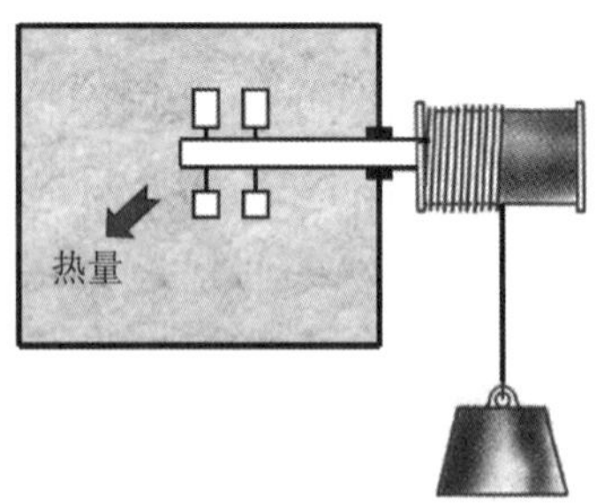

(c) 机械搅拌生热

图2-1 生产生活中的实例

热力学第一定律可以表述为：当热能与其他形式的能量相互转换时，能量的总量保持不变。在工程热力学研究的范围内，主要考虑的是热能和机械能之间的相互转换与守恒，所以热力学第一定律还可表述为：热能可以转换为机械能，机械能也可以转换为热能，在它们的传递和转换过程中，总量保持不变。所以，如图2-1(c)所示，通过定滑轮机构连接的重物下落时，重物本身减少的机械能(即重力势能)就通过搅拌轮转变为水的内热能，使得水温升高。根据热力学第一定律，为了得到机械能必须花费热能或其他形式能量，那种企图不消耗能量而获取机械能的第一类永动机注定是失败的，因此热力学第一定律也可表述为：第一类永动机是不可能制造成功的。热力学第一定律是人类在实践中累计经验的总结，它不能用数学或其他的理论来证明，但焦耳的热功当量实验和瓦特蒸汽机的成功，以及以后所有的热功转换装置都证实了它的正确性。

2.3 热力学能和总能

在开始讲述热力学能和总能的概念之前，大家首先思考一个问题：静止的飞机、火车等有无能量呢？

2.3.1 热力学能

能量是物质运动的量度，运动有各种不同的形式，相应的就有各种不同的能量。储存于热力系内部的各种形式能量的总和叫作系统的热力学能(也称内能)，用符号 U 表示。从微观角度来看，热力学能是与系统内工质粒子的微观运动和粒子的空间位置有关的能量。在分子尺度以上，热力学能包括分子平移、旋转、振动运动所具有的内动能和分子间相互作用所具有的内位能；在分子尺度以下，热力学能还包括维持一定分子结构的化学能、原子核内部的原子能及电磁场作用下的电磁能等。

工程热力学中，我们所讨论的一般热力系属于无化学反应和无原子核反应的简单可压缩系，因此热力学能只包括分子的内动能和内位能。根据气体分子运动学说，气体分子的内动能仅和气体的温度有关，而气体分子的内位能主要和分子间的距离即系统内工质占据的体积有关。因此，气体工质的热力学能是其温度和体积的函数，即

$$U=U(T,V)$$

由此可见，当气体的温度和体积一定时，热力学能即有确定的数值，因而热力学能是状态参数，且是与工质质量有关的广延量参数。

热力学能的法定计量单位为 J。单位质量工质的热力学能称为比热力学能，用符号 u 表示，单位为 J/kg，它是由广延量转换得到的强度量，可写成

$$u=\frac{U}{m}$$

需要注意的是，物质的运动是永恒的，要找到一个没有运动而热力学能为绝对零值的基点是不可能的，因此热力学能的绝对值无法测定。在工程计算中，我们关心的是热力学能的相对变化量 ΔU，所以实际上可任意选取某一状态的热力学能为零值，作为计算基准。

2.3.2 总能

系统的总储存能(简称总能)除储存在热力系内部的热力学能外，还包括热力系作为一个整体，相对于某参考坐标系，因有宏观运动速度而具有的宏观动能及因有不同高度而具有的宏观位能。这样，系统具有的能量可以分成两类：一类是与系统内工质粒子的微观运动和

粒子的空间位置有关的能量，称为内部储存能（即热力学能）；另一类是需要用在系统外的参数坐标系测量的参数来表示的能量，称为外部储存能，它包括系统的宏观动能和宏观位能。

若总能用符号 E 表示，宏观动能和宏观位能分别用 E_k 和 E_p 表示，则

$$E=U+E_k+E_p \tag{2-1}$$

由物理学可知，若工质的质量为 m，速度为 c_f，在参考坐标系中的高度为 z 时，该工质具有的宏观动能和宏观位能分别为

$$E_k=\frac{1}{2}mc_f^2, E_p=mgz$$

式中，g 为重力加速度。

那么，热力系的总能可写成

$$E=U+\frac{1}{2}mc_f^2+mgz \tag{2-2}$$

如果系统的质量为 1 kg，它的总能称为比总能 e，则

$$e=u+e_k+e_p=u+\frac{1}{2}c_f^2+gz \tag{2-3}$$

显然，总能是取决于热力状态和力学状态的状态参数。

所以，静止的飞机、火车等是有能量的，只是它们具有的总能只包括储存在热力系内部的热力学能，其外部储存能，即宏观动能和宏观位能（以停放地面为参考面）均为零。

2.4 闭口系统的能量方程

线上课程视频资料

热力学第一定律是热力学的基本定律，它适用于一切工质和一切热力过程。当用于分析具体问题时，需要将它表述为数学解析式，即根据能量守恒的原则，列出参与过程的各种能量的平衡方程式，它是分析系统状态变化过程的根本方程式。对于任何系统，各项能量之间的平衡关系可一般地表示为

$$\text{进入系统的能量}-\text{离开系统的能量}=\text{系统总能的变化} \tag{2-4}$$

这是热力学第一定律的一般关系式，任何系统均可按此原则建立其能量方程式。

在实际热力过程中，许多系统都是闭口系统。例如：内燃机的压缩和膨胀过程，活塞式压气机的压缩过程，密闭房间与外界环境的能量交换过程等。因此，有必要推导出适用于闭口系统的热力学第一定律表达式，即闭口系统的能量方程。那么，在密闭房间开冰箱门可以降温吗？

对于闭口系统来说，比较常见的情况是，在状态变化过程中，系统的宏观动能和宏观位能的变化为零，或宏观动能和宏观位能的变化与过程中参与能量转换的其他各项能量相比可忽略不计。于是，闭口系统总能的变化，也就是热力学能的变化。此外，对于闭口系统，进入和离开系统的能量只包括通过边界传递的热量和做功两项。下面以气缸活塞系统为例（图 2-2），推导闭口系统的能量方程。

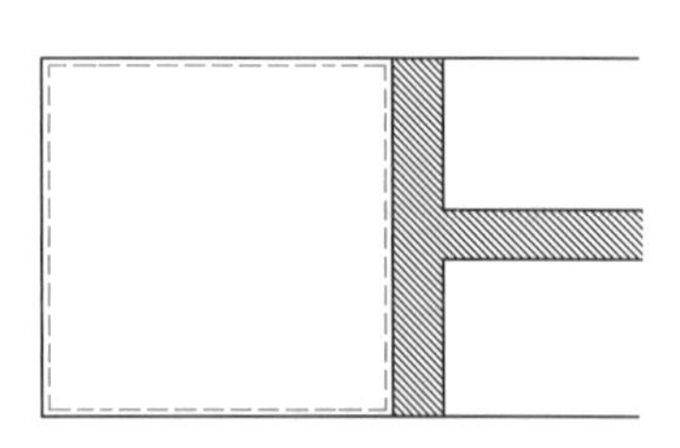
图 2-2　气缸活塞系统

以气缸活塞间的工质为系统，由于过程中没有工质越过边界，所以这是一个典型的闭口系统。假设该系统经历一个热力过程 1—2，在此过程中系统吸热 Q，对外做功 W。通常该系统的宏观动能和宏观位能的变化可忽略不计，则系统总能的变化仅为热力学能的变化 ΔU。所以，进入系统的能量为 Q，离开系统的能量为 W，系统总能的变化为 ΔU，由式(2-4)可得闭口系统的能量方程为

$$Q-W=\Delta U$$

或

$$Q=\Delta U+W \tag{2-5}$$

式中，Q 和 W 分别表示在这个热力过程 1—2 中系统与外界交换的净热量和净功，均为过程量。在不考虑电磁效应等的简单可压缩闭口系中，W 为系统与外界交换的容积变化功。式(2-5)中热力学能的变化 ΔU、热量 Q 和功 W 都是代数值，可正可负：系统吸热为正，放热为负；系统对外界做功为正，外界对系统做功为负；系统的热力学能增大时，ΔU 为正，反之为负。

对于 1 kg 工质而言，则有

$$q=\Delta u+w \tag{2-6}$$

对于一个微元过程，闭口系统的能量方程可写成

$$\delta Q=\mathrm{d}U+\delta W \tag{2-7}$$

$$\delta q=\mathrm{d}u+\delta w \tag{2-8}$$

闭口系统的能量方程式(2-5)～式(2-8)是根据热力学第一定律能量的“量”守恒的原则推导得到的，除要求系统是闭口系外没有附加任何其他条件。因此，以上各式，对闭口系统各种过程(可逆过程或不可逆过程)及各种工质(理想气体或实际气体)都适用。

将式(2-5)变换为

$$Q-\Delta U=W$$

此式表明，加给工质的热量一部分用于增加工质的热力学能，储存于工质内部，余下的部分以做功的方式传递至外界。在状态变化过程中，转化为机械能的部分为 $Q-\Delta U$。正是由于闭口系统的能量方程反映了热能和机械能转换的基本原理和关系，因此称之为热力学第一定律的基本表达式。

如前所述，对于可逆过程，因 $\delta W=p\mathrm{d}V$，$W=\int_1^2 p\mathrm{d}V$，则以上各式又可表达为

$$Q=\Delta U+\int_1^2 p\mathrm{d}V \tag{2-9}$$

$$\delta Q=\mathrm{d}U+p\mathrm{d}V \tag{2-10}$$

或

$$q=\Delta u+\int_1^2 p\mathrm{d}v \tag{2-11}$$

$$\delta q=\mathrm{d}u+p\mathrm{d}v \tag{2-12}$$

闭口系统经历一个循环时，由于热力学能是状态参数，所以 $\oint\mathrm{d}U=0$，于是

$$\oint\delta Q=\oint\delta W \tag{2-13}$$

式(2-13)是闭口系统经历循环时的能量方程，即任意一循环的净吸热量与净功量相等。由

此可以看出，第一类永动机是不可能制造成功的。

所以，在炎热的夏天，有人试图用关闭厨房的门窗和打开电冰箱门的办法使厨房降温是不可行的，这是因为，关闭门窗后，厨房可近似视为绝热闭口系统，满足闭口系统能量方程$\Delta U+W=0$。刚打开电冰箱门的时候，因其内部温度较低，会使冰箱门外附近的温度有所降低，故开始时感觉凉爽；但因冰箱压缩机对房间内系统做功，所以经过一定时间后，房间内空气热力学能将增大，会感觉更热，所以用冰箱来为密闭房间降温是不可行的。

【例 2-1】 一闭口系统从状态 1 沿 1—2—3 途径变化到状态 3，传递给外界的热量为 52.5 kJ，而系统对外做功为 25 kJ，如图 2-3 所示。

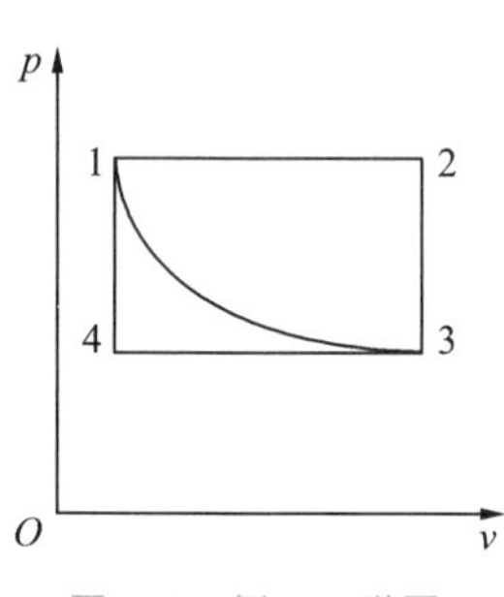

图 2-3 例 2-1 附图

(1) 若沿 1—4—3 途径变化时，系统对外做功 15 kJ，求该过程中系统与外界传递的热量。

(2) 若系统从状态 3 沿图示曲线途径到达状态 1，外界对系统做功 5 kJ，求该过程中系统与外界传递的热量。

(3) 若$U_2=150$ kJ，$U_3=67.5$ kJ，求过程 2—3 传递的热量及状态 1 的热力学能。

解：对途径 1—2—3，由闭口系统能量方程得

$$\Delta U_{123}=U_3-U_1=Q_{123}-W_{123}=(-52.5-25)\ \text{kJ}=-77.5\ \text{kJ}$$

(1) 对途径 1—4—3，由闭口系统能量方程得

$$Q_{143}=\Delta U_{143}+W_{143}=\Delta U_{123}+W_{143}=(-77.5+15)\ \text{kJ}=-62.5\ \text{kJ}$$

(2) 对途径 3—1，可得到

$$Q_{31}=\Delta U_{31}+W_{31}=U_1-U_3+W_{31}=(77.5-5)\ \text{kJ}=72.5\ \text{kJ}$$

(3) 对途径 2—3，有

$$W_{23}=\int_2^3 p\,\mathrm{d}V=0$$

即

$$Q_{23}=\Delta U_{23}+W_{23}=U_3-U_2=(67.5-150)\ \text{kJ}=-82.5\ \text{kJ}$$
$$U_1=U_3-\Delta U_{123}=[67.5-(-77.5)]\ \text{kJ}=145\ \text{kJ}$$

讨论

热力学能是状态参数，其变化只决定于初、终态，与变化所经历的途径无关。而热与功则不同，它们都是过程量，其变化不仅与初、终态有关，还取决于变化所经历的途径。

2.5 开口系统的能量方程

工程上遇到的许多热工设备和热力工程中，如换热器、压气机、节流阀、火箭尾部喷管等，都会有工质的流进和流出，这些热力系都可以当作开口系统来处理。对于开口系统，因有工质流进(或流出)系统，所以进入系统的能量和离开系统的能量除了包括热量和做功两

项外，还要考虑物质的流进和流出所携带的能量。

2.5.1 推动功、流动功

图 2-4 燃气热水器

在讲述推动功、流动功之前先思考一个问题，我们生活中用的燃气热水器，如图2-4 所示，冷水通过热水器进口流入，然后在热水器中升温，最后通过热水器出口流出，那么，是什么推动水不断流进流出热水器的呢？水在流进流出热水器时又携带哪些能量呢？开口系统和外界间所传递的功除了膨胀功和压缩功这类与系统的界面移动有关的功外，还有因系统引进或排除工质所传递的功，这种功称为推动功，它常常是由泵、风机等所供给。

现取任意开口系，如图 2-5 所示，取虚线所围空间为控制体积 CV，其进口截面为 1—1，压力为 p_1，出口截面为 2—2，压力为 p_2。现把质量为 m_1、体积为 V_1 的流体 Ⅰ 在压力 p_1 的作用下推入系统，移动距离为 L_1，若把流体 Ⅰ 后面的流体假想为一活塞，其面积为 A_1（即进口流道截面积），根据功的力学定义，则外界（流体 Ⅰ 后面的流体）克服系统内阻力所做的推动功为

$$W_{\text{push1}}=(p_1A_1)L_1=p_1V_1 \tag{2-14}$$

同样，在出口截面 2—2 处，为把流体 Ⅱ 推出系统，则系统所需做出的推动功为

$$W_{\text{push2}}=p_2V_2 \tag{2-15}$$

需要说明的是，推动功随工质进入（或离开）系统而成为带入（或带出）系统的能量。推动功只有在工质流动时才有，当工质不流动时，虽然工质也具有一定的状态参数 p 和 V，但这时的乘积并不代表推动功。工质在传递推动功时没有热力状态的变化，当然也不会有能量形态的变化，此处工质所起的作用只是单纯地运输能量，像传送带一样。

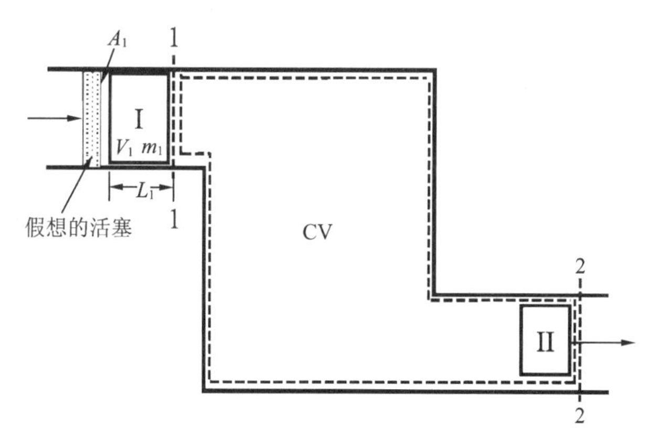

图 2-5 开口系

根据功的正、负号规定，对于同时有工质流入和流出的开口系而言，系统付诸工质流动所做的推动功的代数和称为流动功 W_f，表示为

$$W_f=p_2V_2-p_1V_1=\Delta(pV) \tag{2-16}$$

对于流入流出系统的单位质量工质而言，其相应的比流动功 w_f 为

$$w_f=\Delta(pv) \tag{2-17}$$

流动功的法定计量单位为 J，而比流动功单位为 J/kg。

在流动过程中,流动功是工质穿过边界进出开口系时与外界交换的推动功的差值。因此,流动功可理解为在流动过程中,系统与外界由于物质的进出而传递的机械功,显然它是维持工质流动所必须花费的代价。

2.5.2 焓

在开口系统的热力学分析中,工质携带的能量除热力学能 U 外,总伴有推动功 pV,所以为工程应用方便起见,把 U 和 pV 组合起来,引入概念焓 H,即

$$H=U+pV \tag{2-18}$$

根据状态参数的性质可知,由于 U、p、V 均是状态参数,所以由它们组成的复合参数焓 H 也是一个状态参数,且是与工质质量有关的广延量参数。

单位质量工质的焓称为比焓,用 h 表示,即

$$h=u+pv \tag{2-19}$$

比焓是由广延参量转换得到的强度量。焓 H 的单位为 J,比焓 h 的单位为 J/kg。

焓是状态参数,满足状态参数的一切特点,因此它可以表示成另外两个独立参数的函数,即

$$h=h(p,T),\ h=h(p,v),\ h=h(T,v)$$

在热工设备中,工质总是不断地从一处流到另一处,随着工质的流动而转移的能量不仅是热力学能 U,而是热力学能 U 和能量 pV 结合在一起的总能量(即焓 H),故在热工计算中焓有更广泛的应用。同样,工程中关心的是焓的相对变化量 ΔH。因此,与热力学能一样,焓的零点可人为规定。但如果热力学能的零点已预先规定,那么焓的数值必须根据其定义式确定。生活中用的热水器也是一样,水在流进流出热水器时携带的能量应该为焓,而不仅仅只有热力学能。

根据焓的定义,需再思考一个问题:闭口系统内工质有没有焓值?其实,分析闭口系内工质时通常用热力学能 U,而不用焓 H,这是因为,闭口系内工质是不流动的,虽然工质也具有一定的状态参数 p 和 V,但这时的乘积并不代表推动功,而焓 H 是热力学能 U 和推动功 pV 之和。

2.5.3 开口系统的能量方程

任取一开口系统,如图 2-6 所示,假定系统在 τ 时刻的质量为 m_0,它具有的总能为 E_0。

在 $\mathrm{d}\tau$ 时间内系统进行一个微元过程:质量为 δm_1 的微元工质经进口截面 1—1 流入,质量为 δm_2 的微元工质经出口截面 2—2 流出,系统从外界吸收的热量为 δQ,对外界做的总功为 δW_{tot}。完成该微元过程后系统内工质质量增加了 $\mathrm{d}m$,系统的总能增加了 $\mathrm{d}E_{\text{CV}}$。

若开口系统进、出口处单位质量工质携带的总能分别为 e_1 和 e_2。那么,

进入系统的能量为 $\quad \delta Q+e_1\delta m_1$

离开系统的能量为 $\quad \delta W_{\text{tot}}+e_2\delta m_2$

系统总能的变化为 $\quad \mathrm{d}E_{\text{CV}}$

根据热力学第一定律的一般关系式,即式(2-4),可得

$$\delta Q+e_1\delta m_1-(\delta W_{\text{tot}}+e_2\delta m_2)=\mathrm{d}E_{\text{CV}} \tag{2-20}$$

式中,$e_1=\left(u+\frac{1}{2}c_{\mathrm{f}}^2+gz\right)_1$,$e_2=\left(u+\frac{1}{2}c_{\mathrm{f}}^2+gz\right)_2$。开口系统和外界间交换的总功 δW_{tot} 包

括两部分：一部分为维持工质流动的流动功 δW_f，另一部分为通过机器的旋转轴与外界交换的功，称为轴功，用 δW_s 表示，即 $\delta W_{tot}=\delta W_f+\delta W_s$。同时，把 $\delta W_f=d(pV)$，$h=u+pv$ 代入上式，整理得

$$\delta Q=dE_{cv}+\left(h+\frac{1}{2}c_f^2+gz\right)_2\delta m_2-\left(h+\frac{1}{2}c_f^2+gz\right)_1\delta m_1+\delta W_s \tag{2-21}$$

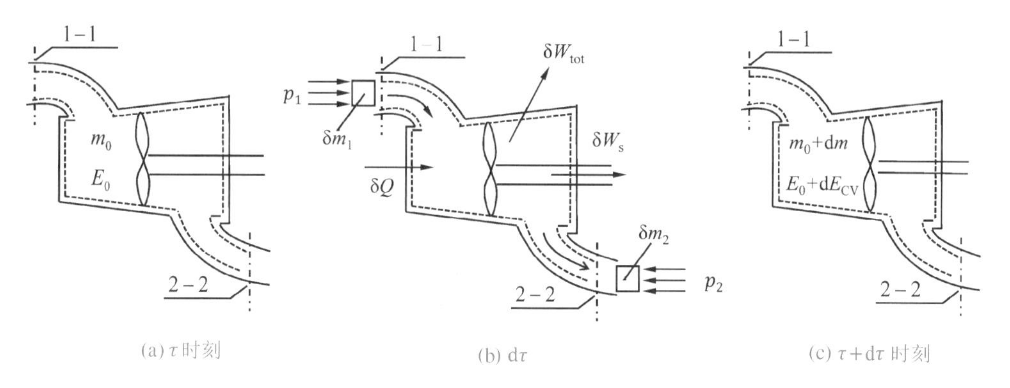

(a) τ 时刻　　(b) $d\tau$　　(c) $\tau+d\tau$ 时刻

图 2-6　开口系统能量分析示意图

用传热率、功率等形式表示的开口系统能量方程为

$$\dot{Q}=\frac{dE_{cv}}{\delta\tau}+q_{m,2}\left(h+\frac{1}{2}c_f^2+gz\right)_2-q_{m,1}\left(h+\frac{1}{2}c_f^2+gz\right)_1+\dot{W}_s \tag{2-22}$$

式中，$\dot{Q}=\delta Q/d\tau$ 为传热率，表示单位时间内系统与外界交换的热量；$\dot{W}_s=\delta W_s/d\tau$ 为系统与外界交换的轴功率；$q_m=\delta m/d\tau$ 为系统进、出口处的质量流量。

如果进、出开口系统的工质有若干股，则式(2-22)可写成

$$\dot{Q}=\frac{dE_{cv}}{\delta\tau}+\sum q_{m,2}\left(h+\frac{1}{2}c_f^2+gz\right)_2-\sum q_{m,1}\left(h+\frac{1}{2}c_f^2+gz\right)_1+\dot{W}_s \tag{2-23}$$

式(2-21)和式(2-23)都是开口系统能量方程的一般形式，结合具体情况常可简化成各种不同的形式。

【例 2-2】　在我们的生产生活中，经常会看到气罐的充放气过程，如图 2-7(a) 所示。假设如图 2-7(b) 所示，容器 A 为刚性绝热，初态为真空，打开阀门充气，压力 $p_2=4$ MPa 时截止。若空气 $u=0.72T$，求容器 A 内达平衡后的温度 T_2 及充入气体量 m。

(a) 气罐充气实际过程

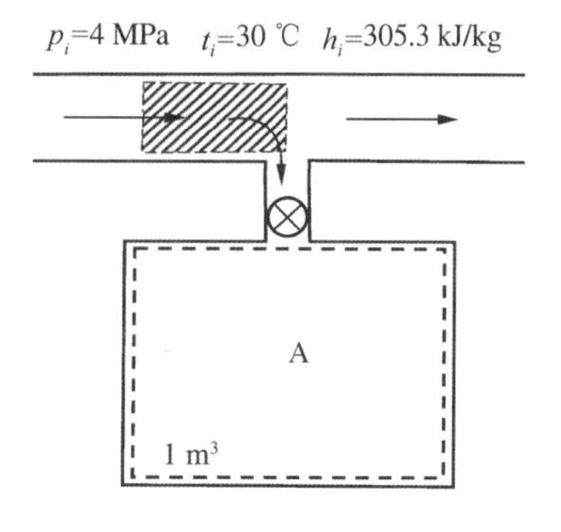

(b) 例2-2附图

图 2-7　充气过程

解：取 A 为控制体积，即为一般开口系，开口系的能量方程式(2-21)为

$$\delta Q = \mathrm{d}E_{\mathrm{cv}} + \left(h + \frac{1}{2}c_{\mathrm{f}}^2 + gz\right)_2 \delta m_2 - \left(h + \frac{1}{2}c_{\mathrm{f}}^2 + gz\right)_1 \delta m_1 + \delta W_{\mathrm{s}}$$

根据题意有 $\delta Q = 0, \delta W_{\mathrm{s}} = 0, \delta m_2 = 0$；忽略动能差和位能差，则有

$$h_i \delta m_i = \mathrm{d}E_{\mathrm{CV}} = \mathrm{d}(mu)$$

$$\int_{\tau}^{\tau+\Delta\tau} h_i \delta m_i = \int_{\tau}^{\tau+\Delta\tau} \mathrm{d}(mu)$$

$$h_i m_i = m_2 u_2 - m_1 u_1 = m_2 u_2$$

$$m_i = m_2$$

由：$h_i = u_2$

所以：$T_2 = \dfrac{305.3\ \mathrm{K}}{0.72} = 423.99\ \mathrm{K} = 150.84\ ℃$

根据：$m = \dfrac{pV}{R_{\mathrm{g}}T} = \dfrac{40 \times 10^5\ \mathrm{Pa} \times 1\ \mathrm{m}^3}{287\ \mathrm{J/(kg \cdot K)} \times 423.99\ \mathrm{K}} = 32.87\ \mathrm{kg}$

2.6 稳定流动系统的能量方程

2.6.1 稳定流动系统的能量方程

工程上的热力设备包括汽轮机、泵、热交换器、节流阀、喷管和扩压管等，在正常运行工况或设计工况下，它们经常是在稳定条件下工作的，即开口系内任意一点工质的状态参数不随时间变化的流动过程，称为稳定流动过程。实现稳定流动的必要条件为：

(1) 进、出口截面的参数不随时间而变；

(2) 系统与外界交换的功量和热量不随时间而变；

(3) 工质的质量流量不随时间而变，且进、出口处的质量流量相等。

以上 3 个条件，可以概括为：系统与外界进行物质和能量的交换不随时间而变。将蒸汽动力装置、燃气动力装置等装置中实际流动过程近似视为稳定流动过程可使问题大大简化。下面根据开口系统能量方程的一般表达式推导出稳定流动能量方程。

由稳定流动的定义可知，系统任意截面上工质的状态参数不随时间变化，因此，实现稳定流动的必要条件可表示为

$$\frac{\mathrm{d}E_{\mathrm{cv}}}{\delta\tau} = 0, q_{m1} = q_{m2} = q_m$$

将上述条件代入式(2-22)，并用 q_m 除该式，令 $q = \dot{Q}/q_m$、$w_{\mathrm{s}} = \dot{W}_{\mathrm{s}}/q_m$，可得 1 kg 工质流过开口系经过有限过程时的能量方程，即

$$q = \Delta h + \frac{1}{2}\Delta c_{\mathrm{f}}^2 + g\Delta z + w_{\mathrm{s}} \tag{2-24}$$

式中，q 和 w_{s} 分别为 1 kg 工质流经开口系统时与外界交换的热量和与外界交换的轴功，单位均为 J/kg。

对于微元过程，则有

$$\delta q = \mathrm{d}h + \frac{1}{2}\mathrm{d}c_f^2 + g\mathrm{d}z + \delta w_s \tag{2-25}$$

当 m kg 工质流过开口系经过有限过程或微元过程时，稳定流动能量方程可写作

$$Q = \Delta H + \frac{1}{2}m\Delta c_f^2 + mg\Delta z + W_s \tag{2-26}$$

$$\delta Q = \mathrm{d}H + \frac{1}{2}m\mathrm{d}c_f^2 + mg\mathrm{d}z + \delta W_s \tag{2-27}$$

式(2-24)～式(2-27)为不同形式的稳定流动能量方程，它们是根据能量守恒与转换定律导出的，在导出这些方程时，除要求稳定流动外，无任何其他附加条件。所以上述 4 式对于任何工质、任何稳定流动过程，包括可逆和不可逆的稳定流动过程都是适用的。

2.6.2 技术功及稳定流动系统能量方程的其他形式

实际上，进一步分析稳定流动能量方程式(2-26)右端的后面三项可知，前两项是工质的宏观动能和宏观位能的变化，属于机械能的范畴；最后一项轴功 W_s 也是机械能。由于机械能可全部转变为功，所以这三项均是工程技术上可利用的功，称为技术功，用符号 W_t 表示，即

$$W_t = \frac{1}{2}m\Delta c_f^2 + mg\Delta z + W_s \tag{2-28}$$

在许多情况下，热功设备的进、出口离地高度相差不大，并且进、出口处工质的流速也较相近，所以进、出口处工质的宏观动能和宏观位能的变化均可忽略不计。于是，由式(2-28)可得

$$W_t = W_s$$

这时稳定流动系统输出的轴功即等于技术功。

引入技术功，稳定流动能量方程式和式可写成下列形式

$$Q = \Delta H + W_t \tag{2-29}$$

$$\delta Q = \mathrm{d}H + \delta W_t \tag{2-30}$$

对于 1 kg 工质相应有

$$q = \Delta h + w_t \tag{2-31}$$

$$\delta q = \mathrm{d}h + \delta w_t \tag{2-32}$$

值得注意的是，一方面在稳定流动过程中，由于开口系本身的状况不随时间变化，因此整个流动过程的总效果相当于一定质量的工质从进口截面穿过开口系统，在其中经历了一系列的状态变化，并与外界发生热和功的交换，最后流到了出口。这样，开口系稳定流动能量方程也可看成是流经开口系统的一定质量的工质的能量方程。另一方面，由 2.4 节已知，闭口系统能量方程也是描述一定质量工质在热力过程中的能量转换关系的，因此，式(2-5)与式(2-29)应该是等效的。对比这两个方程式，即

$$Q = \Delta U + W$$

$$Q = \Delta H + W_t$$

根据焓的定义式 $H = U + pV$，可得

$$W = \Delta(pV) + W_t \tag{2-33}$$

对于 1 kg 的工质，则为

$$w = \Delta(pv) + w_t \tag{2-34}$$

因此，由式(2-33)和式(2-34)可知，技术功是由热能转换所得的体积变化功扣除流动功后得到的，所以我们说，体积变化功是简单可压缩系统热变功的源泉。

对于可逆过程，体积变化功为

$$W = \int_1^2 p\,dV$$

代入式(2-33)，得

$$W_t = \int_1^2 p\,dV - (p_2V_2 - p_1V_1) = \int_1^2 p\,dV - \int_1^2 d(pV) = -\int_1^2 V\,dp \tag{2-35}$$

对于 1 kg 的工质，则为

$$w_t = -\int_1^2 v\,dp \tag{2-36}$$

可逆过程的膨胀功和技术功在 p-v 图上可以分别用过程线下面和左面的面积表示，如图 2-8 所示的面积 12341 为体积变化功，面积 12561 为技术功。由图 2-8 可见 w_t=面积 12561=面积 12341+面积 2305−面积 14061。这同样表明，工质稳定流经热力设备时，所做的技术功为膨胀功与流动功之差。

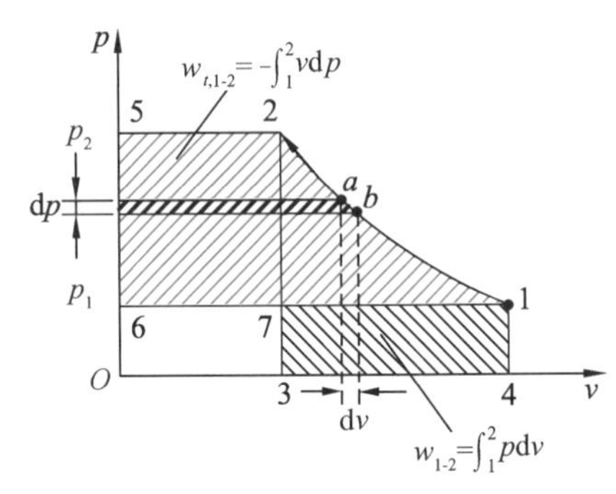

图 2-8　技术功的表示

由式(2-36)可知，若 dp 为负，即过程中工质压力降低，则技术功为正，此时工质对外界做功；反之，外界对工质做功。蒸汽轮机、燃气轮机属于前一种情况，活塞式压气机和叶轮式压气机属于后一种情况。

对于可逆过程，因 $\delta w_t = -v\,dp$，$w_t = -\int_1^2 v\,dp$，则稳定流动能量方程式(2-29)和式(2-32)又可写成下列形式

$$Q = \Delta H - \int_1^2 V\,dp \tag{2-37}$$

$$\delta Q = dH - V\,dp \tag{2-38}$$

$$q = \Delta h - \int_1^2 v\,dp \tag{2-39}$$

$$\delta q = dh - v\,dp \tag{2-40}$$

2.7　稳定流动系统能量方程的应用

线上课程视频资料

热力学第一定律的能量方程是能量守恒与转换定律应用于热力过程的数学描述，是计算热力设备中能量传递和转换的基础。因此，在熟练掌握热力学第一定律及其表达式的基础上，学会正确、灵活地应用热力学第一定律能量方程来分析、计算工程实际中的有关问题非常重要。对于实际的热力设备和热力过程，应根据具体问题实施过程的具体条件作出某些假定和简化，从而得到简单明了的能量方程。本节主要采用稳定流动系统的能量方程分析几种典型的热力设备。

2.7.1 叶轮式机械

叶轮式机械包括叶轮式动力机和叶轮式压缩机械。动力机是利用工质膨胀而获得机械功的热力设备。叶轮式动力机包括燃气轮机、蒸汽轮机等，如图 2-9 所示。工质流经叶轮式动力机时，体积膨胀，压力降低，对外做轴功。它们的特点是：由于工质进、出口速度相差不大，可认为$\frac{1}{2}\Delta c_f^2=0$；进、出口高度差很小，即 $g\Delta z=0$；又因叶轮式机械的外表面通常被较好地绝热且工质流过动力机非常迅速，系统与外界来不及交换大量的热量，可认为 $Q=0$。将上述条件代入式(2-24)，得到工质流经叶轮式动力机时的能量方程为

$$w_s=h_1-h_2$$

可见，叶轮式动力机对外输出的轴功来源于工质进、出口的焓降。

(a) 汽轮机实物图

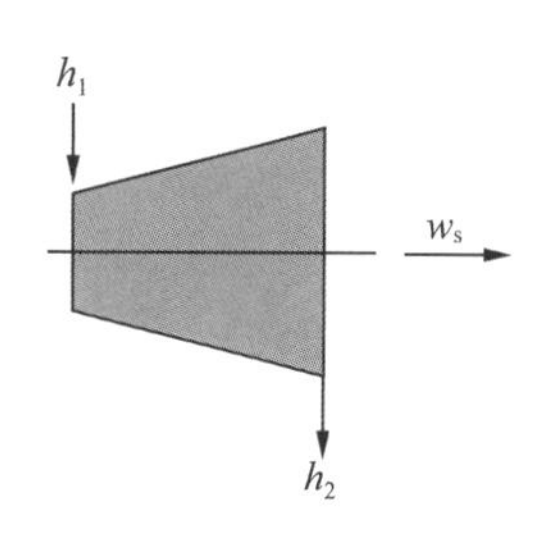

(b) 叶轮式动力机工作示意

图 2-9　叶轮式动力机

当工质流经叶轮式压气机、水泵等叶轮式压缩机械时，体积压缩，压力升高，外界通过旋转轴对系统做功，情况与上述叶轮式动力机恰恰相反，如图 2-10 所示。但该类设备的特点与叶轮式动力机很相近，因此，稳定流动能量方程可写成

$$w_s=-(h_2-h_1)=h_1-h_2$$

上式说明工质在叶轮式压缩机械中被压缩时外界所做的轴功用于增加工质的焓，故有 $h_1<h_2$，即系统耗功。

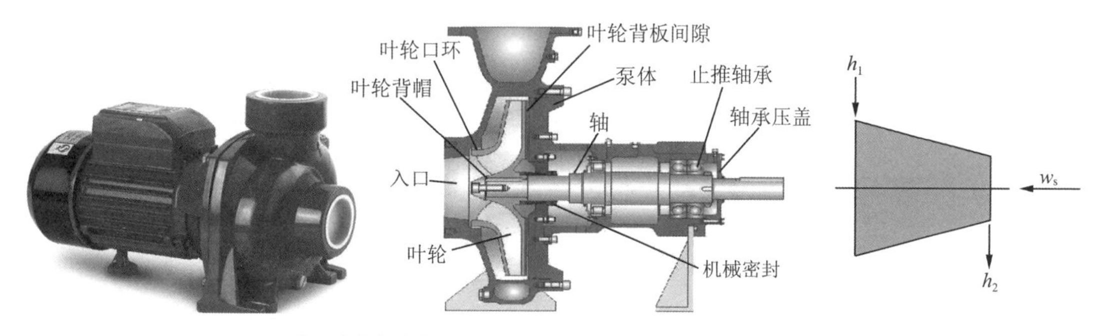

(a) 水泵实物与结构图　　(b) 叶轮式压缩机械示意图

图 2-10　叶轮式压缩机

2.7.2 热交换器

热交换器的主要任务是传递热量，如电厂中的锅炉、蒸发器、冷凝器、回热器，生产生活中经常用的管壳式换热器[图 2-11(a)]等都属热交换器，热交换器示意图如图 2-11(b) 所示。由图可见，工质流经换热器时，通过管壁与另外一种流体交换热量，换热器表面两边的流体各构成一个开口系。取任意一侧的开口系进行分析，它的特点：设备中无活塞、转轴这类做功部件，所以 $w_s=0$；动能差和位能差均可忽略不计，即 $\frac{1}{2}\Delta c_f^2=0$，$g\Delta z=0$。根据稳定流动能量方程式(2-24)，可得

$$q=\Delta h=h_2-h_1$$

可见，工质在热交换器中交换的热量等于焓的变化量。即热流体在热交换器中放出的热量等于其焓降，冷流体在热交换器中吸收的热量等于其焓升。

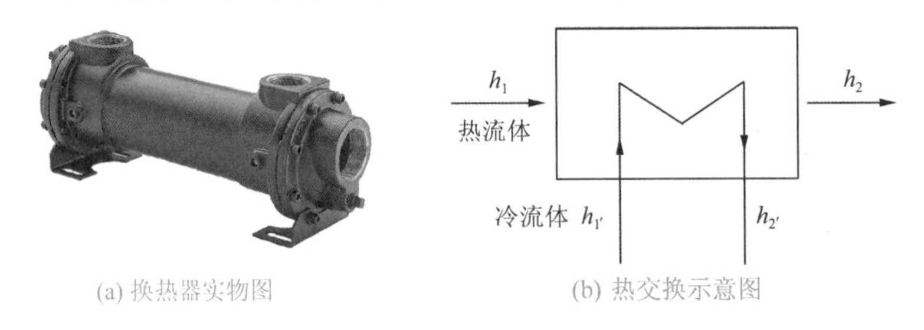

(a) 换热器实物图　　(b) 热交换示意图

图 2-11　热交换器

2.7.3 绝热节流

工质流过管道中的缩口或狭缝时[比如阀门，见图 2-12(a)]，使工质的压力降低、形成旋涡的现象称为节流[图 2-12(b)]，一般该节流过程可视为绝热过程。由于存在涡流和摩擦，绝热节流过程是一个典型的不可逆过程。为了得到描述此过程的能量方程，在离阀门不远处取图 2-12(b)所示 1—1、2—2 截面间的工质为热力系，工质在 1—1、2—2 截面处的状态趋于平衡。该过程的特点可简化为：$w_s=0$；$q=0$；$\frac{1}{2}\Delta c_f^2=0$；$g\Delta z=0$。将上述条件代入式(2-24)，得到绝热节流过程的能量方程

$$h_1=h_2$$

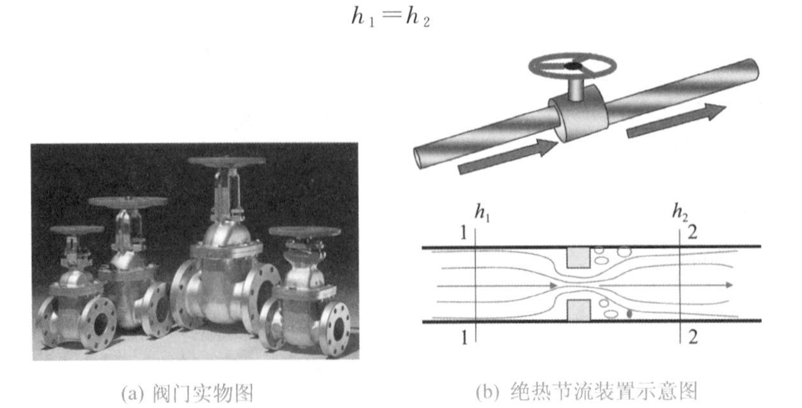

(a) 阀门实物图　　(b) 绝热节流装置示意图

图 2-12　绝热节流装置

可见，在绝热节流过程中，节流前后工质的焓值不变。但需要注意，由于在上、下游截面之间，特别在缩口附近，流速变化很大，焓值并不处处相等，也就是说，不能把此绝热节流过程理解为等焓过程。

2.7.4 喷管和扩压管

喷管和扩压管均为特殊的管道，但二者实现的目的不同。工质流经喷管后，压力下降，速度增加，如火箭上的尾喷管[图 2-13(a)]；而工质流经扩压管后，速度降低，压力升高。由于气流在喷管和扩压管中速度改变比较剧烈，所以气流进、出口的动能变化是不能忽略的。现以喷管为例进行能量分析，如图 2-13(b) 所示，取其进、出口截面间的工质为热力系，并假定流动是稳定的。喷管实际流动过程的特征：气流迅速流过喷管，其散热损失很小，可认为 $q=0$；设备中无活塞、转轴这类做功部件，所以 $w_s=0$；进、出口气体的宏观位能差可忽略，所以 $g\Delta z=0$。将上述条件代入稳定流动能量方程式(2-24)，可得

$$\frac{1}{2}\Delta c_f^2=-\Delta h$$

可见，喷管中气流宏观动能的变化是由气流进、出口焓差转换而来的。

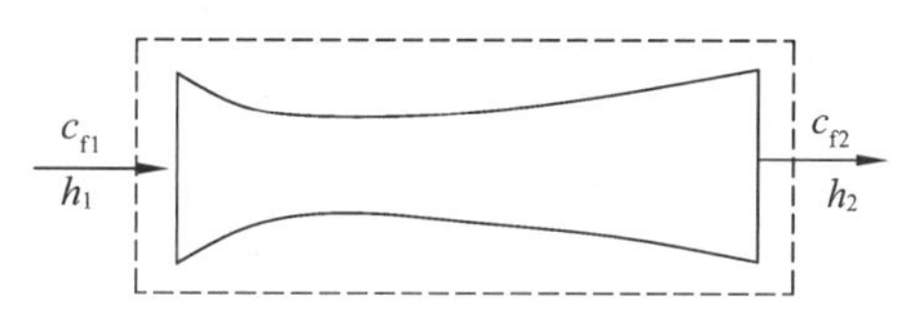

(a) 火箭上的尾喷管　　(b) 喷管流动示意

图 2-13　喷管及其内部流动示意

【例 2-3】　有一台空气涡轮机，它所应用的压缩空气的焓为 320 kJ/kg，而排出空气的焓为 200 kJ/kg。若空气的流动为稳定流动过程，且进、出口处的流动动能及重力位能的变化不大，试求涡轮机的轴功。

解：对于涡轮机，根据工质流经叶轮式动力机时的能量方程 $w_s=h_1-h_2$，可知

$$w_s=h_1-h_2=320\ \mathrm{kJ/kg}-200\ \mathrm{kJ/kg}=120\ \mathrm{kJ/kg}$$

所以，该涡轮机的输出轴功为 120 kJ/kg。

【例 2-4】　进入冷凝器乏汽的压力 $p=0.005$ MPa，比焓 $h_1=2\ 500$ kJ/kg，出口为同压下的水，比焓 $h_2=137.77$ kJ/kg，若蒸汽流量为 22 t/h，进入冷凝器的冷却水温度 $t_{1'}=17$ ℃，冷却水出口温度 $t_{2'}=30$ ℃，试求冷却水流量为多少？

解：根据题意，进入热交换器的热流体为乏汽，冷流体为冷却水。根据能量守恒定律有

$$|\dot{Q}_{热放}|=|\dot{Q}_{冷吸}|$$

根据稳定流动系统的能量方程

$$\dot{Q}=q_m\left[(h_2-h_1)+\frac{1}{2}(c_{f2}^2-c_{f1}^2)+g(z_2-z_1)\right]+\dot{W}_s$$

其中

$$\frac{1}{2}(c_{f2}^2-c_{f1}^2)=0 \qquad g(z_2-z_1)=0 \qquad \dot{W}_s=0$$

于是

$$|\dot{Q}_{热放}|=q_{m热}(h_1-h_2)$$

由于冷却水可作为不可压缩流体处理，则

$$|\dot{Q}_{冷吸}|=q_{m冷}c(t_{2'}-t_{1'})$$

所以

$$q_{m冷}=\frac{q_{m热}(h_1-h_2)}{c(t_{2'}-t_{1'})}=\frac{20\ \text{t/h}\times(2\ 500\ \text{kJ/kg}-137.77\ \text{kJ/kg})}{4.187\ \text{kJ/(kg}\cdot\text{K)}\times(30-15)\ \text{K}}=752.2\ \text{t/h}$$

【例 2-5】 图 2-14(a)为常见的太阳能集热器，图 2-14(b)所示的是一面积为 3 m^2 的太阳能集热器板。集热器板上每平方米、每小时接受太阳能 1 700 kJ，其中 40%的能量散热给环境，其余的将水从 50 ℃加热到 70 ℃。忽略水流过集热器板的压降及动、位能的变化，求水流过集热器板的质量流量。若在 30 min 内需要提供 70 ℃的热水 0.13 m^3，则需要多少个集热器板？已知 70 ℃水的比体积 $v=0.001\ 023\ m^3/kg$。

(a) 太阳能集热器实物图

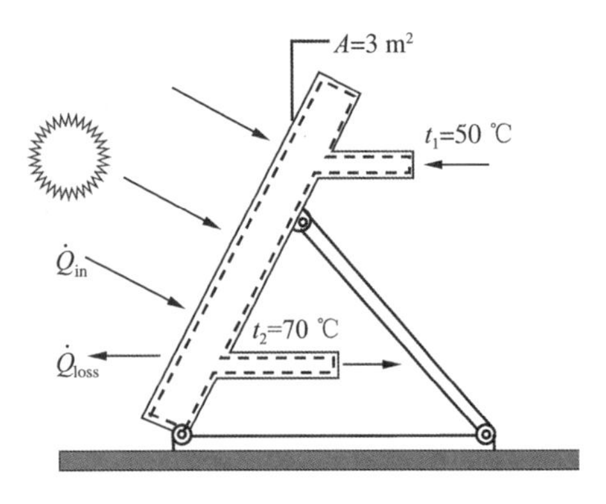

(b) 太阳能集热器板能量交换图

图 2-14 太阳能集热器板能量交换

解：(1) 选如图 2-14(b) 虚线所示的空间为热力系，稳定流动能量方程

$$\dot{Q}=q_m\left[(h_2-h_1)+\frac{1}{2}(c_{f2}^2-c_{f1}^2)+g(z_2-z_1)\right]+\dot{W}_s$$

依题意有

$$\frac{1}{2}(c_{f2}^2-c_{f1}^2)=0 \qquad g(z_2-z_1)=0 \qquad \dot{W}_s=0$$

于是

$$\dot{Q}=q_m(h_2-h_1)$$

这里

$$\dot{Q}=\dot{Q}_{in}-\dot{Q}_{loss}$$

由于水作为不可压缩流体处理，则

$$h_2-h_1=c(T_2-T_1)$$

于是

$$q_m=\frac{\dot{Q}_{in}-\dot{Q}_{loss}}{c(T_2-T_1)}=\frac{1\ 700\ \mathrm{kJ/(m^2\cdot h)}\times 60\%\times 3\ \mathrm{m^2}}{4.187\ \mathrm{kJ/(kg\cdot K)}\times(70-50)\ \mathrm{K}}=36.54\ \mathrm{kg/h}=0.609\ 0\ \mathrm{kg/min}$$

（2）在 30 min 内需要 70 ℃水的总量为

$$m_{tot}=\frac{V}{v}=\frac{0.13\ \mathrm{m^3}}{0.001\ 023\ \mathrm{m^3/kg}}=127.1\ \mathrm{kg}$$

即每分钟需要 70 ℃水的总量为

$$q_{m,tot}=\frac{127.1\ \mathrm{kg}}{30\ \mathrm{min}}=4.237\ \mathrm{kg/min}$$

于是需要集热器板的个数为

$$N=\frac{q_{m,tot}}{q_m}=\frac{4.237\ \mathrm{kg/min}}{0.609\ 0\ \mathrm{kg/min}}\approx 7\ 个$$

习　题

2-1　系统在某一过程中吸收了 50 kJ 热量，同时热力学能增加了 120 kJ，问此过程是膨胀过程还是压缩过程？系统与外界交换的功为多少？

2-2　某工质经历了由以下四个过程组成的热力循环 1—2—3—4—1，试填补表中空缺数据。

过程序号	Q/J	W/J	ΔU/J
1—2		0	1 390
2—3	0	395	
3—4		0	−1 000
4—1	0		

2-3　夏日室内使用电扇纳凉，电扇的功率为 1 kW，太阳照射传入的热量为 0.8 kW。当房间密闭时，若不计人体散发出的热量，试求室内空气每小时热力学能的变化。

2-4 一活塞气缸装置中的气体经历了2个过程，从状态1到状态2，气体吸热500 kJ，活塞对外做功800 kJ。从状态2到状态3是一个定压压缩过程，压力为p=400 kPa，气体向外散热450 kJ。并且已知U_1=2 000 kJ、U_3=3 500 kJ，试求过程2—3中气体体积的变化。

2-5 如习题2-5图所示，闭口系统经历某热力过程a—c—b，过程中吸入热量84 kJ，对外做功32 kJ，求：

(1) 若沿a—d—b途径变化时，对外做功10 kJ，则进入系统的热量是多少？

(2) 当系统沿曲线，从b返回到状态a时，外界对系统做功20 kJ，求系统与外界交换热量的大小和方向？

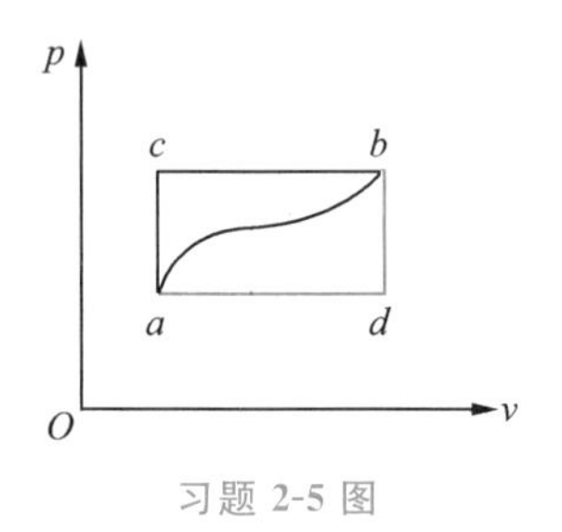

习题2-5图

2-6 一刚性绝热容器内储有蒸汽，通过电热器向蒸汽输入100 kJ的能量，如习题2-6图所示，问蒸汽的热力学能变化多少？

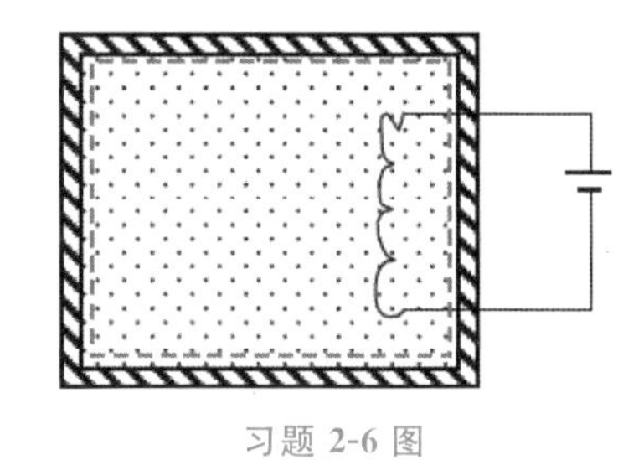

习题2-6图

2-7 质量为1 kg的气体从初态1 000 kPa、0.2 m^{3}膨胀到终态300 kPa、1 m^3，膨胀过程中维持以下关系：

$$p=aV+b$$

其中，a、b均为常数。

$$(u)_{\mathrm{kJ/kg}}=1.5(p)_{\mathrm{kPa}}(v)_{\mathrm{m^3/kg}}-85$$

求：(1) 过程的传热量；(2) 气体所获得的最大热力学能增量。

2-8 一台锅炉每小时生产水蒸气 10 t，已知供给锅炉的水的焓为 417.4 kJ/kg，而锅炉生产的水蒸气的焓为 2 874 kJ/kg。煤的发热量为 30 000 kJ/kg。若水蒸气和水的流速及离地高度的变化可忽略不计，试求当燃烧产生的热量用于产生水蒸气的比率即锅炉效率为 0.8 时，锅炉每小时的耗煤量。

2-9 一流体的压力为 700 kPa，比体积为 0.25 m^3/kg 并以 175 m/s 的速度进入某装置。该装置辐射热损失为 23 kJ/kg，流体做功为 465 kJ/kg。流体的出口压力为 136 kPa、比体积为 0.94 m^3/kg、速度为 335 m/s。试确定热力学能的变化。

2-10 已知新蒸汽进入汽轮机时的参数：$p_1=9.0$ MPa、$t_1=500$ ℃、$h_1=3\ 385.0$ kJ/kg、$c_{f1}=50$ m/s；乏汽流出汽轮机时的参数：$p_2=0.004$ MPa、$h_2=2\ 320.0$ kJ/kg、$c_{f2}=120$ m/s。蒸汽的质量流量 $q_m=220$ t/h，试求：

(1) 汽轮机的功率；

(2) 忽略蒸汽进出口动能变化引起的计算误差；

(3) 若蒸汽进出口高度差为 10 m，求忽略蒸汽进出口位能变化引起的计算误差。

2-11 空气在某压气机中被压缩。压缩前空气的参数：$p_1=0.1$ MPa、$v_1=0.845$ m^3/kg；压缩后的参数：$p_1=0.8$ MPa、$v_2=0.175$ m^3/kg。假定在压缩过程中，1 kg 空气的热力学能增加 146 kJ，同时向外放出热量 50 kJ，压气机每分钟生产压缩空气 10 kg。求：

(1) 压缩过程中对每公斤气体所做的功；

(2) 每生产 1 kg 的压缩空气所需的功？

2-12　有一储气罐装有质量 m_0、比热力学能为 u_0 的空气，现连接于输气管道充气，如习题 2-12 图所示。已知输气管内空气状态始终保持稳定，其焓值为 h。经时间 t 后，储气罐内气体的质量为 m，比热力学能为 u'，忽略充气过程中气体的流动动能及重力位能的影响，且管路、储气罐、阀门都是绝热的，求 u' 和 h 的关系式。

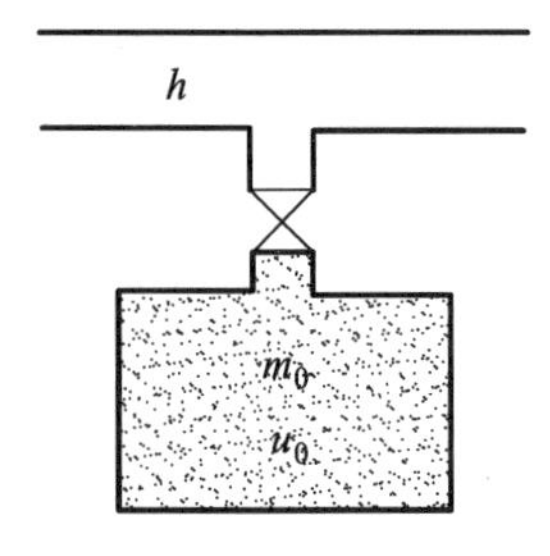

习题 2-12 图

2-13　某输气管内气体的参数：$p_1=4$ MPa、$t_1=30$ ℃、$h_1=303$ kJ/kg。设该气体是理想气体，它的热力学能与温度之间的关系为 $u=0.72(T)_{\mathrm{k}}$ kJ/kg，气体常数 $R_g=287$ J/(kg·K)。现将 1 m³ 的真空容器与输气管连接，打开阀门对容器充气，直至容器内压力达 4 MPa 为止。充气时输气管中气体参数保持不变，问充入容器的气体量为多少 kg（设气体满足状态方程 $pV=mR_gT$）？

3 理想气体性质及过程

理想气体是工程热力学和统计热力学中一个基本又重要的模型，因此它的热力学性质已得到相当详尽的研究和讨论。在热力学中，通常把理想气体定义为一定量的真实气体当压强趋近于零时的极限情况。尽管理想气体的性质不与任何真实气体的性质相符，但它却是真实气体在低密度下的理想近似。对于这一看法，国内外的教科书基本上都是一致的。

人们对理想气体的基本性质及其遵循的基本规律系统的实验研究，可以追溯到300多年以前。首先是1662年发现的波义耳-马略特定律（Boyle's law，也称作 Boyle-Mariotte law 或 Mariotte's law）：在定温下，理想气体的体积与压强成反比。由爱尔兰化学家罗伯特·波义耳（Robert Boyle），在1662年根据实验结果提出“在密闭容器中的定量气体在恒定温度时，气体的压强和体积成反比关系”，这是人类历史上第一个被发现的“定律”。马略特在1676年发表的《气体的本性》论文中指出：一定质量的气体在温度不变时，其体积和压强成反比。波义耳和马略特这两人是各自独立确立该定律的，因此在英国这一定律通常被称为波义耳定律，而在除英国外的其他欧洲国家则称之为马略特定律。

罗伯特·波义耳

（Robert Boyle，1627—1691）

波义耳定律指出在恒定温度下的固定质量、绝对压强和气体的体积成反比。该定律也有不同的表示方式，即绝对压强和体积总为常数。波义耳（和马略特）衍生的定律来自实验依据。该定律也可以由基于原子和分子存在理论、运动假设、完全弹性碰撞的假定存在理论来推导。这些假设的提出在当时遭遇了巨大阻力，因为它们被视为纯粹的理论构建且毫无观测证据。大多数气体在中等压强和温度下的表现如同理想气体。17世纪的技术无法产生高压或低温的状况，所以波义耳定律发表时并未发现有何偏差。而随着科技进步，技术改良允许产生高压及低温的实验状况，理想气体在极度实验状况下的偏差可被显著地观察到，所以压强和容积之间的关系只能准确地描述理想气体理论。此偏差也可表示为压缩因子。

丹尼尔·伯努利（Daniel Bernoulli）在1737年至1738年运用分子层面的牛顿运动定律验证了波义耳定律。此结果一开始是被忽略的，1845年约翰·沃特斯顿（John Waterston）发表了一篇动力学理论论文，然而此论文却被英国皇家学会拒绝，直到詹姆斯·普雷斯科特·焦耳（James Prescott Joule）、鲁道夫·

丹尼尔·伯努利

（Daniel Bemalli，1700—1782）

克劳修斯(Rudolf Clausius)以及路德维希·玻尔兹曼(Ludwig Edward Boltzmann)等人的研究公开发表,才牢固建立了气体动力学理论并促使人们关注伯努利和沃特斯顿两者的理论。

在1801年约翰·道尔顿(John Dalton),提出了道尔顿分压定律(也称道尔顿定律),它描述的也是理想气体的特性。在任何容器内的气体混合物中,如果各组分之间不发生化学反应,则每一种气体都均匀地分布在整个容器内,它所产生的压强和它单独占有整个容器时所产生的压强相同。也就是说,一定量的气体在一定容积的容器中的压强仅与温度有关。例如,零摄氏度时,1 mol氧气在22.4 L容器体积内的压强是101.3 kPa。如果向容器内加入1 mol氮气并保持容器体积不变,则氧气的压强还是101.3 kPa,但容器内的总压强增大一倍。可见,1 mol氮气在这种状态下产生的压强也是101.3 kPa。

约翰·道尔顿
(John Dalton,1766—1844)

道尔顿定律只适用于理想气体混合物,实际气体并不严格遵从道尔顿分压定律,在高压情况下尤其如此。当压力很高时,分子所占的体积和分子之间的空隙具有可比性。同时,更短的分子间距离使得分子间作用力增强,从而会改变各组分的分压力。而这两点在道尔顿定律中并没有体现。

1802年,盖-吕萨克(Gay-Lussac)确立了查理-盖-吕萨克定律,但他参考了雅克·查理(Jacques Charlie)的研究,故后来该定律多称作查理-盖-吕萨克定律。当体积不变时,理想气体的压强和温度成正比,即温度每升高(或降低)1 ℃,其压强也随之增加(或减少)。数十年后,物理学家克劳修斯和开尔文建立了热力学第二定律,并提出热力学温标(即绝对温标)的概念,后来,查理-盖-吕萨克气体定律被表述为:体积恒定时,一定量气体的压强 p 与其温度 T 成正比。其数学表达式为

盖-吕萨克
(Gay-Lussac,1778—1850)

$$p \propto T$$

此处的 T 为绝对温标。依据以上定律,一气体在摄氏 t ℃的体积 V_t 和其温度 t,及其在0 ℃的体积 V_0 有以下关系

$$V_t = V_0\left(1+\frac{t}{273}\right)$$

1811年,意大利化学家阿莫迪欧·阿伏加德罗(Amedeo Avogadro)提出假说,后来被科学界所公认,这就是阿伏加德罗定律。这一定律揭示了气体反应的体积关系,用以说明气体分子的组成,为以气体密度法测定气态物质的分子量提供了依据。阿伏加德罗定律认为:在同温同压下,相同体积的气体含有相同数目的分子。这个定律的提出对于原子分子说的建立也起到一定的积极作用。

阿莫迪欧·阿伏加德罗
(Amedeo Avogudro,1776—1856)

克拉珀龙(Clapeyron)—门捷列夫(Mendeleev)的理想气体

状态方程。1834 年克拉珀龙把玻义耳定律和查理-盖-吕萨克定律结合起来，得到了理想气体状态方程 $pV=CT$，其中 C 是常数，对于一定量的气体，C 与气体的性质有关。门捷列夫又依据阿伏伽德罗定律，于 1874 年得到了理想气体状态方程 $pV=\frac{M}{\mu}RT$，其中 R 是对所有气体都相同的气体普适常量。

经过上述多位知名以及无数默默耕耘科学家的共同努力，才有了我们今天理想气体的简化模型。

3.1 理想气体及状态方程式

热能和其他形式的能量相互转换的时候，必须要依靠具体的媒介物质，也就是工质来实现热量和功量的传递。在工程热力学研究的工质中，如果工质的基本状态参数满足如下关系式：

$$pv=R_gT \tag{3-1}$$

式中，p 为绝对压力，Pa；v 为比体积，m^3/kg；R_g 为气体常数，J/(kg·K)；T 为热力学温度，K。

我们就把这类工质称作理想气体，所以这个方程又称理想气体状态方程式。理想气体状态方程式，反映了在平衡状态下气体的温度 T、绝对压力 p 和比体积 v 之间的基本关系。

从宏观角度来看，只要气体工质满足理想气体状态方程式，那么这个工质就是理想气体。

式(3-1)针对的是单位质量的工质，对于不同质量的工质，常用的理想气体状态方程式还有如下几种形式：

m kg 工质 $$pV=mR_gT \tag{3-2}$$

1 mol 工质 $$pV_m=RT \tag{3-3}$$

n mol 工质 $$pV=nRT \tag{3-4}$$

式中，V 为气体体积，m^3；V_m 为气体摩尔体积，m^3/mol；R 为摩尔气体常数，J/(mol·K)；n 为物质的量，mol。

由阿伏加德罗定律可知，同温同压下，任何理想气体的摩尔体积都相同，由式(3-3)可知，对于理想气体，摩尔气体常数 R 都相等，所以 R 又叫作通用气体常数。根据式(3-3)，在标准状态下：$p_0=101\ 325$ Pa，$T_0=273.15$ K，$V_{m,0}=22.414\ 1\times10^{-3}\ m^3/mol$，故有

$$R=\frac{p_0V_{m,0}}{T_0}=\frac{101\ 325\times22.414\ 1\times10^{-3}}{273.15}\ \text{J/(mol·K)}$$
$$=8.314\ 5\ \text{J/(mol·K)}$$

如果已知气体的摩尔质量，则可以求出气体常数 R_g 的值

$$R_g=\frac{R}{M} \tag{3-5}$$

$$M=M_r\times10^{-3}$$

式中，M 为摩尔质量，kg/mol；M_r 为相对分子量。

由此可知,气体常数取决于气体的种类,且和气体所处状态无关。常见气体的气体常数见表 3-1。

表 3-1 几种常见气体的气体常数

名称	化学式	R_g/(J/kg·K)	名称	化学式	R_g/(J/kg·K)
氢	H_2	4 124.0	氮	N_2	296.8
氦	He	2 077.0	一氧化碳	CO	296.8
甲烷	CH_4	518.2	二氧化碳	CO_2	188.9
氨	NH_3	488.2	氧	O_2	259.8
水蒸气	H_2O	461.5	空气		287.0

理想气体从微观角度能更好地揭示理想气体的微观机理。微观角度对理想气体分子模型有两点假设条件:

(1) 分子是不占有体积、完全弹性的质点;

(2) 分子间没有作用力。

由这两点假设可知,理想气体是一种实际上不存在的假想模型,实际气体或多或少都和理想气体有一定偏差,但当气体的压力比较低或温度比较高时,气体的状态参数之间的关系基本符合理想气体状态方程,此时可以把工质作理想气体处理,并可用理想气体状态方程求解问题,所得到的结果不会和实际状况差别很大。常见的理想气体有常温常压下的空气、氢气、氧气,以及内燃机中以空气为主的燃气等。

3.2 理想气体的比热容

3.2.1 比热容的定义

在分析气体热力性质的时候,常要计算气体的热力学能、焓和熵,而计算这些参数时通常要知道气体的比热容才能完成。

比热容就是单位质量物质的热容,又称为质量热容,是描述物质性质的主要热力学参数之一。它定义为,单位质量的物质温度升高 1 K 或者 1 ℃所需要的热量,用符号 c 表示,即

$$c=\frac{\delta q}{\mathrm{d}T} \tag{3-6}$$

根据工质的物量单位不同,常用的比热容还有如下几种:

(1) 摩尔热容:1 mol 物质温度升高 1 K 或 1 ℃所需的热量,符号 C_m,单位 J/(mol·K);

(2) 容积热容:标准状态下,1 m^3 物质温度升高 1 K 或 1 ℃所需的热量,符号 C,单位 J/(m^3·K);

(3) 质量热容、摩尔热容和容积热容换算关系为 $C_m=22.4\times10^{-3}C=Mc_p$。

3.2.2 比定容热容

由图 3-1 可知,由于 a、b、c 三过程的热量不同,根据比热容的定义式,在相同的温度变

化过程中，三个过程的比热容是不同的。这就说明比热容是和热力过程有关的参数。在工程应用中，定容过程和定压过程是两种常见且非常重要的热力过程，而且还是计算热力学能变化、焓变和熵变的依据。

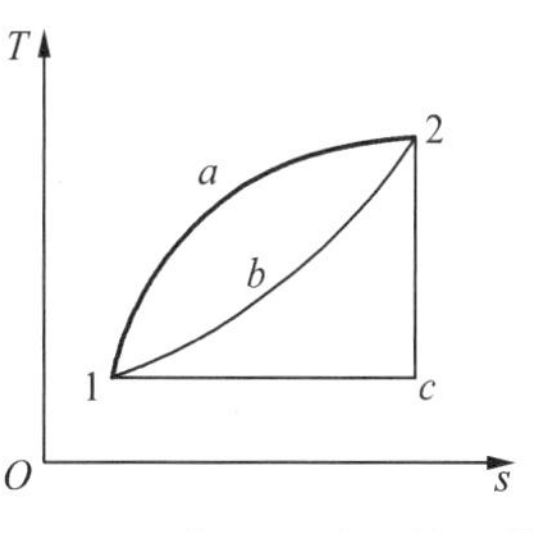

图 3-1　3 个不同过程的温熵图

由热力学第一定律的表达式，对可逆过程有

$$\delta q = \mathrm{d}u + p\,\mathrm{d}v$$

对于定容过程 $\mathrm{d}v=0$，且由于热力学能是状态参数，可以表示成任意两个基本状态参数的函数，设 $u=f(T,v)$，则

$$\delta q = \mathrm{d}u + p\,\mathrm{d}v = \left[\left(\frac{\partial u}{\partial T}\right)_V \mathrm{d}T + \left(\frac{\partial u}{\partial v}\right)_T \mathrm{d}v\right] + p\,\mathrm{d}v$$

$$= \left(\frac{\partial u}{\partial T}\right)_V \mathrm{d}T + \left[\left(\frac{\partial u}{\partial v}\right)_T + p\right]\mathrm{d}v$$

所以有 $(\delta q)_V = \left(\frac{\partial u}{\partial T}\right)_V \mathrm{d}T$，根据比热容的定义式，比定容热容 $c_V = \left(\frac{\delta q}{\mathrm{d}T}\right)_V$

代入可得

$$c_V = \left(\frac{\partial u}{\partial T}\right)_V \tag{3-7}$$

如果工质为理想气体，由于理想气体的比热力学能仅为温度的函数，所以理想气体的比定容热容 c_{V0} 也仅是温度的函数，即

$$c_{V0} = \left(\frac{\partial u}{\partial T}\right)_V = \frac{\mathrm{d}u}{\mathrm{d}T} \tag{3-8}$$

任何过程中，单位质量的理想气体的温度升高 1 K 时，比热力学能增加的数值即等于其比定容热容 c_{V0} 的值。

3.2.3　比定压热容

比定压热容的推导与比定容热容的推导相似。由热力学第一定律的另一表达式有

$$\delta q = \mathrm{d}h - v\,\mathrm{d}p$$

对于定压过程 $\mathrm{d}p=0$，由于比焓是状态参数，可以表示成任意两个基本状态参数的函数，设 $h=f(T,p)$，则

$$\delta q = \mathrm{d}h - v\,\mathrm{d}p = \left[\left(\frac{\partial h}{\partial T}\right)_p \mathrm{d}T + \left(\frac{\partial h}{\partial p}\right)_T \mathrm{d}p\right] - v\,\mathrm{d}p$$

$$= \left(\frac{\partial h}{\partial T}\right)_p \mathrm{d}T + \left[\left(\frac{\partial h}{\partial p}\right)_T - v\right]\mathrm{d}p$$

所以有 $(\delta q)_p = \left(\frac{\partial h}{\partial T}\right)_p \mathrm{d}T$，根据比热容的定义式，比定压热容 $c_p = \left(\frac{\delta q}{\mathrm{d}T}\right)_p$

代入可得

$$c_p = \left(\frac{\partial h}{\partial T}\right)_p \tag{3-9}$$

由于理想气体的比焓仅为温度的函数，所以理想气体的比定压热容 c_{p0} 也仅是温度的函数，即

$$c_{p0} = \left(\frac{\partial h}{\partial T}\right)_p = \frac{\mathrm{d}h}{\mathrm{d}T} \tag{3-10}$$

任何过程中，单位质量的理想气体的温度升高 1 K 时，比焓增加的数值即等于其比定压

热容 c_{p0} 的值。

3.2.4 理想气体比定容热容 c_{V0} 和比定压热容 c_{p0} 的关系

由式(3-10),把焓的定义式 $h=u+pv$ 和理想气体状态方程 $pv=R_g T$ 代入可得

$$c_{p0}=\frac{\mathrm{d}h}{\mathrm{d}T}=\frac{\mathrm{d}(u+pv)}{\mathrm{d}T}=\frac{\mathrm{d}u}{\mathrm{d}T}+\frac{\mathrm{d}(R_g T)}{\mathrm{d}T}$$

$$c_{p0}=c_{V0}+R_g \tag{3-11}$$

式(3-11)称为迈耶(Mayer)公式,该公式表示了比定压热容和比定容热容之间的关系。由公式可见,比定压热容是大于比定容热容的。

比定压热容与比定容热容的比称为比热容比,用 k 来表示。它是热力学理论研究和热工计算中常用的一个重要参数。

$$k=\frac{c_{p0}}{c_{V0}} \tag{3-12}$$

由式(3-11)和式(3-12)可以推导出如下常用公式:

$$c_{V0}=\frac{1}{k-1}R_g \tag{3-13}$$

$$c_{p0}=\frac{k}{k-1}R_g \tag{3-14}$$

$$k=1+\frac{R_g}{c_{V0}} \tag{3-15}$$

3.2.5 真实比热容

不同理想气体的比热容随温度变化的关系可通过实验确定,通常根据实验数据把理想状态下各种气体的比热容表示成随温度变化的三次多项式(经验公式):

$$C_{p0,m}=a_0+a_1T+a_2T^2+a_3T^3 \tag{3-16}$$

$$C_{V0,m}=a_{0'}+a_1T+a_2T^2+a_3T^3 \tag{3-17}$$

由公式(3-11)及 $R_g=\dfrac{R}{M}$,可知 $a_0-a_{0'}=R$。

对于不同的气体,a_0、a_1、a_2、a_3 各有确定的值,见附表 3。

由 $C_{p0,\mathrm{m}}=M\cdot c_{p0}$,则可对式(3-16)积分来求解定压过程的热量,定容过程同理。

$$q_p=\int_{t_1}^{t_2}c_{p0}\mathrm{d}T=\frac{1}{M}\int_1^2(a_0+a_1T+a_2T^2+a_3T^3)\mathrm{d}T$$

$$=\frac{1}{M}\left[a_0(T_2-T_1)+\frac{a_1}{2}(T_2^2-T_1^2)+\frac{a_2}{3}(T_2^3-T_1^3)+\frac{a_3}{4}(T_2^4-T_1^4)\right]$$

按照经验公式计算比热容,由于要进行积分运算,计算量较大,适用于大温差、计算精度要求高的场合。

3.2.6 平均比热容

热工计算中,为简化运算过程,常采用平均比热容。利用平均比热容,可把积分运算变成算术运算。

0 ℃到温度 t 的平均比定压热容：$c_{p,m}\big|_{0\,℃}^{t}$，平均比热容值可以查附表 4 得到。

根据平均比热容的定义式 $c_{p,m}\big|_{0\,℃}^{t}=\dfrac{1}{t}\displaystyle\int_{0\,℃}^{t}c_{p0}\,dt$

可推出

$$\int_{0\,℃}^{t}c_{p0}\,dt=c_{p,m}\big|_{0\,℃}^{t}\times t \tag{3-18}$$

利用平均比热容求解温度 t_1 到 t_2 过程的热量

$$q_p=\int_{t_1}^{t_2}c_{p0}\,dT=\int_{0\,℃}^{t_2}c_{p0}\,dt-\int_{0\,℃}^{t_1}c_{p0}\,dt$$
$$=c_{p,m}\big|_{0\,℃}^{t_2}\times t_2-c_{p,m}\big|_{0\,℃}^{t_1}\times t_1$$

3.2.7 定值比热容

当气体温度较低且变化范围不大，或在定性分析计算时为简化运算过程，可以不考虑温度对比热容的影响，把比热容看作定值，并把 25 ℃时，理想气体状态下各种气体的实验数据确定为定值比热容的值。附表 2 列出了常用气体的定值比热容的数值。

【例 3-1】 在燃气轮机装置中，用从燃气轮机中排出的乏泛对空气进行加热（加热在空气回热器中进行），然后将加热后的空气送入燃烧室进行燃烧。若空气在回热器中，从 127 ℃定压加热到 327 ℃。试按下列比热容取值来计算每公斤空气所加入的热量。

(1) 按真实比热容计算；

(2) 按平均比热容表计算；

(3) 按定值比热容计算；

(4) 按空气热力性质表计算。

解：(1) 按真实比热容计算

空气在回热器中定压加热，则 $q=\displaystyle\int_{T_1}^{T_2}c_{p0}\,dT=\int_{T_1}^{T_2}\frac{C_{p0,m}}{M}dT$

又由式(3-16)有

$$C_{p0,m}=a_0+a_1T+a_2T^2$$

查表可知 $a_0=28.15$、$a_1=1.967\times10^{-3}$、$a_2=4.801\times10^{-6}$，

故 $q=\displaystyle\int_{T_1}^{T_2}\frac{C_{p0,m}}{M}dT=\frac{1}{M}\int_{T_1}^{T_2}(a_0+a_1T+a_2T^2)\,dT$

$$=\frac{1}{M}\left(a_0T+\frac{a_1}{2}T^2+\frac{a_2}{3}T^3\right)\bigg|_{T_1}^{T_2}$$

$$=\frac{1}{28.97}\left[28.15\times(600-400)+\frac{1.967\times10^{-3}}{2}(600^2-400^2)+\frac{4.801\times10^{-6}}{3}(600^3-400^3)\right]$$

$=209.53$ kJ/kg

(2) 按平均比热容计算

$$q=c_{p,m}\bigg|_{0\,℃}^{t_2}\times t_2-c_{p,m}\bigg|_{0\,℃}^{t_1}\times t_1$$

查平均比热容表，并经插值计算可知

$$c_{p,m}\big|_{0\,℃}^{127\,℃}=1.007\ 6\ \text{kJ/(kg·K)};\ c_{p,m}\big|_{0\,℃}^{327\,℃}=1.021\ 4\ \text{kJ/(kg·K)}$$

则 $q=1.021\ 4\times327-1.007\ 6\times127=206.03$ kJ/kg。

(3) 按定值比热容计算

查附表得空气的比定压热容为 1.004 kJ/(kg·K),则热量为

$$q=c_{p0}(T_2-T_1)=1.004(327-127)=200.80 \text{ kJ/kg}$$

(4) 按空气热力性质表计算

查空气热力性质表,当

$$T_1=273+127=400 \text{ K 时}, \ h_1=400.98 \text{ kJ/kg}$$

$$T_2=273+327=600 \text{ K 时}, \ h_2=607.02 \text{ kJ/kg}$$

所以 $q=h_2-h_1=607.02-400.98=206.04$ kJ/kg

3.3 理想气体的热力学能、焓和熵

线上课程视频资料

3.3.1 理想气体的热力学能和焓

理想气体的热力学能的特性是基于焦耳实验得到的。为了测定影响热力学能的因素,焦耳于 1845 年做了如图 3-2 所示的气体自由膨胀实验:两个有阀门连接的金属容器,放置于一个有绝热壁的水槽中,两容器可以通过金属壁和水实现热交换。A 中充入低压的空气,B 抽成真空。整个装置达到稳定时测量水(即空气)的温度,然后打开阀门,让空气自由膨胀充满两容器,当状态又达到稳定时再测量一次温度。

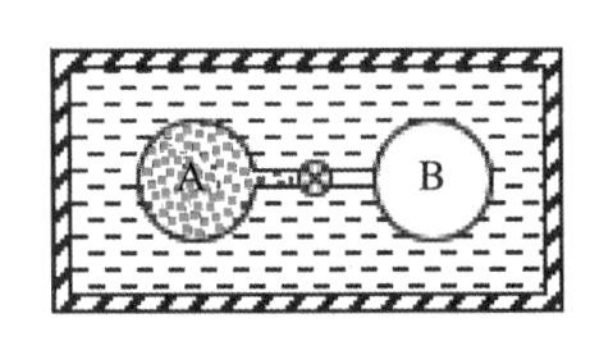

图 3-2　焦耳实验

这就是著名的焦耳实验。实验结果显示,空气自由膨胀前后的水的温度相同。不同压力(低压)、不同气体,重复实验,结果相同。

对焦耳实验进行热力学分析,选取 A 中低压空气为热力学系统,该系统不对外做功(刚性容器,B 内真空),系统和水槽中水的换热量为零(水槽绝热,且水温未改变)。由热力学第一定律:

$$\delta q=\mathrm{d}u+\delta w$$

则 $\mathrm{d}u=0$,在自由膨胀前后,虽然气体的压力和比体积发生了变化,但是系统的热力学能没有发生变化。这就说明理想气体的热力学能与压力和比体积无关,仅和温度有关,理想气体的比热力学能仅仅是温度的单值函数,即

$$u=f(T)$$

后来有人对焦耳实验的准确性提出了质疑。焦耳和汤姆逊也在 1852 年用节流方法重新做了实验,并发现实际气体的热力学能不仅是温度的函数还是体积的函数。不过焦耳定律在实际气体压力趋于零的极限情形是正确的,所以可以认为它是理想气体所遵循的定律。

由于理想气体的热力学能仅仅是温度的单值函数,对同一种理想气体,只要有相同的初态温度和终态温度,对于任何过程,其热力学能的变化都相同。

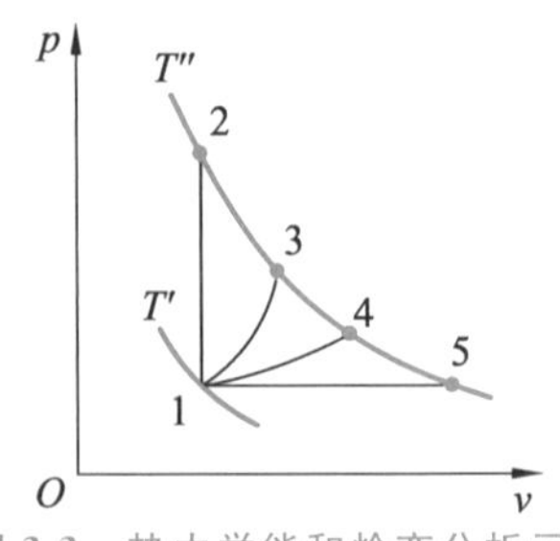

图 3-3　热力学能和焓变分析示意图

图 3-3 中的 1—3、1—4、1—5 过程的热力学能变化应该

都和 1－2 的定容过程热力学能变化相等。由热力学第一定律知，对于定容过程有 $\delta w=0$，则

$$(\delta q)_v=\mathrm{d}u=c_{V0}\mathrm{d}T$$

所以对于任何过程，热力学能的变化量均为

$$\mathrm{d}u=c_{V0}\mathrm{d}T \tag{3-19}$$

$$u_2-u_1=\int_1^2 c_{V0}\mathrm{d}T \tag{3-20}$$

理想气体焓的定义式 $h=u+pv=u+R_gT$，由于理想气体的热力学能是温度的单值函数，所以理想气体的焓也是温度的单值函数，即

$$h=g(T)$$

图 3-3 中的 1－2、1－3、1－4 过程的焓的变化值应该都和 1－5 的定压过程焓变相等。由热力学第一定律知，对于定压过程 $\delta w_t=0$，则

$$(\delta q)_p=\mathrm{d}h=c_{p0}\mathrm{d}T$$

所以对于任何过程，焓变均为

$$\mathrm{d}h=c_{p0}\mathrm{d}T \tag{3-21}$$

$$h_2-h_1=\int_1^2 c_{p0}\mathrm{d}T \tag{3-22}$$

通常，热工计算中只要求确定过程中热力学能或焓值的变化量。对无化学反应的热力过程，物系的化学能不变，这时可人为地规定基准状态的热力学能为零。理想气体通常取 0 K 时热力学能为零，此时焓值也为零。

3.3.2 理想气体的熵

理想气体熵的计算，对于热力学第二定律的分析有着非常重要的意义。利用熵的定义式及热力学第一定律的相关表达式可以推导出理想气体熵变的计算式为

$$\mathrm{d}s=\frac{\delta q_{\mathrm{rev}}}{T}=\frac{\mathrm{d}u+p\mathrm{d}v}{T}=\frac{c_{V0}\mathrm{d}T+p\mathrm{d}v}{T}$$

将 $p/T=R_g/v$ 代入上式，可以得到

$$\mathrm{d}s=c_{V0}\frac{\mathrm{d}T}{T}+R_g\frac{\mathrm{d}v}{v} \tag{3-23}$$

当比热容 c_{V0} 为定值，积分后可得

$$s_2-s_1=c_{V0}\ln\frac{T_2}{T_1}+R_g\ln\frac{v_2}{v_1} \tag{3-24}$$

或者由

$$\mathrm{d}s=\frac{\delta q_{\mathrm{rev}}}{T}=\frac{\mathrm{d}h-v\mathrm{d}p}{T}=\frac{c_{p0}\mathrm{d}T-v\mathrm{d}p}{T}$$

将 $v/T=R_g/p$ 代入上式，可得

$$\mathrm{d}s=c_{p0}\frac{\mathrm{d}T}{T}-R_g\frac{\mathrm{d}p}{p} \tag{3-25}$$

当比热容 c_{p0} 为定值，积分后为

$$s_2-s_1=c_{p0}\ln\frac{T_2}{T_1}-R_g\ln\frac{p_2}{p_1} \tag{3-26}$$

还以通过理想气体状态方程的微分形式$\frac{dp}{p}+\frac{dv}{v}=\frac{dT}{T}$和式(3-25)得到

$$ds=c_{V0}\frac{dp}{p}+c_{p0}\frac{dv}{v} \tag{3-27}$$

当比热容取定值，积分后为

$$s_2-s_1=c_{V0}\ln\frac{p_2}{p_1}+c_{p0}\ln\frac{v_2}{v_1} \tag{3-28}$$

通过理想气体熵变的三个公式，再次说明了理想气体的熵是一个状态参数，熵变仅与始、末状态有关，而和经历的过程无关。根据这个性质，当理想气体状态变化时，不管经过的是可逆过程还是不可逆过程，只要知道初始状态与终了状态的任意两个状态参数，就可以计算出理想气体熵的变化。

若气体温度变化较大或计算精度要求较高，则不能按定值比热容计算理想气体的熵的变化。在热工计算中，为避免积分运算，可利用标准熵进行计算。

定义标准熵为

$$s^0=\int_{T_0}^{T}c_{p0}\frac{dT}{T} \tag{3-29}$$

式中，T_0为制表时规定的参考零点温度。利用式(3-25)计算熵变，且比热容不按定值比热计算

$$\begin{aligned}s_2-s_1&=\int_{T_1}^{T_2}c_{p0}\frac{dT}{T}-R_g\ln\frac{p_2}{p_1}\\&=\int_{T_0}^{T_2}c_{p0}\frac{dT}{T}-\int_{T_0}^{T_1}c_{p0}\frac{dT}{T}-R_g\ln\frac{p_2}{p_1}\end{aligned}$$

利用标准熵的定义，可以简化成

$$s_2-s_1=s_2^0-s_1^0-R_g\ln\frac{p_2}{p_1} \tag{3-30}$$

标准熵数值是温度的函数，可以通过查气体热力性质表得出。

【例 3-2】 空气初态 $p_1=0.1$ MPa、$T_1=300$ K，经压缩后变为 $p_2=1$ MPa、$T_2=600$ K。试求该压缩过程中比热力学能、比焓和比熵的变化。

(1) 按定比热容理想气体计算；

(2) 按理想气体比热容经验公式计算。

解：(1) 查附表 2 可知空气的定比热容为

$c_{p0}=1.004$ kJ/(kg·K)，$c_{V0}=0.716$ kJ/(kg·K)，气体常数 $R_g=0.287\,1$ kJ/(kg·K)

根据式(3-20)、式(3-22)和式(3-26)可得

$\Delta u=u_2-u_1=c_{V0}(T_2-T_1)=0.716\times(600-300)$ kJ/kg$=214.8$ kJ/kg

$\Delta h=h_2-h_1=c_{p0}(T_2-T_1)=1.004\times(600-300)$ kJ/kg$=301.2$ kJ/kg

$$\begin{aligned}\Delta s=s_2-s_1=c_{p0}\ln\frac{T_2}{T_1}-R_g\ln\frac{p_2}{p_1}&=\left(1.005\times\ln\frac{600}{300}-0.287\,1\times\ln\frac{1}{0.1}\right)\text{ kJ/(kg·K)}\\&=0.035\,5\text{ kJ/(kg·K)}\end{aligned}$$

(2) 查附表 6 得空气比定压热容各项系数的数值为

$a_0=0.970\,5$、$a_1=0.067\,91\times10^{-3}$、$a_2=0.165\,8\times10^{-6}$、$a_3=-0.067\,88\times10^{-9}$

$$\Delta h = h_2 - h_1 = a_0(T_2 - T_1) + \frac{a_1}{2}(T_2^2 - T_1^2) + \frac{a_2}{3}(T_2^3 - T_1^3) + \frac{a_3}{4}(T_2^4 - T_1^4)$$

$$= 0.970\,5 \times (600 - 300) + \frac{0.067\,91 \times 10^{-3}}{2} \times (600^2 - 300^2) + \frac{0.165\,8 \times 10^{-6}}{3} \times$$

$$(600^3 - 300^3) + \frac{-0.067\,88 \times 10^{-9}}{4} \times (600^4 - 300^4)\ \text{kJ/kg} = 308.7\ \text{kJ/kg}$$

$$\Delta u = u_2 - u_1 = (h_2 - h_1) - (p_2 v_2 - p_1 v_1) = (h_2 - h_1) - R_g(T_2 - T_1)$$

$$= [308.7 - 0.2871 \times (600 - 300)]\ \text{kJ/kg} = 222.6\ \text{kJ/kg}$$

$$\Delta s = s_2 - s_1 = a_0 \ln \frac{T_2}{T_1} + a_1(T_2 - T_1) + \frac{a_2}{2}(T_2^2 - T_1^2) + \frac{a_3}{3}(T_2^3 - T_1^3) - R_g \ln \frac{p_2}{p_1}$$

$$= 0.970\,5 \times \ln \frac{600}{300} + 0.067\,91 \times (600 - 300) + \frac{0.165\,8 \times 10^{-6}}{2} \times (600^2 - 300^2) +$$

$$\frac{-0.067\,88 \times 10^{-9}}{3} \times (600^3 - 300^3) - 0.287\,1 \times \ln \frac{1}{0.1}\ \text{kJ/kg} \cdot \text{K}$$

$$= 0.050\,1\ \text{kJ/(kg} \cdot \text{K)}$$

3.4 理想气体混合物

热力过程中应用的工质大都是几种气体组成的混合物。例如,内燃机中的燃料、燃气轮机装置中的燃气,主要成分是 N_2、CO_2、H_2O、O_2,有时还有少量的 CO 和 SO_2 等。地球上的空气也是混合气,由 N_2、O_2 及少量 CO_2、水蒸气和惰性气体组成。

混合气体的热力学性质取决于各组成气体的热力学性质及成分。当各组成气体都是理想气体时,根据理想气体微观解释可知,其混合物一定仍然是理想气体。因此,前面所述理想气体热力性质的分析均适用于理想气体混合物。

3.4.1 分压力定律和分容积定律

道尔顿分压定律是指在任何容器内的气体混合物中,如果各组分之间不发生化学反应,则每一种气体都均匀地分布在整个容器内,它所产生的压力和它单独占有整个容器时所产生的压力相同(图 3-4)。

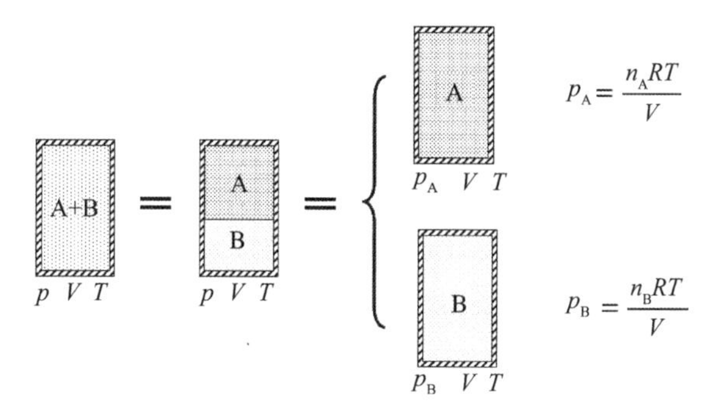

图 3-4 理想气体混合物分压力

若混合物由多种理想气体组成，各组成气体的状态可由理想气体状态方程来描述，则第 i 种气体的分压力可表示为

$$p_i = \frac{n_i RT}{V}$$

式中，p_i 表示第 i 种气体的分压力，n_i 表示第 i 种气体物质的量。

则各组成气体分压力的总和为

$$\sum_{i=1}^{n} p_i = \frac{RT}{V} \sum_{i-1}^{n} n_i = n\frac{RT}{V} = p$$

即

$$p_1 + p_2 + \cdots + p_n = p \tag{3-31}$$

亚美格定律（分容积定律）是指混合气体的总体积等于混合气体中各组分气体在与混合气体具有相同温度和相同压力条件下单独存在时所占有的体积之和（图 3-5）。

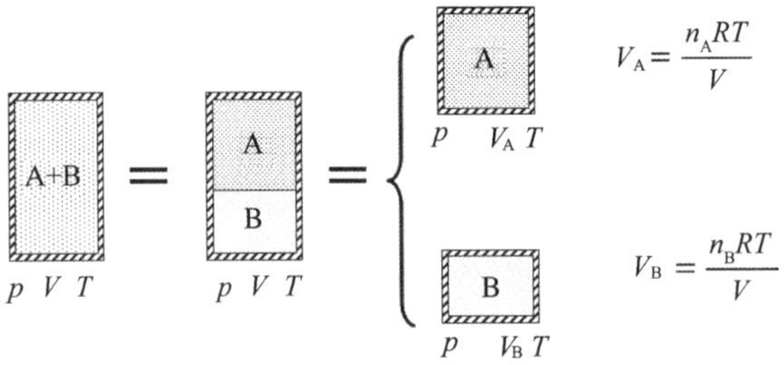

图 3-5　理想气体混合物分容积

若混合物由多种理想气体组成，各组成气体的状态可由理想气体状态方程来描述，则第 i 种气体的分容积可表示为

$$V_i = \frac{n_i RT}{p}$$

式中，v_i 表示第 i 种气体的分容积。

则各组成气体分容积的总和为

$$\sum_{i=1}^{n} V_i = \frac{RT}{p} \sum_{i-1}^{n} n_i = n\frac{RT}{p} = V$$

即

$$V_1 + V_2 + \cdots + V_n = V \tag{3-32}$$

3.4.2　理想气体混合物的组成

理想气体混合物的性质取决于各组分的热力性质及其成分。所谓成分是指混合物中各组分的物量占混合物总物量的百分数。物量有三种形式，所以成分有三种表示方法，即质量分数 w_i、摩尔分数 y_i 和体积分数 φ_i。

$$质量分数：w_i = \frac{m_i}{m}$$

$$摩尔分数：y_i = \frac{n_i}{n}$$

$$体积分数：\varphi_i = \frac{V_i}{V}$$

由于各组分物量之和等于混合物的总物量，所以混合物各成分之和为1。

$$\sum_i w_i = 1$$

$$\sum_i y_i = 1$$

$$\sum_i \varphi_i = 1$$

并且，这三种成分表示方法存在如下换算关系：

由 $\varphi_i = \frac{V_i}{V} = \frac{n_i RT/p}{nRT/p} = \frac{n_i}{n}$，可得 $\varphi_i = y_i$；

由 $w_i = \frac{m_i}{m} = \frac{n_i M_i}{nM}$，可得 $w_i = y_i \frac{M_i}{M}$；

由 $w_i = \frac{m_i}{m} = \frac{V_i \rho_i}{V\rho}$，可得 $w_i = \varphi_i \frac{\rho_i}{\rho}$。

3.4.3 混合物摩尔质量及折合气体常数

混合气体不能用一个化学分子式表示，因此没有真正的摩尔质量。所谓混合气摩尔质量，是指各组成气体的平均摩尔质量，它取决于组成气体种类与成分。

由 $M = \frac{m}{n} = \frac{m}{n_1 + n_2 + \cdots + n_n} = m/\left(\frac{m_1}{M_1} + \frac{m_2}{M_2} + \cdots + \frac{m_n}{M_n}\right)$，可得

$$M = 1/\left(\frac{w_1}{M_1} + \frac{w_2}{M_2} + \cdots + \frac{w_n}{M_n}\right) \tag{3-33}$$

由 $M = \frac{m}{n} = \frac{m_1 + m_2 + \cdots + m_n}{n} = \frac{n_1 M_1 + n_2 M_2 + \cdots + n_n M_n}{n}$，可得

$$M = y_1 M_1 + y_2 M_2 + \cdots + y_n M_n \tag{3-34}$$

由气体常数 $R_g = R/M$，将摩尔质量表达式(3-33)和式(3-34)分别代入，可得混合气的折合气体常数为

$$R_g = w_1 R_{g1} + w_2 R_{g2} + \cdots + w_n R_{gn} \tag{3-35}$$

$$R_g = 1/\left(\frac{y_1}{R_{g1}} + \frac{y_2}{R_{g2}} + \cdots + \frac{y_n}{R_{gn}}\right) \tag{3-36}$$

3.4.4 混合气体的热力学能、焓和熵

理想气体混合物同样满足理想气体的两点假设，各组成气体分子的运动不受其他气体分子运动影响。混合气体的热力学能、焓和熵都是广延参数，具有可加性。因而，混合气体的热力学能为

$$U = U_1 + U_2 + \cdots + U_n$$

改写成

$$mu = m_1 u_1 + m_2 u_2 + \cdots + m_n u_n$$

比热力学能为

$$u = w_1 u_1 + w_2 u_2 + \cdots + w_n u_n \tag{3-37}$$

可得理想气体混合物的比热力学能等于各组成气体的比热力学能和质量分数乘积之和。同理

$$h=w_1h_1+w_2h_2+\cdots+w_nh_n \tag{3-38}$$

$$s=w_1s_1+w_2s_2+\cdots+w_ns_n \tag{3-39}$$

由于理想气体的熵不仅仅是温度的函数，还与压力有关。所以上式中各组分的熵 s_i 是温度与分压力 p_i 的函数。

第 i 种组分微元过程中的熵变为

$$\mathrm{d}s_i=c_{p0,i}\frac{\mathrm{d}T}{T}-R_{g,i}\frac{\mathrm{d}p_i}{p_i} \tag{3-40}$$

则混合气的熵变为

$$\mathrm{d}s=\sum_{i=1}^{n}w_ic_{p0,i}\frac{\mathrm{d}T}{T}-\sum_{i=1}^{n}w_iR_{g,i}\frac{\mathrm{d}p_i}{p_i} \tag{3-41}$$

3.5 理想气体热力过程概述

热力学系统和外界的能量交换是通过热力过程实现的。根据过程进行的条件，确定过程中工质状态参数的变化规律并分析能量的转换关系，是工程热力学的重要内容之一。工程实际中的热力过程是很复杂的不可逆过程，为了寻找、分析过程中状态参数变化关系及能量转换规律，需要抓住过程的主要特征。通常将工质状态变化的热力过程近似概括为定容过程、定压过程、定温过程、绝热过程和多变过程。

1. 分析热力过程的目的

（1）根据过程特点和状态方程确定过程中状态参数变化规律，揭示状态变化规律与能量传递之间的关系。

（2）利用能量方程分析计算过程中热力系统和外界交换的能量。

（3）对已确定的过程进行热力计算，利用外部条件，合理安排过程，提高效率。

2. 分析热力过程的步骤

（1）根据热力过程的特征确定过程方程式。

（2）在状态参数坐标图上绘制过程曲线。

（3）确定过程中基本状态参数 p、v、T 的关系，以及过程中系统内的热力学能、焓和熵的变化。

（4）计算过程功量和热量。

3.6 理想气体基本热力过程

3.6.1 定容过程

定容过程是热力学系统在保持比体积不变的情况下进行的吸热或放热过程。例如微波炉内食物加热过程和爆米花机里的加热过程等，以及可以近似看作定容过程的汽油机点火

燃烧过程，如图 3-6 所示。

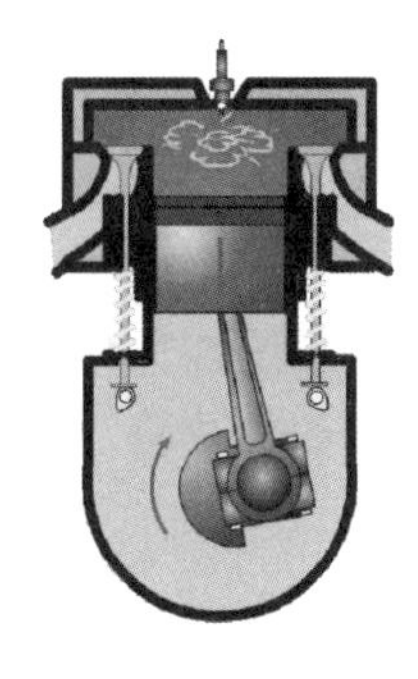

(a) 微波炉内定容过程　　(b) 汽油机点火时刻近似定容过程

图 3-6　定容过程示例

1. 过程方程

$$v = const$$

2. 基本状态参数间关系

由 $pv = R_g T$，$v = const$ 可得

$$\frac{p_1}{T_1} = \frac{p_2}{T_2} \tag{3-42}$$

3. p-v 图和 T-s 图

根据过程方程可知，定容过程在 p-v 图上是一条与横坐标垂直的直线，如图 3-7(a)所示。在 T-s 图上，定容过程是一条斜率为正的指数曲线，如图 3-7(b)所示，图中 1—2 过程为定容吸热过程，1—2′是定容放热过程。

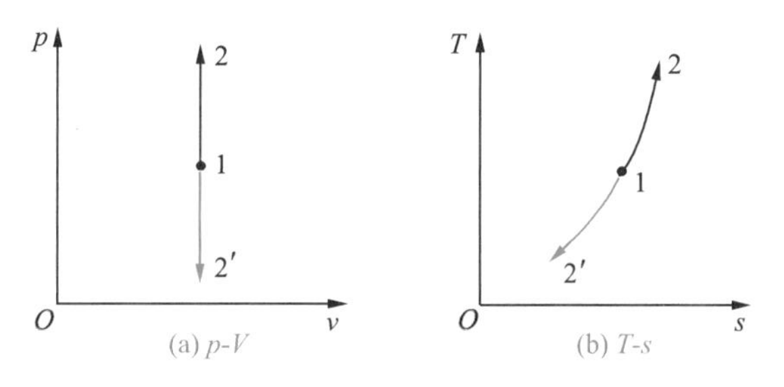

图 3-7　定容过程的 p-v 图和 T-s 图

定容过程在 T-s 图上曲线的斜率可通过联立公式 $\delta q = \mathrm{d}u + p\mathrm{d}v$、$\delta q = T\mathrm{d}s$ 和 $\mathrm{d}u = c_{V0}\mathrm{d}T$ 得

$$\frac{\mathrm{d}T}{\mathrm{d}s} = \frac{T}{c_{V0}} \tag{3-43}$$

4. 热量和功量计算

定容过程若比热容为定值，则系统吸、放热量为

$$q_{1-2} = u_2 - u_1 = \int_1^2 c_{V0}\mathrm{d}T = c_{V0}(T_2 - T_1) \tag{3-44}$$

闭口系统，容积变化功 w_{1-2} 为

$$w_{1-2} = \int_1^2 p\mathrm{d}v = 0$$

开口系统(稳定流动,忽略工质的流动动能和重力位能的变化),系统技术功 w_t 为

$$w_t=\int_1^2 -v\mathrm{d}p=v(p_1-p_2) \tag{3-45}$$

3.6.2 定压过程

定压过程是热力学系统在保持压力不变的情况下进行的吸热或放热过程。例如工程上在接近定压情况下工作的加热器、冷却器、燃烧器等设备的工作过程,如图 3-8 所示。

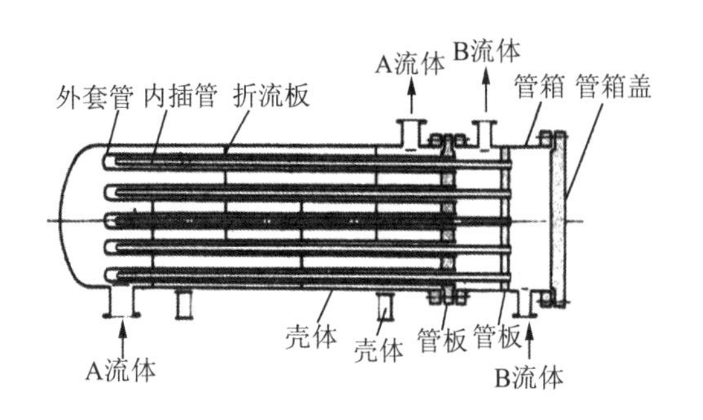

图 3-8 定压过程

1. 过程方程

$$p=const$$

2. 基本状态参数间关系

由 $pv=R_gT$,$p=const$ 可得

$$\frac{v_1}{T_1}=\frac{v_2}{T_2} \tag{3-46}$$

3. p-v 图和 T-s 图

根据过程方程可知,定压过程在 p-v 图上是一条与纵坐标垂直的直线,如图 3-9(a)所示。

在 T-s 图上,定压过程是一条斜率为正的指数曲线,如图 3-9(b)所示,图中 1—2 过程为定压吸热过程,1—2′为定压放热过程。

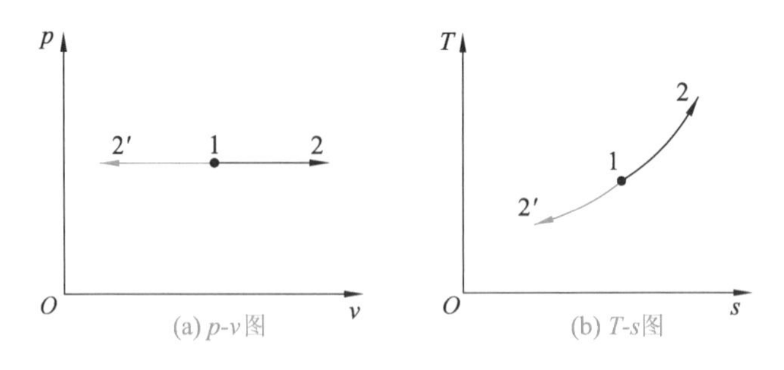

图 3-9 定压过程的 p-v 图和 T-s 图

定压过程在 T-s 图上曲线的斜率可通过联立公式 $\delta q=\mathrm{d}h-v\mathrm{d}p$、$\delta q=T\mathrm{d}s$ 和 $\mathrm{d}h=c_{p0}\mathrm{d}T$ 得

$$\frac{\mathrm{d}T}{\mathrm{d}s}=\frac{T}{c_{p0}} \tag{3-47}$$

虽然状态坐标图一般用于定性分析，但如果同时把定压过程和定容过程画到 T-s 图上，要注意斜率的大小，如图 3-10 所示。

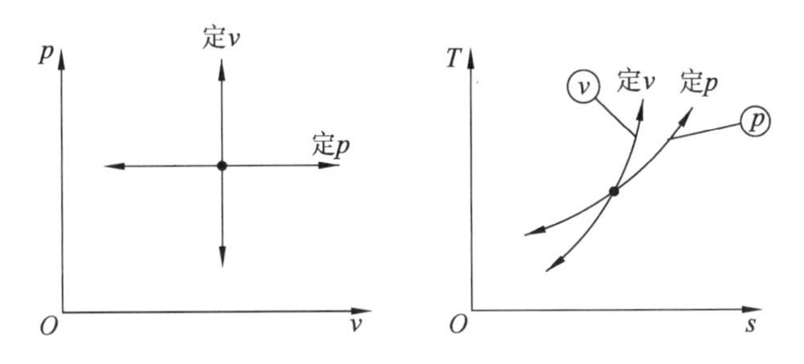

图 3-10 定容过程和定压过程斜率比较

由迈耶公式(3-11)可知 $c_{p0}>c_{V0}$，所以有$\dfrac{T}{c_{V0}}>\dfrac{T}{c_{p0}}$，即定容过程曲线斜率大于定压过程曲线斜率。

4. 热量和功量计算

定压过程若比热容为定值，则系统吸、放热量为

$$q_{1-2}=h_2-h_1=\int_1^2 c_{p0}\,\mathrm{d}T=c_{p0}(T_2-T_1) \tag{3-48}$$

或者由

$$q_{1-2}=u_2-u_1+w_{1-2}=\int_1^2 c_{V0}\,\mathrm{d}T+p(v_2-v_1)=c_{V0}(T_2-T_1)+p_2(v_2-v_1) \tag{3-49}$$

闭口系统，容积变化功 w_{1-2} 为

$$w_{1-2}=\int_1^2 p\,\mathrm{d}v=p(v_2-v_1)=R_g(T_2-T_1) \tag{3-50}$$

开口系统(稳定流动，忽略工质的流动动能和重力位能的变化)，系统技术功 w_t 为

$$w_t=\int_1^2 -v\,\mathrm{d}p=0$$

3.6.3 定温过程

定温过程是热力学系统在温度保持不变的情况下，热力学系统进行的膨胀或压缩过程。如给自行车轮胎打气，当打气速度非常缓慢时，接近定温过程，如图 3-11 所示。

图 3-11 定温过程

1. 过程方程

$$T=const \text{ 或 } pv=const$$

2. 基本状态参数间关系

由 $pv=R_gT$，$T=const$ 可得

$$p_1v_1=p_2v_2 \tag{3-51}$$

3. p-v 图和 T-s 图

根据过程方程可知，定温过程在 T-s 图上是一条与横坐标垂直的直线，如图 3-12(b)所示。

在 p-v 图上，定温过程是一等轴双曲线，如图 3-12(a)所示，图中 1—2 过程为定温吸热过程，1—2′为定温放热过程。

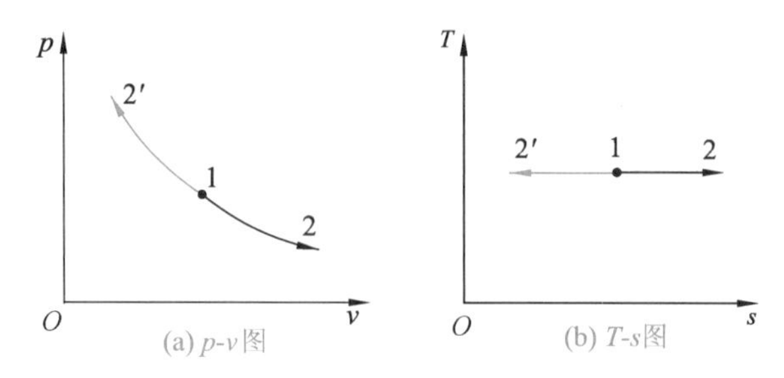

图 3-12 定温过程的 p-v 图和 T-s 图

4. 热量和功量计算

定温过程系统吸、放热量为

$$q_{1-2}=w_{1-2}=\int_{1}^{2}p\,\mathrm{d}v \tag{3-52}$$

闭口系统，容积变化功 w_{1-2} 为

$$w_{1-2}=\int_{1}^{2}p\,\mathrm{d}v=\int_{1}^{2}R_{\mathrm{g}}T_{1}\frac{\mathrm{d}v}{v}=R_{\mathrm{g}}T_{1}\ln\frac{v_{2}}{v_{1}}=R_{\mathrm{g}}T_{1}\ln\frac{p_{1}}{p_{2}} \tag{3-53}$$

对过程方程 $pv=const$ 两边微分得

$$\mathrm{d}(pv)=p\,\mathrm{d}v+v\,\mathrm{d}p=0$$

所以，开口系统(稳定流动，忽略工质的流动动能和重力位能的变化)系统技术功 w_{t} 为

$$w_{\mathrm{t}}=\int_{1}^{2}(-v\,\mathrm{d}p)=\int_{1}^{2}p\,\mathrm{d}v=w_{1-2} \tag{3-54}$$

因此，在理想气体的定温过程中，热量、容积变化功和技术功三者数值相等。

3.6.4 绝热过程

绝热过程是热力学系统与外界不发生热量交换的情况下进行的膨胀或压缩过程。绝对绝热过程难以实现，因为工质无法与外界完全隔热，但当实际过程进行得很快，工质换热量很少时，可近似看作绝热过程。例如，内燃机气缸内工质进行的膨胀过程和压缩过程，叶轮式压缩机中气体的压缩过程等，如图 3-13 所示，当绝热过程为可逆过程时，该过程为定熵过程。

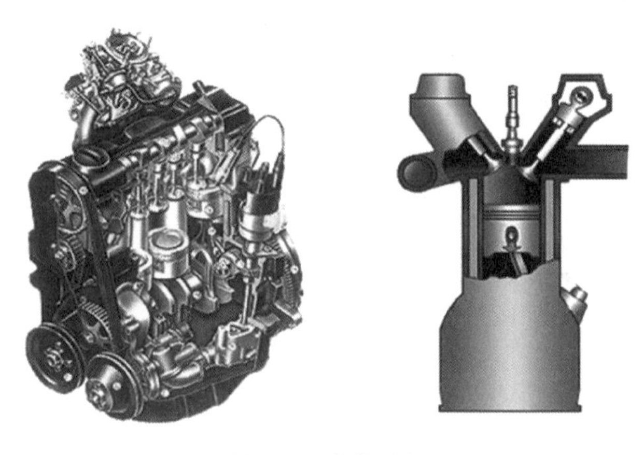

图 3-13 定熵过程

根据熵的定义式，对于可逆过程有

$$ds=\frac{\delta q}{T}$$

当系统绝热时，$\delta q=0$，则 $ds=0$，所以可逆绝热过程又称为定熵过程。

1. 过程方程

由式(3-27)对于定熵过程有

$$ds=c_{V0}\frac{dp}{p}+c_{p0}\frac{dv}{v}=0$$

$c_{p0}/c_{V0}=k$ 代入上式，整理后得

$$d(\ln p)+k d(\ln v)=0$$

所以理想气体绝热过程的过程方程为

$$pv^k=const \tag{3-55}$$

2. 基本状态参数间关系

由 $pv^k=(pv)v^{k-1}=(R_g T)v^{k-1}=const$

可得

$$T_1 v_1^{k-1}=T_2 v_2^{k-1} \tag{3-56}$$

由 $pv^k=\frac{p^k}{p^{k-1}}v^k=\frac{(R_g T)^k}{p^{k-1}}=const$

可得

$$\frac{T_1}{p_1^{(k-1)/k}}=\frac{T_2}{p_2^{(k-1)/k}} \tag{3-57}$$

3. p-v 图和 T-s 图

根据过程方程可知，绝热过程在 p-v 图上是一幂指数为负的幂函数曲线，如图 3-14(a)所示。在 T-s 图上，绝热过程是垂直于横坐标的直线，如图 3-14(b)所示，图中 1—2 过程为绝热膨胀过程，1—2′为绝热压缩过程。

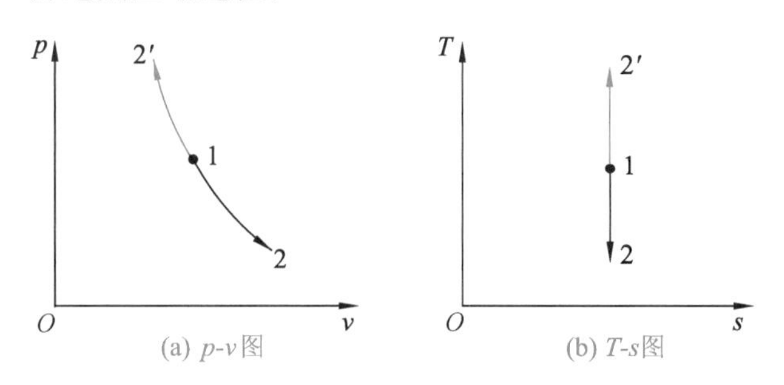

图 3-14 绝热过程的 p-v 图和 T-s 图

由于绝热过程在 p-v 图上的斜率 $\frac{dp}{dv}=-k\frac{p}{v}$ 大于定温过程在 p-v 图上的斜率 $\frac{dp}{dv}=-\frac{p}{v}$，所以在 p-v 图上，定熵线要比定温线陡峭，如图 3-15 所示。

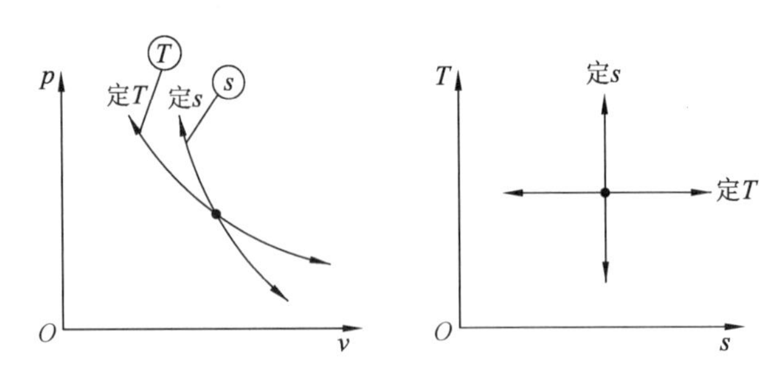

图 3-15　定温过程和定熵过程斜率比较

4. 热量和功量计算

绝热过程系统和外界换热量为

$$q_{1-2}=0$$

闭口系统，容积变化功 w_{1-2}，由 $q_{1-2}=(u_2-u_1)+w_{1-2}=0$

可得

$$\begin{aligned}w_{1-2}&=u_1-u_2=\int_2^1 c_{V0}\,\mathrm{d}T=c_{V0}(T_1-T_2)\\&=\frac{R_{\mathrm{g}}}{k-1}(T_1-T_2)=\frac{1}{k-1}(p_1v_1-p_2v_2)\\&=\frac{1}{k-1}p_1v_1\left[1-\left(\frac{p_2}{p_1}\right)^{(k-1)/k}\right]\end{aligned}\tag{3-58}$$

开口系统(稳定流动，忽略工质的流动动能和重力位能的变化)系统技术功 w_t，由过程方程 $pv^k=const$，其微分方程为 $kp\mathrm{d}v+v\mathrm{d}p=0$

所以有

$$w_{\mathrm{t}}=\int_1^2(-v\mathrm{d}p)=k\int_1^2 p\,\mathrm{d}v=kw_{1-2}\tag{3-59}$$

【例 3-3】 有一台可逆热机，经历了定容吸热 1—2、定熵膨胀 2—3 和定压放热 3—1 三个过程后完成一个循环。假设工质是理想气体，比热容为定值，循环各点的温度 T_1、T_2、T_3 已知。试将此循环定性地表示在 p-v 图和 T-s 图上，并写出由各点温度表示的热效率。

解：由题意可知 p-v 图和 T-s 图如图 3-16 所示。

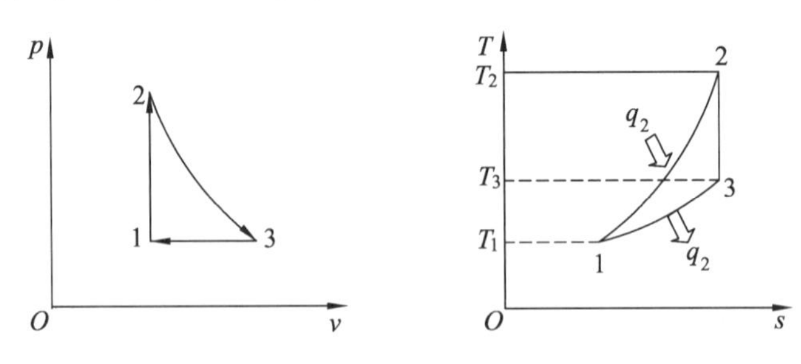

图 3-16　例 3-3 p-v 图和 T-s 图

定容吸热 1—2 过程的热量为 $q_1=c_{V0}(T_2-T_1)$，

定压放热 3—1 过程的热量为 $q_2=c_{p0}(T_1-T_3)$，

则由热效率公式可得：$\eta_{\mathrm{t}}=1-\dfrac{|q_2|}{q_1}=1-\dfrac{c_{p0}(T_3-T_1)}{c_{V0}(T_2-T_1)}=1-k\,\dfrac{T_3-T_1}{T_2-T_1}$。

3.7 理想气体多变过程

上节讨论的四种热力过程，只是千变万化的热力过程中四种特殊情况，在热力过程中它们都有某一状态参数保持不变，然而许多实际热力过程往往是所有状态参数都在变化。例如，压气机中气体在压缩的同时被冷却，使气体的压力、温度和比体积都变化。

3.7.1 过程方程

要找出一个普遍的过程方程来描述气体在一切可能的热力过程中的变化规律是不可能的。下面来分析这样一类过程，它们具有如下的状态变化规律：

$$pv^n = const \tag{3-60}$$

符合式(3-60)的过程称为多变过程，其中 n 称作多变指数，它可以是任意实数($-\infty$到$+\infty$之间的任意一个指定值)。不同的 n 取值代表了不同的热力过程，决定了不同的状态变化规律。因此式(3-60)代表了无数个热力过程状态变化规律。

上节讨论的四种典型的基本热力过程，都是 n 取不同值时的多变过程特例：

$n=0$	定压过程	$pv^0 = const = p$
$n=1$	定温过程	$pv^1 = const = R_g T$
$n=k$	绝热过程	$pv^k = const$
$n=\infty$	定容过程	$p^{1/n}v = p^0 v = v = const$

3.7.2 基本状态参数间关系

比较多变过程与绝热过程不难发现，多变过程与绝热过程的过程方程形式相同，只是指数由 k 变为 n，因此在分析多变过程时，可参照绝热过程得到多变过程基本状态参数之间的关系式：

$$T_1 v_1^{n-1} = T_2 v_2^{n-1} \tag{3-61}$$

$$\frac{T_1}{p_1^{(n-1)/n}} = \frac{T_2}{p_2^{(n-1)/n}} \tag{3-62}$$

3.7.3 *p*-*v* 图和 *T*-*s* 图

为了在 p-v 图和 T-s 图上对多变过程的状态参数和能量转换规律进行定性分析，首先要确定多变过程中对于不同 n 值时，过程曲线的大致位置，这样就要借助四个基本热力过程曲线。基本过程曲线将 p-v 图和 T-s 图划分成很多区域，如图 3-17 所示。由于 n 为任意实数，因此理论上来说，多变过程曲线可位于 p-v 图和 T-s 图上的任意位置；但实际工程中，$n<0$ 的热力过程极少存在，故可以不予讨论。

利用多变过程的 p-v 图和 T-s 图，可以直观地判断过程中热力学能、焓以及容积变化功变化量的正负，还能快速分析出系统是吸热还是放热。

热力学能和焓变化量的正负以定温线($n=1$)为界，p-v 图定温线的右上方以及 T-s 图定温线上方的温度变化大于零，所以 Δu 和 Δh 大于零；反之，若在 p-v 图定温线左下方，或者 T-s 图定温线下方，Δu 和 Δh 小于零。

容积变化功的正负以定容线($n=\infty$)为界，p-v 图定容线的右侧以及 T-s 图定容线右下方比容变化大于零，所以容积变化功 w 为正；相反，若在 p-v 图定容线左侧，或 T-s 图定容线的左上方，容积变化功为负。

热量的正负以定熵线($n=k$)为界，p-v 图定熵线的右上方和 T-s 图定熵线的右侧，熵变为正，所以热量变化量也为正，系统吸热；反之热量变化量为负，系统放热。

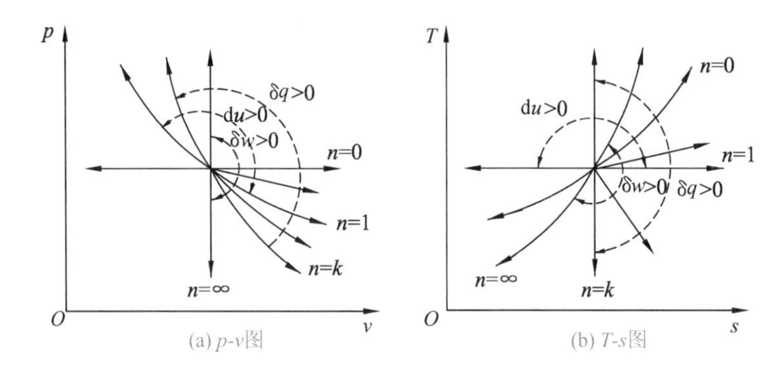

图 3-17 多变过程的 p-v 图和 T-s 图

3.7.4 热量和功量计算

闭口系统，容积变化功 w_{1-2} 为

$$
\begin{aligned}
w_{1-2} &= \int_1^2 p\,\mathrm{d}v = \int_1^2 p_1 v_1^n \frac{\mathrm{d}v}{v^n} = \frac{1}{n-1}(p_1 v_1 - p_2 v_2) \\
&= \frac{R_g}{n-1}(T_1 - T_2) = \frac{p_1 v_1}{n-1}\left[1 - \left(\frac{p_2}{p_1}\right)^{(n-1)/n}\right]
\end{aligned} \tag{3-63}
$$

开口系统(稳定流动，忽略工质的流动动能和重力位能的变化)多变过程中系统所做的技术功 w_t 为

$$
w_t = \int_1^2 (-v\,\mathrm{d}p) = n\int_1^2 p\,\mathrm{d}v = n w_{1-2} = \frac{nR_g}{n-1}(T_1 - T_2) \tag{3-64}
$$

多变过程系统和外界交换的热量为

$$
q_{1-2} = u_2 - u_1 + \int_1^2 p\,\mathrm{d}v = c_{V0}(T_2 - T_1) + \frac{R_g}{n-1}(T_1 - T_2) = c_{V0}\,\frac{n-k}{n-1}(T_2 - T_1) \tag{3-65}
$$

其中

$$
c_{V0} - \frac{R_g}{n-1} = \frac{(n-1)c_{V0} - R_g}{n-1} = \frac{nc_{V0} - c_{p0}}{n-1} = \frac{nc_{V0} - kc_{V0}}{n-1} = c_{V0}\frac{n-k}{n-1}
$$

令

$$
c_n = c_{V0}\frac{n-k}{n-1} \tag{3-66}
$$

则热量 q 可表示为

$$q=c_n(T_2-T_1) \tag{3-67}$$

c_n 为理想气体多变过程的比热容，由式(3-66)可知，多变比热容的数值仅取决于多变指数 n 的数值。

3.7.5 多变指数的确定

对于工程实际的多变过程，常常需要确定过程的多变指数。对任意多变过程，由过程方程有

$$p_1v_1^n=p_2v_2^n$$

对上式求微分，整理后可得

$$n=\frac{\ln p_1-\ln p_2}{\ln v_2-\ln v_1} \tag{3-68}$$

所以，当已知某过程某些状态的压力和比体积(图3-18)，在图中画出这些点并连线，在直线上任取两点，即可按式(3-68)计算出多变指数值。如各已知点不在一条直线上，说明该过程不是多变过程，也可取这些点近似于该多变过程的直线来近似描述该过程。

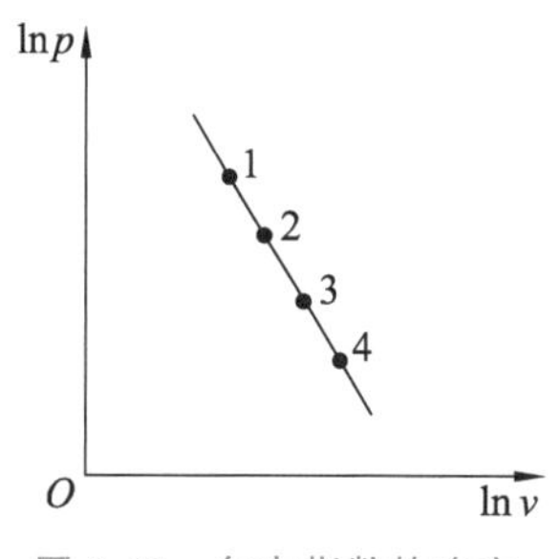

图 3-18 多变指数的确定

【例 3-4】 已知某膨胀过程，工质为空气($k=1.4$)，在 p-v 图和 T-s 图上画出：(1) $n=0.9$，(2) $n=1.2$，(3) $n=1.7$ 时的过程曲线，并判断过程中 w、q、u、h 是增大还是减小。

解：因为过程为膨胀过程，则相应的 1、2、3 过程如图 3-19 所示。

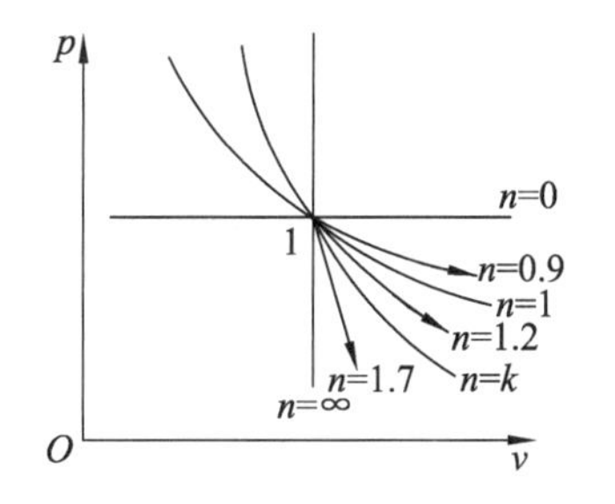

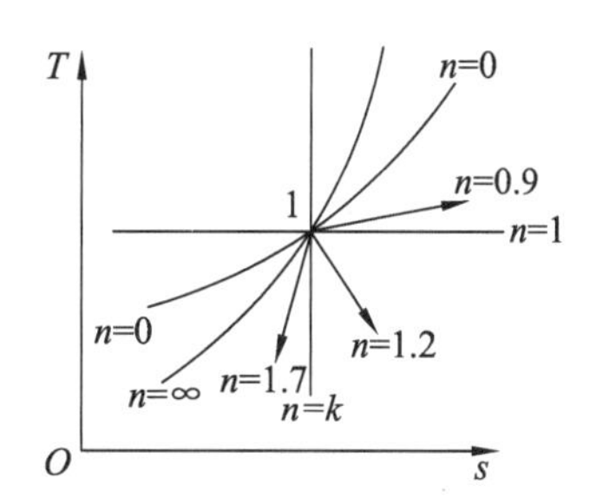

图 3-19 p-v 图和 T-s 图

由公式 $\delta w=p\mathrm{d}v$，从 p-v 图可以看出在定容线的右侧为 w 增大的区域，所以 $n=0.9$、$n=1.2$ 和 $n=1.7$ 均为 w 增大的过程。

由公式 $\delta q=T\mathrm{d}s$，从 T-s 图可以看出在定熵线右侧为 q 增大的区域，所以 $n=0.9$ 和 $n=1.2$ 为 q 增大的吸热过程；$n=1.7$ 为 q 减小的放热过程。

由公式 $\mathrm{d}u=c_{V0}\mathrm{d}T$，从 T-s 图可以看出在定温线上方为热力学能增大的区域，所以 $n=0.9$ 为热力学能增大的过程，$n=1.2$ 和 $n=1.7$ 为热力学能减小的过程。

比焓的变化同热力学能的变化相同。

习　题

3-1　有一个小气瓶，内装压力为 20 MPa、温度为 20 ℃的氮气 10 cm^3。该气瓶放置在一个 0.01 m^3 的绝热容器中，设容器内为真空。试求当小瓶破裂而气体充满容器时气体的压力及温度，并分析小瓶破裂时气体变化经历的过程。

3-2　如习题 3-2 图所示，气缸中气体为氢气。设气体受热膨胀推动重物及活塞上升，至销钉处活塞受阻，但仍继续对气体受热一段时间。已知该过程中气体接收的热量为 4 000 kJ/kg，气体温度由 27 ℃升高到 327 ℃。已知空气的比定容热容为 10.22 kJ/(kg · K)，试求过程中气体所做的功及活塞达到销钉时气体的温度。

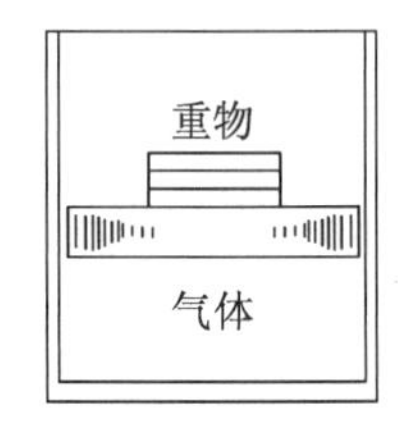

习题 3-2 图

3-3　10 kg 空气从初态 P_1=0.1 MPa、T_1=100 ℃，经历某种变化后到达终态 P_2=0.5 MPa、T_2=1 000 ℃，取定比热 c_p=1.004 kJ/(kg · K)，求熵变。已知空气的 R_g=0.287 kJ/(kg · K)。

3-4　刚性绝热的气缸由透热、与缸体无摩擦的活塞分成 A、B 两部分(如习题 3-4 图所示)，初始时活塞被销钉卡住，A、B 两部分的容积各为 1 m^3，分别存储有 200 kPa、300 K 和 1 MPa、1 000 K 的空气。拔去销钉，活塞自由移动，最终达到新平衡态。若空气的比热容可取定值，计算终态压力和温度。已知空气的 R_g=287 J/(kg · K)。

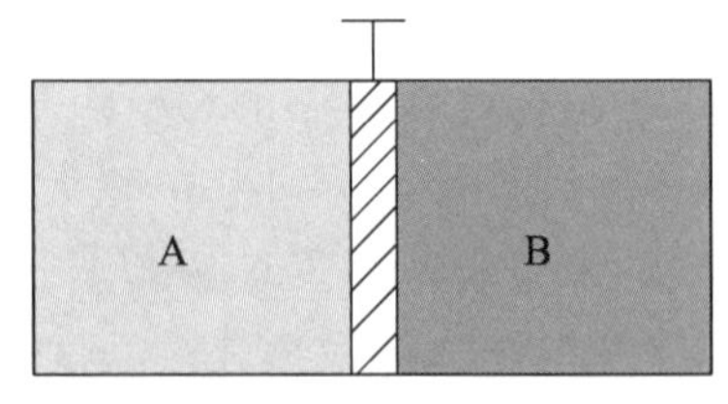

习题 3-4 图

3-5 气缸活塞系统内有 2 kg 压力为 500 kPa、温度为 400 ℃的 CO_2。缸内气体被冷却到 40 ℃，由于活塞外弹簧的作用，缸内压力与体积变化成线性关系：$p=kv$，若终态时压力为 300 kPa，求过程中的换热量。已知 CO_2 的比热容可取定值，$R_g=0.189$ kJ/(kg·K)、$c_V=0.866$ kJ/(kg·K)。

3-6 绝热容器由隔板分成两部分，如习题 3-6 图所示，左边为压力 600 kPa、温度为 27 ℃的空气；右边为真空，容积是左边的 5 倍。现将隔板抽去，空气迅速膨胀，充满整个容器。已知空气的 $R_g=0.287$ kJ/(kg·K)。试求：该过程 1 kg 空气的内能、焓和熵的变化。

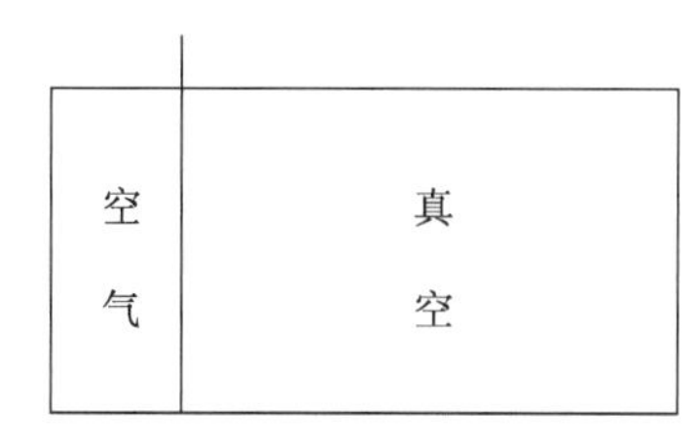

习题 3-6 图

3-7 压力为 20 bar、温度为 100 ℃的空气在主管道中流动，一绝热容器通过阀门与主管道连接。容器开始时为真空，当阀门打开时，空气进入容器，并使容器中的压力也达到 20 bar，已知空气 $c_{p0}=1.004$ kJ/(kg·K)，$R_g=0.287\ 1$ kJ/(kg·K)，求容器中空气的最终温度。

3-8 在 T-s 图上画出 $1<n<k$ 的多变压缩过程，并用 T-s 图上的面积来表示该过程消耗的轴功及放热量，说明理由。

3-9　在 p-v 图和 T-s 图(见习题 3-9 图)上画出空气的 $n=1.2$ 吸热过程 1—2 和 $n=1.6$ 的膨胀过程 1—3,并确定过程 1—2 和 1—3 中功和热量的正负号。

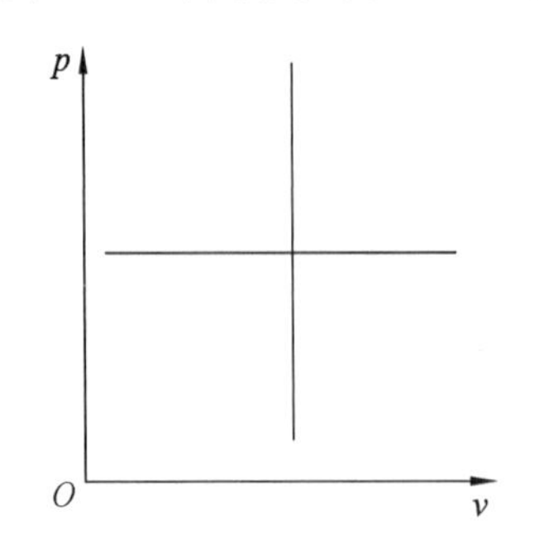

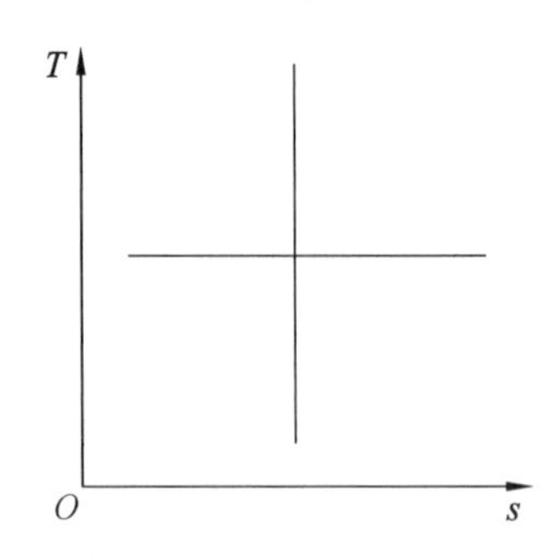

习题 3-9 图

3-10　在 p-v 图和 T-s 图上画出四条基本热力过程曲线,并将工质又膨胀、又吸热、又降温的过程 1—2 表示在 p-v 图和 T-s 图上。

3-11　如习题 3-11 图所示,q_{ABC} 与 q_{ADC} 谁大?

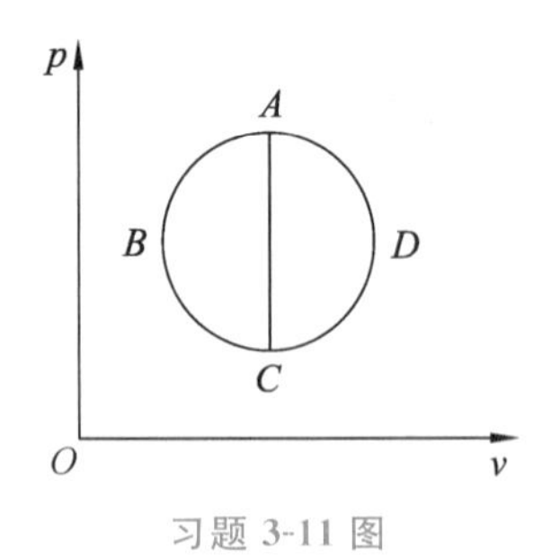

习题 3-11 图

3-12　如习题 3-12 图所示，q_{234} 与 q_{214} 谁大，w_{234} 与 w_{214} 谁大？

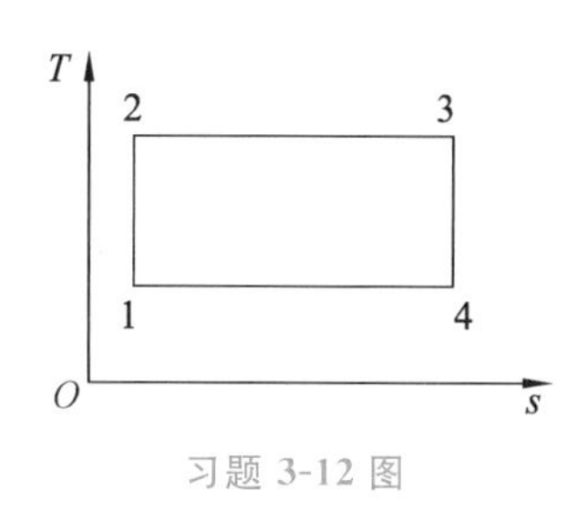

习题 3-12 图

3-13　如习题 3-13 图所示，1—2 和 1—3 为两个任意过程，2—3 为一个多变指数 $n=0.8$ 的多变过程，试问，1—2 和 1—3 两过程的热力学能变化 Δu_{12}、Δu_{13} 哪一个大？

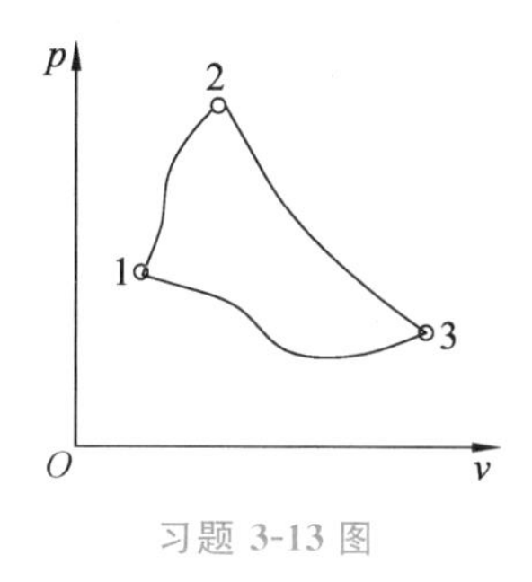

习题 3-13 图

3-14　有一气缸，其中空气的压力为 0.15 MPa、温度为 300 K，如果按两种不同的变化过程：(1) 在定压下温度变化到 450 K；(2) 在定温下压力下降到 0.1 MPa，然后在定容下变化到 0.15 MPa 和 450 K。设比热为定值，试求两种过程中系统热力学能和熵的变化，以及从外界吸收的热量。已知空气：$c_{p0}=1.004$ kJ/(kg·K)，$c_{V0}=0.716$ kJ/(kg·K)。

3-15　气缸中空气的压力为 0.1 MPa、温度为 17 ℃，经过压缩过程，使空气压力升高到 0.7 MPa、温度为 227 ℃，试求压缩过程为多变过程时多变指数 n 的数值。

3-16　1 kg 空气多变过程中吸取 41.87 kJ 的热量时，将使其容积增大到原来的 10 倍，压力降低到原来的 $\frac{1}{8}$，求：过程中空气的内能变化量，空气对外所做的膨胀功及技术功。

4 热力学第二定律

热力学第一定律告诉我们，能量在转换与传递过程中数量总量始终保持守恒，那么满足热力学第一定律的过程是否一定会发生呢？如果热力过程能够发生，需要满足什么样的条件才能达到完善的程度？这些都是热力学第一定律无法解决的问题。人们从无数的实践和经验中总结出了热力学第二定律，说明自然过程都是有方向性的，揭示了热力过程的方向、条件和限度。

热力学第二定律的发现与提高热机效率的研究有着密切的联系。蒸汽热机在 18 世纪由法国人巴本（Frnid Papin）、英国人纽可门（Thomas Newcomen）发明，到 19 世纪经过瓦特（James Watt）的改进，逐渐在工业和交通等行业得到了广泛应用。热机的大量出现也给物理学家们提出了许多急需解决的理论问题，例如，热机效率并不高，如何提高热机的热效率？热机的热效率有没有上限？永动机能制造成功吗？

1824 年，28 岁的法国陆军工程师卡诺（Nicolas Léonard Sadi Carnot）通过对大量的热机运动过程的研究，在他发表的论文《论火的动力》中提出了著名的卡诺定理，找到了提高热效率的根本途径，这对于第二定律的热机理论形成有重要的影响。

1850 年，德国物理学家克劳修斯（Rudolf Julius Emanuel Clausius）和英国物理学家开尔文（Lord Kelvin，原名 William Thomson），在各自研究卡诺定理的基础上，正式提出了热力学第二定律。

卡诺
（Nicdas léonard sadi Carnot，1796—1832）

克劳修斯
（Rudolf Julius Emanuel Clattsius，1822—1888）

开尔文
（Lord Kelvin，1824—1907）

4.1 热力过程进行的方向性、条件与限度

满足热力学第一定律的过程未必都能发生，观察下面几个例子。

1. 传热过程

如图 4-1 所示，一杯热水放在冷空气的环境中，会自发地向环境散热，被冷却，最终达到和环境同温。这个过程满足热力学第一定律，水杯整体失去的热量等于环境得到的能量。但是反过来，水杯从环境回收等量的热量使其温度回升到初始高温，虽然符合热力学第一定律能量守恒，但是这个过程却不可能自动发生。

图 4-1 传热过程

2. 自由膨胀过程

如图 4-2 所示，通过管道连通的两个刚性绝热容器，左侧为高压气体，右侧为真空，当打开阀门，左侧高压气体就会自动地向右侧真空空间膨胀，这个过程符合热力学第一定律，可知系统的热力学能不变；但是相反地，气体不会自动压缩，自己升压回到左侧。

3. 混合过程

如图 4-3 所示，刚性容器两侧充有不同种类的气体，隔板抽走后，两侧气体自动地相互扩散混合，成为混合气体；但相反地，混合气体自动分离回到两侧的过程是不可能自动发生的。

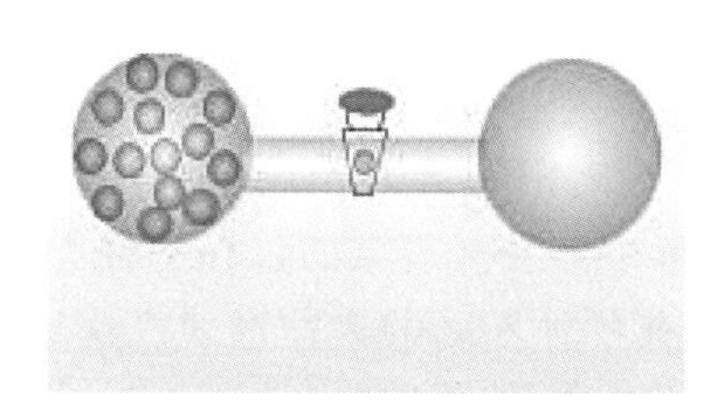
图 4-2 自由膨胀过程

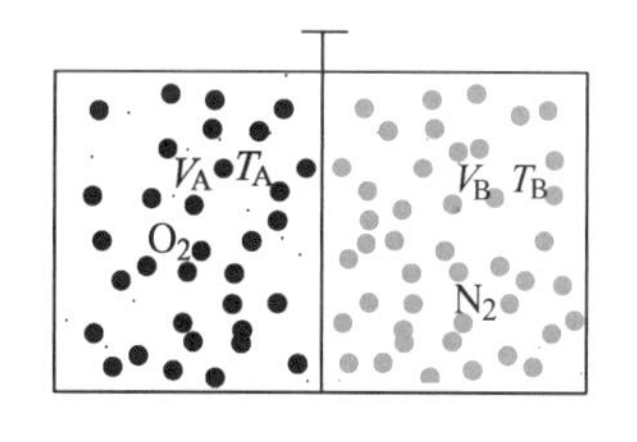

图 4-3 混合过程

4. 热功转换过程

如图 4-4 所示，绝热密闭刚性容器内装有某种定量气体，右侧重物下降做功，带动转轴和叶片旋转，搅拌容器内气体，重物做的功最终转化为气体的热力学能，导致气体温度升高。这个由功转变成热的过程是自动发生的，但是反过来，降低气体温度，气体把热量返还给叶片进而使得叶片反转带动重物回升是不可能自动发生的，即热能不可能自发地转变为功。

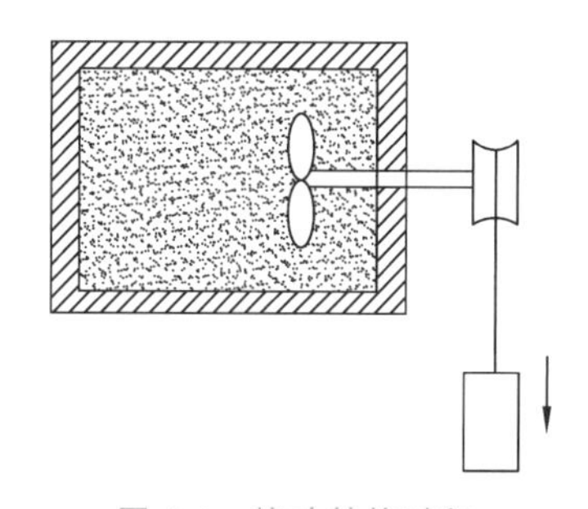
图 4-4 热功转换过程

自然过程中凡是能够独立、无条件地自动进行的过程，称作自发过程。上述几个例子都属于自发过程，显然，这些过程都具有一定的方向性，它们的反向过程不可能自发地进行。进一步分析可知，这些过程分别是在温度势差、压力势差、浓度势差、摩擦耗散效应作用下进行的，是典型的不可逆过程。如

果要实现逆向过程，则是有条件的，需要外界付出一定的代价作为补偿。

在评价一种能量循环装置的完善程度时，例如热机，以热效率作为热变功转换的评价指标，遵循热力学第一定律的能量守恒原理，热效率值不可能大于100%，那么，热机效率能否达到100%呢？热力学第一定律只是告诉我们热和功在能的“量”的方面的等价性，功到热的转换效率可以达到100%（例如上述的热功转换过程），但是反过来，热到功的转换效率能否达到100%呢？若不能达到100%，是否存在热机效率的理论上限呢？这些涉及能的“质”的差异，热力学第一定律无法给出答案，它们属于热力学第二定律所要解决的问题。

4.2 热力学第二定律的实质与表述

4.2.1 热力学第二定律的实质

如4.1节所述，自然过程是有方向性的，自发过程都是在系统内不平衡势差作用下，向着逐渐消除势差、达到新平衡的方向进行，自发过程的反向过程是非自发过程。非自发过程不可能自发地实现，必须要有附加条件才行，例如热量不会自发地从低温物体传递给高温物体，但是在施加一定的条件或补偿（消耗外界功）时，也是可以实现的，只不过系统这样回复到初态，对外界造成了影响（外界付出了功），因此可以说，一切自发的过程都是不可逆的。

热力学第二定律的实质，就是阐明与热现象相关的各种热力过程所进行的方向、条件和限度的定律。热力学第二定律除了指明自发过程进行的方向外，还包括指出对实现非自发过程所需要的条件以及判断过程能够进行的最大限度。

热力学第二定律和热力学第一定律一样，不能从其他定律推导得出，而是根据无数实践经验得出的经验定律，是一个基本的自然定律。

4.2.2 热力学第二定律的两种表述

由于热力学第二定律是经验定律，而自然界中涉及热现象的过程的种类非常多，因而在历史上，热力学第二定律针对不同的过程曾经有各种不同的表述形式。这里针对后面要学习的热机和制冷设备，介绍两种比较经典的热力学第二定律表述形式。

开尔文和普朗克根据长期制造热机的经验，总结出热功转换的基本规律，称作热力学第二定律的开尔文-普朗克表述，其内容为：“不可能制造出从单一热源吸热，使之全部转化为功而不引起其他变化的循环发动机。”

开尔文-普朗克表述告诉我们，如图4-5所示的单一热源热机是不存在的，热机不能把吸收的热量全部转换为功，而必须要有一部分热量排放给低温环境。热力学第二定律通过开尔文-普朗克表述，给出了热机循环进行的限度，热机的热效率不可能达到100%。

单一热源热机，并没有违反热力学第一定律要求的能量守恒，而是违反了热力学第二定律，一般把它称作第二类永动机，如果第二类永动机存在，则可以将存储于大气、海洋、土壤等中的热能全部转变为功，显然这是不可能的，所以热力学第二定律也可以表述为：第二类永动机是不可能制成的。

克劳修斯针对热量传递的方向性，给出了热力学第二定律的另一种表述：“热量不可能自发地从低温物体传至高温物体而不引起其他变化。”

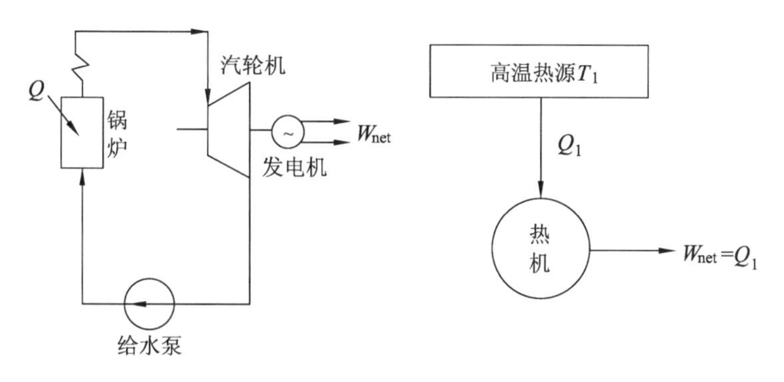

图 4-5　违背开尔文-普朗克表述的热机

克劳修斯表述说明热量从低温物体传至高温物体是一个非自发过程，要使之实现，必须付出一定的代价，例如冰箱制冷，热量从低温冷藏室传至高温环境，不能自发进行，必须消耗外界功，作为对非自发过程的一个补偿，引起了外界变化。克劳修斯表述给出了热量传递过程进行的方向和条件。

4.2.3　热力学第二定律两种表述的一致性

虽然热力学第二定律的表述形式不同，但都说明了涉及热现象的过程进行的方向性、条件和限度，实质是一致的。若违反一种表述，可证明必然也违反另一种表述。

(1) 违反开尔文-普朗克表述，必然也违反克劳修斯表述。

证明：如图 4-6(a)所示，假设有违反开尔文-普朗克表述的单一热源热机 A 存在，从高温热源吸热 Q_1，全部转变成净功 W_0 对外输出。可以利用 W_0 带动制冷机 B 工作，从低温热源吸热 Q_2，向高温热源放热 $Q_{1'}$。当 A 和 B 联合工作时，W_0 属于内部作用，整个系统没有消耗外界功。低温热源失去热量 Q_2，高温热源得到的净热量为 $|Q_{1'}|-Q_1=|Q_{1'}|-W_0=Q_2$，联合运行的效果是热量 Q_2 从低温热源自发地传递给高温热源，此外没有引起其他变化，这是违反克劳修斯表述的，所以，违反开尔文-普朗克表述，必然也违反克劳修斯表述。

(2) 违反克劳修斯表述，必然也违反开尔文-普朗克表述。

证明：如图 4-6(b)所示，假设有热量 Q_2 违反克劳修斯表述从低温热源自发传递到高温热源，同时有热机 A 从高温热源吸热 Q_1，对外做功 W_0，向低温热源放热量刚好等于 Q_2，此时，对于整个系统来说，低温热源净热量等于零，系统从高温热源吸热为 $Q_1-|Q_2|$，对外做

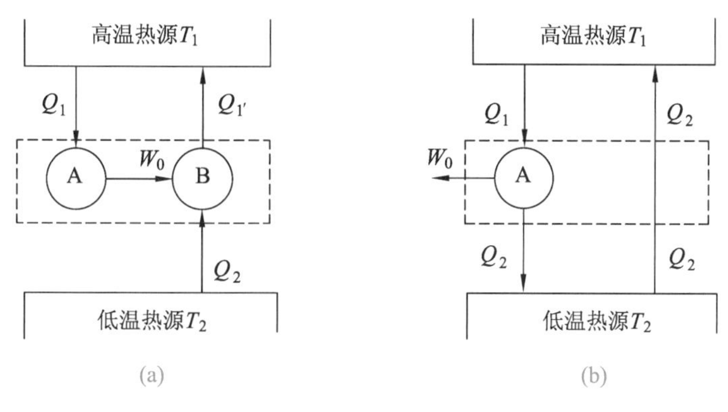

图 4-6　热力学第二定律两种表述的一致性

功 $W_0=Q_1-|Q_2|$，也就是说，系统从高温热源吸收的热量全部转变成功，此外没有引起其他变化，显然违反了开尔文-普朗克表述，所以，违反克劳修斯表述，必然也违反开尔文-普朗克表述。

4.3 卡诺循环

热力学第二定律的开尔文-普朗克表述指出热机循环热效率不能等于 100%，单一热源热机不存在，热机循环必须存在一个向低温热源放热的环节，作为热能转变为机械能的过程的补偿；这种补偿越少，热机热效率就越高。人们一直力求最大限度地减少补偿，提高能量的利用效率。法国工程师卡诺致力于提高热机热效率的研究，发现可逆循环热机的热效率值最高，并在 1824 年首次提出了热机理想循环形式——卡诺循环。

4.3.1 卡诺循环

卡诺循环是工作于两个恒温热源间的可逆热机循环，因为只有两个恒温热源，要保证过程可逆，就要保证过程进行中无不可逆势差，进行无温差的传热，所以卡诺循环由两个可逆定温过程和两个可逆绝热（定熵）过程组成。如果采用理想气体为热机工质，循环过程如图 4-7 所示。图中 $a-b$ 为定温吸热过程，$b-c$ 为可逆绝热（定熵）膨胀过程，$c-d$ 为定温放热过程，$d-a$ 为可逆绝热（定熵）压缩过程。

根据热机热效率的定义，可以推导循环的热效率为

$$\eta_t=\frac{w_0}{q_1}=1-\frac{|q_2|}{q_1}$$

根据 T-s 图看热量比较方便，利用热量定义式 $q=\int_1^2 T\mathrm{d}s$ 得

定温吸热过程 $a-b$，　　$q_1=\int_a^b T_1\mathrm{d}s=T_1\Delta s_{a,b}$

定温放热过程 $c-d$，　　$|q_2|=\int_d^c T_2\mathrm{d}s=T_2\Delta s_{d,c}$

如图可知　　$\Delta s_{a,b}=\Delta s_{d,c}$

代入上面热效率定义式，并用 $\eta_{t,c}$ 表示卡诺循环的热效率，可得卡诺循环的热效率为

$$\eta_{t,c}=1-\frac{T_2}{T_1} \tag{4-1}$$

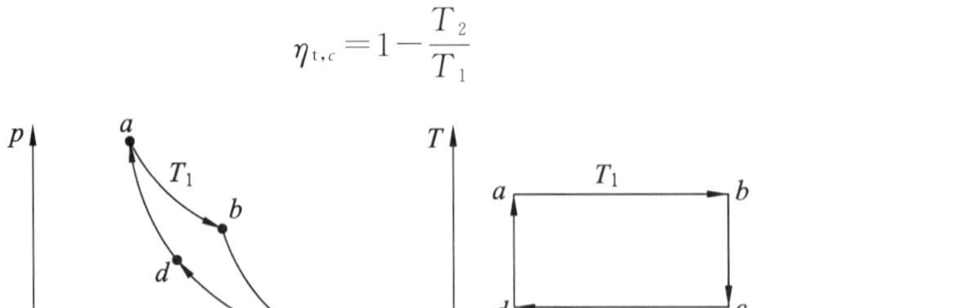
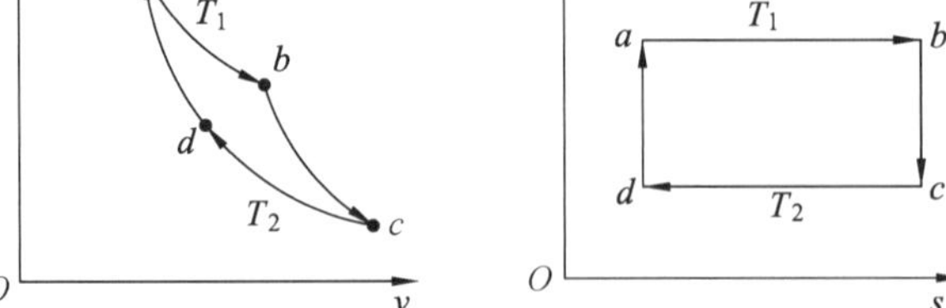

图 4-7　卡诺循环的 p-v 图及 T-s 图

分析卡诺循环的热效率计算式(4-1)，可以得到以下几点结论：

(1) 卡诺循环的热效率仅决定于高温热源的温度 T_1 和低温热源的温度 T_2，与工质的种

类无关。

(2) 提高高温热源温度 T_1、降低低温热源温度 T_2，可以提高卡诺循环的热效率。

(3) 由于高温热源温度 T_1 不可能为无限大，低温热源温度 T_2 也不可能为零，所以卡诺循环的热效率不可能达到100%，也就是说，热机循环即使在理想可逆条件下，也不可能把热能全部转变为功，这是因为热能的“质”比机械能的“质”要低。

(4) 当 $T_1=T_2$ 时，卡诺循环的热效率为零，说明利用单一热源吸热而连续做功是不可能的，进一步验证了热力学第二定律的开尔文-普朗克表述。

卡诺循环在热力学的发展史上具有重大意义，它指明了提高热机循环热效率的方向，奠定了热力学第二定律的理论基础。

4.3.2 逆向卡诺循环

如果卡诺循环反向进行，就称作逆向卡诺循环，如图4-8所示，逆向卡诺循环沿着逆时针方向进行，注意此时吸热为 $d-c$ 过程，吸热量用 q_2 表示，放热为 $b-a$ 过程，放热量用 q_1 表示，压缩耗功为 $c-b$ 过程，膨胀做功为 $a-d$ 过程。根据循环的目的不同，逆向卡诺循环又分为制冷循环和热泵循环两种形式。

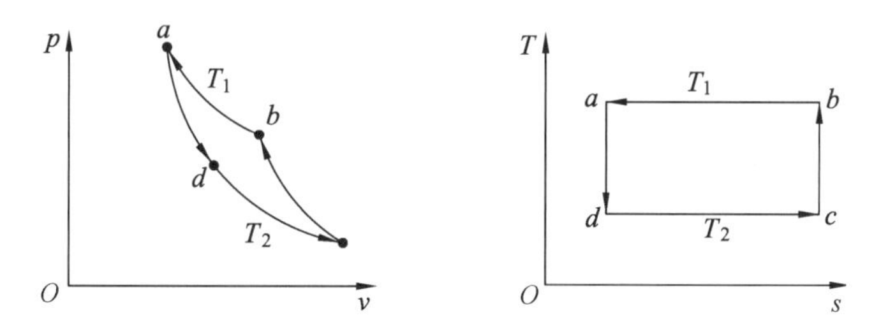

图 4-8 逆向卡诺循环的 p-v 图及 T-s 图

当逆向卡诺循环作制冷循环时，评价指标为制冷系数，用 ε_c 表示，其定义式为

$$\varepsilon_c=\frac{q_2}{w_0}=\frac{q_2}{|q_1|-q_2}$$

制冷循环定温过程 $d-c$ 的吸热量 $\quad q_2=T_2\Delta s_{d,c}$

制冷循环定温过程 $b-a$ 的放热量 $\quad |q_1|=T_1\Delta s_{a,b}$

代入上式得逆向卡诺循环制冷系数为

$$\varepsilon_c=\frac{q_2}{w_0}=\frac{T_2}{T_1-T_2} \tag{4-2}$$

当逆向卡诺循环作热泵循环时，评价指标为供热系数，用 ε_c' 表示，其定义式为

$$\varepsilon_c'=\frac{|q_1|}{w_0}=\frac{|q_1|}{|q_1|-q_2}$$

同理可以推导出逆向卡诺热泵循环的供热系数为

$$\varepsilon_c'=\frac{|q_1|}{w_0}=\frac{T_1}{T_1-T_2} \tag{4-3}$$

从式(4-2)及式(4-3)可得以下结论：

(1) 逆向卡诺循环的性能系数仅决定于热源温度 T_1 和 T_2，随 T_1 的降低及 T_2 的提高而增大。

(2) 逆向卡诺制冷循环的制冷系数 ε_c 可以大于1、等于1或者小于1，但供热系数 ε'_c 总是大于1，二者之间存在关系式 $\varepsilon'_c=\varepsilon_c+1$。

(3) 逆向卡诺循环既可以用来制冷，又可以用来供热，这两个目的既可以单独实现，也可以在同一设备中交替实现，例如空调，冬季用来取暖，夏季用来制冷。

4.3.3 多热源可逆循环

实际热机循环的热源并非都是恒定不变的，如图4-9所示的任意可逆热机循环 $e-f-g-h-e$，可逆要求工质和热源间时时刻刻无温差传热，如果循环是可逆的，需要有无穷多个温度递变的热源才能实现工质连续可逆的温度变化，所以提到任意可逆循环，就意味着是一个多热源可逆循环。

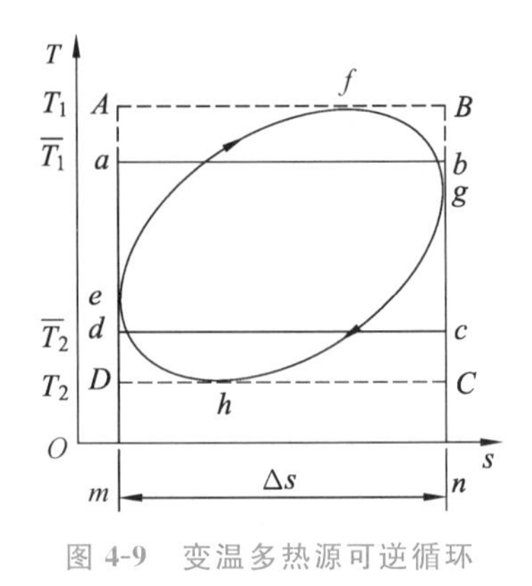

图4-9 变温多热源可逆循环

对于多热源可逆循环 $e-f-g-h-e$，按照热效率的定义，有

$$\eta_t=1-\frac{|q_2|}{q_1}=1-\frac{\int_{e\text{-}h\text{-}g}T\mathrm{d}s}{\int_{e\text{-}f\text{-}g}T\mathrm{d}s}$$

T-s 图上热力过程曲线下面积代表热量的大小，在相同的熵变化区间内，取线下面积和吸热过程 $e-f-g$ 线下面积相等的定温过程 $a-b$，定义吸热过程的平均吸热温度为

$$\overline{T}_1=\frac{q_1}{\Delta s}=\frac{\int_{e\text{-}f\text{-}g}T\mathrm{d}s}{s_n-s_m} \tag{4-4}$$

取线下面积和放热过程 $g-h-e$ 线下面积相等的定温过程 $c-d$，定义放热过程的平均放热温度为

$$\overline{T}_2=\frac{|q_2|}{\Delta s}=\frac{\int_{e\text{-}h\text{-}g}T\mathrm{d}s}{s_n-s_m} \tag{4-5}$$

于是，由定温吸热过程 $a-b$、定温放热过程 $c-d$ 以及两个定熵过程，构成一个卡诺循环 $a-b-c-d-a$，称为热机循环 $e-f-g-h-e$ 的等效卡诺循环，把由式(4-4)、式(4-5)导出平均温度表示的热量 q_1、q_2 代入热效率计算式，可得多热源可逆循环的热效率就等于等效卡诺循环的热效率，即

$$\eta_t=1-\frac{\overline{T}_2}{\overline{T}_1} \tag{4-6}$$

式(4-6)说明，对于任意可逆循环，工质的平均吸热温度 $\overline{T}_1$ 越高，平均放热温度 $\overline{T}_2$ 越低，则循环热效率越高，因此，对于任意可逆循环，利用等效卡诺循环，可以非常方便地分析各种因素对热机热效率的影响。尽量提高工质的平均吸热温度 $\overline{T}_1$，降低工质的平均放热温度 $\overline{T}_2$，是提高热机循环热效率的有效措施和途径。

图4-9中，循环 $e-f-g-h-e$ 的外围循环 $A-B-C-D-A$ 是和循环 $e-f-g-$

$h-e$ 具有相同温度区间(T_1-T_2)的循环,称作与 $e-f-g-h-e$ 的同温限卡诺循环。根据式(4-6),很容易可以得出结论:相同工作温度区间工作的热机循环,任意可逆循环的热效率小于其同温限卡诺循环的热效率。

4.4 卡诺定理和克劳修斯不等式

前述热机热效率不可能达到100%,现在通过卡诺定理来证明,卡诺热机的热效率是所有相同温度范围内工作的热机热效率的最高极限。

4.4.1 卡诺定理

卡诺定理:在两个给定温度的热源间工作的所有热机中,以可逆热机的热效率为最高。

若可逆热机的热效率用 $\eta_{t,R}$ 表示,任意热机的热效率用 η_t 表示,卡诺定理可以简单表示为

$$\eta_t \leqslant \eta_{t,R} \tag{4-7}$$

可以采用反证法,借助热力学第二定律的克劳修斯表述来证明卡诺定理。

证明 如图4-10所示,假设A为任意热机,R为可逆热机,两热机在相同的热源 T_1 和 T_2 之间工作。为了便于说明问题,不妨假设两热机的做功量相等,均为 W_0,热机A吸热为 Q_1、放热为 Q_2,热机 R 吸热为 $Q_{1'}$,放热为 $Q_{2'}$。假设 $\eta_t>\eta_{t,R}$,则根据热效率定义,有

$$\frac{W_0}{Q_1}>\frac{W_0}{|Q_{1'}|}$$

可知

$$|Q_{1'}|>Q_1$$

由能量守恒

$$W_0=Q_1-|Q_2|=|Q_{1'}|-|Q_{2'}|$$

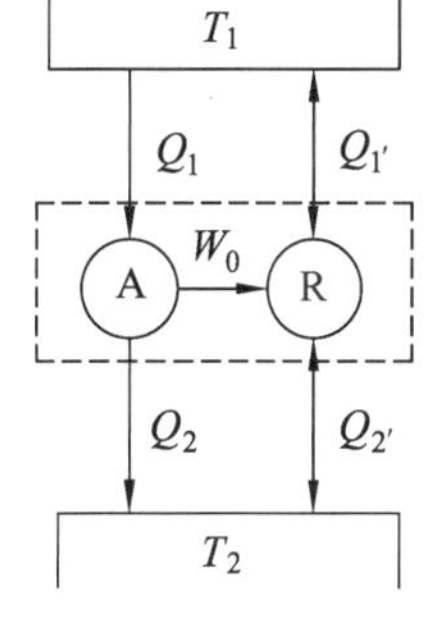

图4-10 卡诺定理的证明模型

因为R为可逆热机,现在让A热机做功,带动R作逆向制冷循环工作。由上两式可知,$|Q_{1'}|-Q_1=|Q_{2'}|-|Q_2|>0$。A与R联合运行的最终效果是:从低温热源 T_2 吸热 $|Q_{2'}|-|Q_2|$,向高温热源 T_1 放热 $|Q_{1'}|-Q_1$,此外没有其他变化,这违反了热力学第二定律的克劳修斯表述,因此 $\eta_t>\eta_{t,R}$ 的假设不能成立,从而证明了卡诺定理 $\eta_t\leqslant\eta_{t,R}$。

由卡诺定理可以得出两个推论:

卡诺定理推论1 在给定温度的两个热源间工作的一切可逆热机,热效率都相等,与采用工质的性质无关。

如图4-11所示,设在两个不同温度的恒温热源(T_1,T_2)间工作的两个可逆热机 R_1 和 R_2,其热效率分别为 $\eta_{t,R1}$ 和 $\eta_{t,R2}$。根据卡诺定理,因为 R_1 为可逆热机,有 $\eta_{t,R2}\leqslant\eta_{t,R1}$,反过来,$R_2$ 是可逆热机,又有 $\eta_{t,R1}\leqslant\eta_{t,R2}$,于是,由这两个关系可得出唯一的结论就是 $\eta_{t,R1}=\eta_{t,R2}$。上述论证过程未涉及工质性质的影响,可见与工质的性质无关。

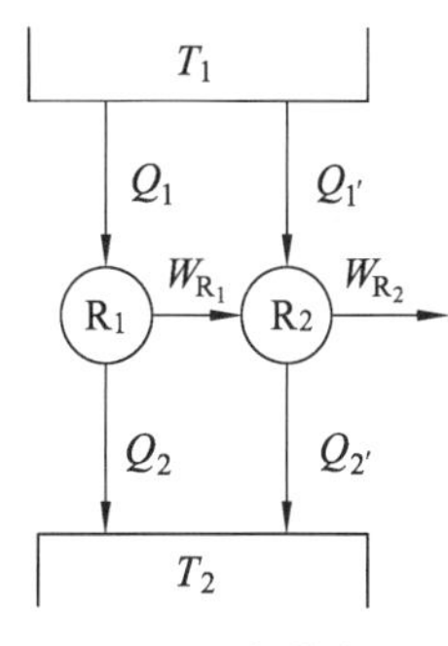

图4-11 卡诺定理推论1的推导模型

根据卡诺定理推论1,只要可逆热机工作于两个恒温热源之间,从高温热源可逆地定温吸热,向低温热源可逆地定温放热,则不管采

用什么循环或什么工质，它们的热效率都相等，所以都可以利用理想气体的卡诺循环的热效率式(4-1)进行计算。

卡诺定理推论2　在给定温度的两个热源间工作的任何不可逆热机，热效率必然小于这两个热源间工作的可逆热机的热效率。

如图4-12所示，在给定温度的两个热源间工作的不可逆热机IR和可逆热机R，根据卡诺定理，有 $\eta_{t,IR}\leqslant\eta_{t,R}$，只要证明 $\eta_{t,IR}\neq\eta_{t,R}$，就可得到结论 $\eta_{t,IR}<\eta_{t,R}$。下面采用反证法。

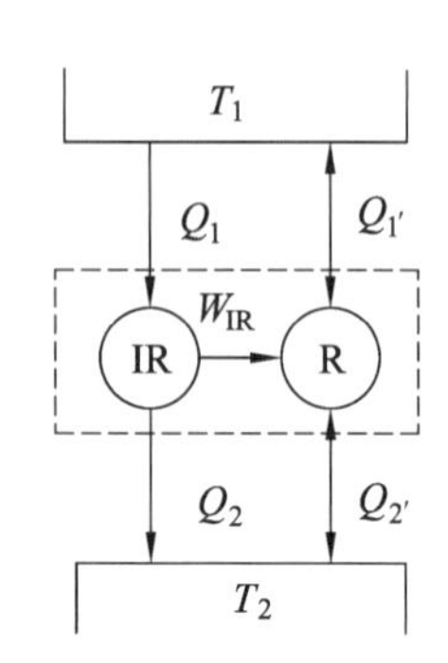

图4-12　卡诺定理推论2的推导模型

假设 $\eta_{t,IR}=\eta_{t,R}$，让不可逆热机IR做功带动可逆热机R逆向作制冷循环(假设两热机的功相等)，有

$$\frac{W_{IR}}{Q_1}=\frac{W_R}{|Q_{1'}|}\ ,\ W_{IR}=W_R$$

于是可得 $Q_1=|Q_{1'}|$、$|Q_2|=Q_{2'}$，即 $Q_1-|Q_{1'}|=|Q_2|-Q_{2'}=0$，这说明IR和R联合工作时，热源 T_1、T_2 没有变化，工质恢复原状时，没有引起任何不可逆的变化，这只有在R和IR组成的联合系统为可逆的情况下才有可能，与IR为不可逆热机相矛盾。因此 $\eta_{t,IR}=\eta_{t,R}$ 的假设不能成立，即 $\eta_{t,IR}\neq\eta_{t,R}$，只能是 $\eta_{t,IR}<\eta_{t,R}$，即不可逆热机的热效率 $\eta_{t,IR}$ 必然小于可逆热机的热效率 $\eta_{t,R}$。

综上所述，在两个给定温度的热源(T_1，T_2)间工作的热机，不可逆热机的热效率小于可逆热机的热效率，所有可逆热机的热效率都相等，都等于卡诺循环的热效率，该结论可以简单表达为

$$\eta_t\leqslant\eta_{t,R}=\eta_{t,c}=1-\frac{T_2}{T_1} \tag{4-8}$$

上式左边，当热机为不可逆热机时，取小于号，当热机为可逆热机时，取等号。

由此可见，卡诺定理给出了热机循环热效率的最大限度，就是卡诺循环的热效率，这就给出了判断一切热机能量转换完善程度的标准，卡诺定理是热力学第二定律用于分析双热源热机的最根本原则。

顺便指出，卡诺定理也可以拓展应用于逆向制冷循环或热泵循环，相同温度区间工作的制冷设备或热泵，不可逆的循环工作性能系数小于对应的可逆循环工作性能系数，这里不再赘述。

【例4-1】　有一循环发动机，工作于热源 $T_1=1\ 000$ K 及冷源 $T_2=300$ K 之间，从热源取热2 000 kJ而对外做功1 200 kJ。问该循环发动机能否实现?

解：根据卡诺定理，相同的工作温度区间内，以卡诺热机的热效率为最高极限，有

$$\eta_{t,c}=1-\frac{T_2}{T_1}=1-\frac{300}{1\ 000}=0.7$$

而该发动机的实际热效率为

$$\eta_t=\frac{W_0}{Q_1}=\frac{1\ 200}{2\ 000}=0.75$$

实际热机的热效率不可能高于卡诺循环的热效率，因此该循环发动机是不可能实现的。

4.4.2 克劳修斯不等式

卡诺定理针对两个热源循环给出了热力学第二定律的数学判据，那么，对于多热源循环，又该如何判断循环的可逆性呢？下面从卡诺定理出发，来探寻多热源循环的热力学第二定律的数学判据。

首先，针对双热源热机循环，根据卡诺定理结论公式(4-8)，结合热机热效率的定义，有

$$\eta_t = 1 - \frac{|Q_2|}{Q_1} \leqslant 1 - \frac{T_2}{T_1}$$

规定从外界输入的热量为正，向外界输出的热量为负，将热量改写为代数值，上式化简为

$$\frac{Q_1}{T_1} + \frac{Q_2}{T_2} \leqslant 0 \tag{4-9}$$

式中，等号适用于可逆循环，小于号适用于不可逆循环。

对于多热源的可逆循环 $a-b-c-d-a$，如图 4-13 所示，克劳修斯提出用一组可逆绝热线分割该循环，使任意两条相邻的绝热线紧密得足以用等温线来连接，从而构成一系列微元卡诺循环。对于每个微元卡诺循环，利用式(4-9)，可写出

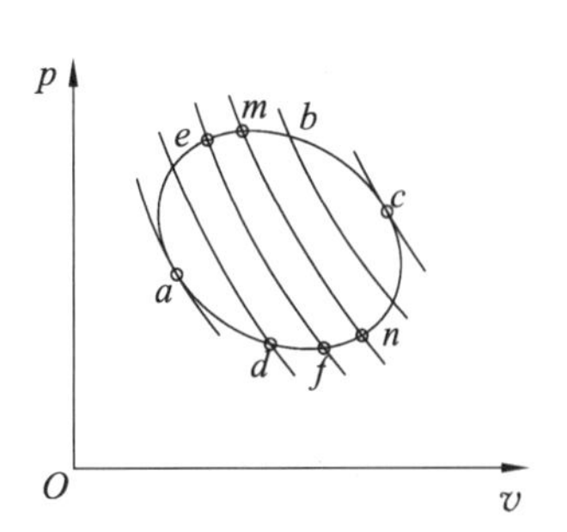

图 4-13 任意多热源循环近似划分为卡诺循环示意图

$$\frac{\delta Q_1}{T_1} + \frac{\delta Q_2}{T_2} = 0$$

整个循环就等于所有微元过程的总和，即

$$\lim_{n \to \infty} \sum_{i=1}^{n} \left(\frac{\delta Q_1}{T_1} + \frac{\delta Q_2}{T_2} \right)_i = 0$$

或者表示为

$$\oint \frac{\delta Q}{T} = 0 \tag{4-10}$$

该式说明，任意可逆循环中热量与热源温度之比的循环积分为零。

若循环中存在不可逆的过程，则为不可逆循环，对各个微元可逆循环和不可逆循环，分别应用式(4-9)，

微元可逆循环部分 $$\left(\frac{\delta Q_1}{T_1} + \frac{\delta Q_2}{T_2} \right)_i = 0$$

微元不可逆循环部分 $$\left(\frac{\delta Q_1}{T_1} + \frac{\delta Q_2}{T_2} \right)_j < 0$$

整个不可逆循环应该为所有微元过程的总和，即

$$\lim_{n \to \infty} \sum_{i=1}^{n} \left(\frac{\delta Q_1}{T_1} + \frac{\delta Q_2}{T_2} \right)_i + \lim_{m \to \infty} \sum_{j=1}^{m} \left(\frac{\delta Q_1}{T_1} + \frac{\delta Q_2}{T_2} \right)_j < 0$$

或者表示为

$$\oint \frac{\delta Q}{T} < 0 \tag{4-11}$$

该式说明，任意不可逆循环中热量与热源温度之比的循环积分小于零。

把式(4-10)和(4-11)合并在一起，可写成

$$\oint \frac{\delta Q}{T} \leqslant 0 \tag{4-12}$$

式(4-12)称为克劳修斯不等式。实际上，这个关系式就是卡诺定理用于多热源循环时的数

学表达式，该式表明，任何循环的克劳修斯积分永远小于零，极限时等于零，而绝不可能大于零。克劳修斯积分不等式是热力学第二定律的数学表达式之一，可以直接用来判断循环是否可行以及是否可逆。

【例 4-2】 某热机从 $T_1=1\ 000$ K 的热源吸热 2 000 kJ，向 $T_2=300$ K 的冷源放热 800 kJ。此热机循环满足克劳修斯积分不等式吗？是可逆循环还是不可逆循环？若将此热机作为制冷机使用，从 T_2冷源吸热 800 kJ 时，是否可能向 T_1热源放热 2 000 kJ？

解：(1) 该设备作热机时，克劳修斯积分不等式为

$$\oint\frac{\delta Q}{T}=\frac{Q_1}{T_1}+\frac{Q_2}{T_2}=\frac{2\ 000}{1\ 000}+\frac{-800}{300}=-0.667<0$$

上式说明，该热机是满足克劳修斯积分不等式的，而且因为积分值小于零，说明该热机循环是不可逆循环。

(2) 该设备作制冷机时，循环方向为逆向循环，上式中热源和冷源的热量符号改变了，有

$$\oint\frac{\delta Q}{T}=\frac{Q_1}{T_1}+\frac{Q_2}{T_2}=\frac{-2\ 000}{1\ 000}+\frac{800}{300}=0.667>0$$

克劳修斯积分值大于零，说明该设备作制冷机是不能实现的。实际上，因为上述热机为不可逆热机，当然不可能逆向作制冷机使用，也就是说，正向循环的效果是不可能通过逆向循环得到消除的。

注意，在应用克劳修斯积分不等式时，热量的正负，是以工质吸放热进行判断的。

4.5 状态参数熵及孤立系统熵增原理

线上课程视频资料

4.5.1 熵的导出

前面几章已经提到熵是状态参数，学习了理想气体的熵变计算以及使用 T-s 图来分析热力过程。这里在热力学第二定律基础上，通过克劳修斯积分式，严格证明熵是一个普遍存在的状态参数。

在可逆循环中，系统工质和热源具有相同的温度，由式(4-10)得

$$\oint\frac{\delta Q_{\text{rev}}}{T}=0 \tag{4-13}$$

对于图 4-13 所示的任意循环，由积分性质，可以把整个循环任意分为 $a-b-c$ 及 $c-d-a$ 两个可逆过程，上式可改写为

$$\int_{a\text{-}b\text{-}c}\frac{\delta Q_{\text{rev}}}{T}+\int_{c\text{-}d\text{-}a}\frac{\delta Q_{\text{rev}}}{T}=0$$

或者

$$\int_{a\text{-}b\text{-}c}\frac{\delta Q_{\text{rev}}}{T}=\int_{a\text{-}d\text{-}c}\frac{\delta Q_{\text{rev}}}{T} \tag{4-14}$$

由式(4-13)(4-14)可知，在可逆循环中，$\frac{\delta Q_{\text{rev}}}{T}$的计算与经过的路径无关，因此这个变量成为与压力、温度等相同的决定系统状态的状态参数。克劳修斯将$\frac{\delta Q_{\text{rev}}}{T}$作为新的状态参数，

命名为熵，符号为 S，定义如下：

$$dS=\frac{\delta Q_{rev}}{T}\ (\mathrm{J/K}) \tag{4-15}$$

如果将式(4-15)从初始的平衡状态1到最终的平衡状态2积分，可以计算熵的变化如下：

$$S_2-S_1=\int_1^2\frac{\delta Q_{rev}}{T} \tag{4-16}$$

式中，因为热力学温度恒为正，所以若对系统加热，熵将增加；反之，若放热，则熵将减少。熵是与质量成正比的广延性参数，比熵 s 定义为单位质量的熵，即

$$s=\frac{S}{m}\ (\mathrm{J/(kg\cdot K)}) \tag{4-17}$$

4.5.2 不可逆过程的熵变分析

前面我们一直针对循环系统讨论热力学第二定律的数学判据，现在把关注点放在热力过程上，考察任意过程的热力学第二定律和熵的变化。

设系统进行一个任意的不可逆过程 $1-a-2$，如图4-14虚线所示。熵是状态参数，变化量与路径无关，我们可以用相同起点和终点间的任意一个可逆过程 $1-b-2$ 求熵变，为了利用克劳修斯积分的结果，令不可逆过程 $1-a-2$ 和可逆过程 $2-b-1$ 组成一个顺时针循环，显然，这个循环不可逆，根据克劳修斯不等式(4-11)，有

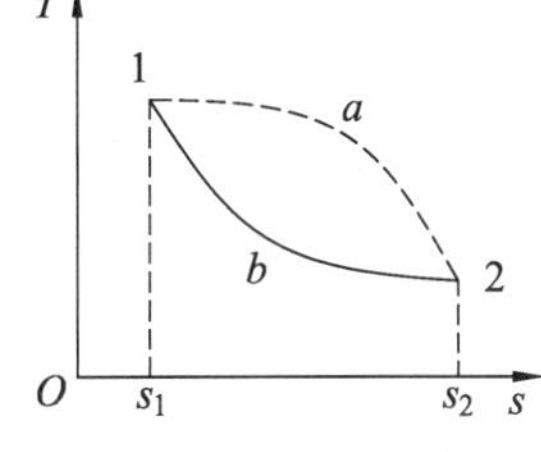

图4-14 不可逆过程和可逆过程

$$\oint\frac{\delta Q}{T}=\int_{1\text{-}a\text{-}2}\frac{\delta Q}{T}+\int_{2\text{-}b\text{-}1}\frac{\delta Q_{rev}}{T}<0$$

因为 $2-b-1$ 过程可逆，工质温度等于热源温度，根据熵变化的定义式(4-16)，有

$$\int_{2\text{-}b\text{-}1}\frac{\delta Q_{rev}}{T}=S_1-S_2$$

代入上式，得

$$\int_{1\text{-}a\text{-}2}\frac{\delta Q}{T}+S_1-S_2<0$$

移项，可得

$$S_2-S_1>\int_{1\text{-}a\text{-}2}\frac{\delta Q}{T} \tag{4-18}$$

若 $1-a-2$ 为可逆过程，则上式取等号，将可逆不可逆两种情况合在一起，表达为

$$S_2-S_1\geqslant\int_{1\text{-}a\text{-}2}\frac{\delta Q}{T} \tag{4-19}$$

对于微元过程，则有

$$dS\geqslant\frac{\delta Q}{T} \tag{4-20}$$

式(4-19)与式(4-20)可以作为过程是否可逆的判据，是热力学第二定律应用于热力过程的数学表达式，等号适用于可逆过程，大于号适用于不可逆过程。

进一步分析式(4-18)可知，在不可逆过程中，初、终状态熵的变化量(S_2-S_1)，总是比

沿着路径的积分$\int \frac{\delta Q}{T}$值大，这个差值，是由于不可逆性因素造成了熵产，用ΔS_g来表示

$$\underset{\text{熵产}}{\Delta S_g} = \underset{\text{熵变}}{(S_2 - S_1)} - \underset{\text{熵流}}{\int \frac{\delta Q}{T}} > 0 \tag{4-21}$$

式中，把由系统与外界热交换引起的$\int \frac{\delta Q}{T}$称为熵流，用ΔS_f表示，于是，热力过程的熵变化可以写成

$$\Delta S = \Delta S_f + \Delta S_g \tag{4-22}$$

微元过程熵变表达式为

$$dS = dS_f + dS_g \tag{4-23}$$

4.5.3　孤立系统熵增原理

由于孤立系是与外界无任何能量交换和物质交换的系统，$\delta Q = 0$，可知

$$dS_f = \frac{\delta Q}{T} = 0$$

根据式(4-23)，孤立系的熵变为

$$dS_{iso} = dS_g$$

根据熵产的性质，可得

$$dS_{iso} \geqslant 0 \tag{4-24}$$

对具体过程进行积分，有

$$\Delta S_{iso} \geqslant 0 \tag{4-25}$$

式(4-24)和式(4-25)中，等号适用于可逆过程，大于号适用于不可逆过程，这两式说明：孤立系统的熵只能增加，不能减少，极限的情况(可逆过程)保持不变，任何使孤立系统的熵减少的过程都是不可能发生的，这个结论称为孤立系统的熵增原理。

根据孤立系统的熵增原理，若一个过程进行的结果是使孤立系统的熵增加，则该过程就可以发生和进行，而且是不可逆过程，前述所有的自发过程都是此种过程。例如：热量从高温物体向低温物体的传递过程，有摩擦的飞轮制动过程等。这些过程的反向过程，即欲使非自发过程自动发生的过程，一定是使孤立系统熵减少的过程，如热量从低温物体向高温物体的自发传递过程，它违背了孤立系统熵增原理，显然不可能发生。若要使非自发过程能够发生，一定要有补偿，补偿的目的在于使孤立系统的熵不减少。在理想情况下，最低限度的补偿也要使孤立系统的熵增为零，此时对应着可逆过程。

孤立系统的熵增原理解决了过程进行的方向性问题，解决了由此引发的非自发过程的补偿和补偿限度问题。因此，孤立系统的熵增原理表达式(4-24)及式(4-25)可作为热力学第二定律的数学表达式。

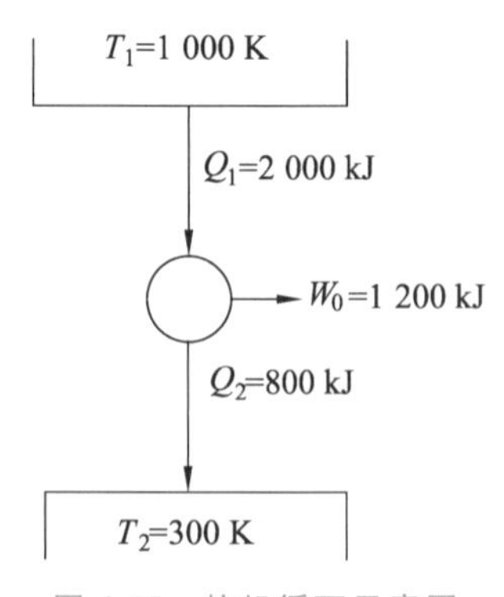

图 4-15　热机循环示意图

【例 4-3】　试用孤立系统熵增原理求解例 4-1。

解：该热机循环如图 4-15 所示，当把热机与相应的外界热

源和冷源都包括在一起作为研究对象，就构成了孤立系统，其总的熵变为

$$\Delta S_{iso}=\Delta S_{T_1}+\Delta S_{T_2}+\Delta S_{热机工质}$$

式中，热机中的工质经历一个循环回复到初始状态，熵变为零，即

$$\Delta S_{热机工质}=0$$

高温热源放热，其熵变为负，即

$$\Delta S_{T_1}=\frac{Q_1}{T_1}=\frac{-2\ 000}{1\ 000}=-2\ kJ/K$$

低温热源吸热，其熵变为正，即

$$\Delta S_{T_2}=\frac{Q_2}{T_2}=\frac{800}{300}=2.667\ kJ/K$$

此孤立系统的熵变总和为

$$\Delta S_{iso}=\Delta S_{T_1}+\Delta S_{T_2}+\Delta S_{热机工质}=-2+2.667+0=0.667>0$$

根据孤立系统熵增原理可知，此热机循环可以实现，并且是不可逆热机循环。

讨论

一般能用卡诺定理或者克劳修斯积分不等式求解的问题，都可以用孤立系统熵增原理来求解，孤立系统熵增原理应用范围更为广泛，不仅可以应用于循环，也可以应用于过程，判断过程是否可行、是否可逆。

4.6 熵平衡方程

4.6.1 闭口系统的熵平衡方程

闭口系统因与外界无物质的交换，不存在因物质进、出系统而引起的熵的变化，系统的熵变只由两部分组成：一部分是系统与外界之间热交换而引起的熵流，另一部分是由不可逆性引起的熵产。因此，闭口系统的熵平衡方程可以直接用上一节的熵变计算式(4-22)或式(4-23)来表示，即

$$\Delta S=\Delta S_f+\Delta S_g$$
$$dS=dS_f+dS_g$$

4.6.2 开口系统的熵平衡方程

如图4-16所示的开口系统，因有物质进、出系统，熵是状态参数，随物质的进、出，必然会将熵带进、带出系统。因此，整个开口系统的熵变化应包括工质进出系统带入、带出的熵的代数和。当系统在某一微小时间间隔 $\delta\tau$ 内，进、出口状态处于平衡态且不随时间改变时，开口系统的熵平衡方程为

$$dS_{cv}=dS_f+dS_g+\delta m_{in}s_{in}-\delta m_{out}s_{out} \tag{4-26}$$

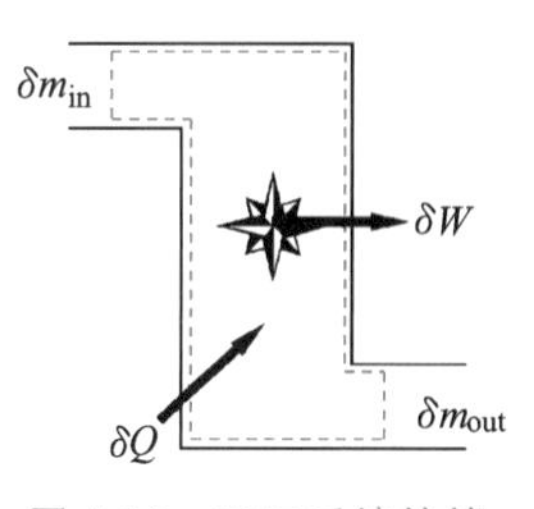

图 4-16 开口系统的熵平衡方程推导模型

式中，dS_{cv}为开口系统的总熵变化量；$dS_f=\frac{\delta Q}{T}$为开口系统与外界传热引起的熵流，吸热为正，放热为负，绝热为零；dS_g为不可逆性引起的熵产，可逆时为零，不可逆时永远为正；δm_{in}与δm_{out}分别为进、出口系统的质量；s_{in}、s_{out}分别表示进、出口系统的工质比熵。

当开口系统与多个不同温度的热源交换热量，又有多股工质进、出系统时，式(4-26)可写为

$$dS_{cv}=\sum\frac{\delta Q}{T_i}+\sum\delta m_{in}s_{in}-\sum\delta m_{out}s_{out}+dS_g \tag{4-27}$$

式(4-27)包括了适用于所有已导出的各种系统的热力学第二定律熵平衡方程。

当开口系统是单股流体的稳定流动时，系统的熵变$dS_{cv}=0$，$\delta m_{in}=\delta m_{out}=\delta m$，式(4-27)可改写为

$$0=\frac{\delta Q}{T}+\delta m(s_1-s_2)+dS_g \tag{4-28}$$

若以$\Delta\tau$时间内m kg流动工质为对象，则

$$0=\int\frac{\delta Q}{T_r}+m(s_1-s_2)+\Delta S_g \tag{4-29}$$

或

$$S_2-S_1=\int\frac{\delta Q}{T_r}+\Delta S_g \tag{4-30}$$

对于绝热的稳定流动过程，则式(4-30)成为

$$S_2-S_1=\Delta S_g\geqslant 0 \tag{4-31}$$

即可逆绝热过程$S_2-S_1=0$，不可逆绝热过程$S_2-S_1=\Delta S_g>0$。也就是说，可逆绝热过程是一定熵过程，不可逆绝热过程是一熵增过程。

【例4-4】 体积为V的刚性容器，初态为真空，打开阀门，大气环境中参数为p_0、T_0的空气充入。设容器壁具有良好的传热性能，充气过程中容器内空气保持与环境温度相同，最后达到热力平衡，即$T_2=T_0$、$p_2=p_0$。试证明非稳态定温充气过程是不可逆过程。

解：取容器内空间为控制体积，先求出通过边界的传热量Q。根据开口系能量方程一般表达式

$$\delta Q=dU_{cv}+h_o\delta m_o-h_i\delta m_i+\delta W_s$$

已知容器为刚性，$\delta W_s=0$，无气体流出，$\delta m_o=0$，流入空气量等于控制体积内的空气增量，$\delta m_i=dm$且$h_i=h_0$，故上式简化为

$$\delta Q=dU_{cv}-h_0dm$$

积分上式，得

$$Q=U_2-U_1-h_0(m_2-m_1)$$

将$m_1=0$、$U_1=0$、$u_2=u_0$、$h_0-u_0=p_0v_0$代入，有

$$Q=m_2u_2-m_2h_0=m_2(u_0-h_0)=-m_2p_0v_0=-p_0V$$

根据开口系统熵平衡方程式(4-26)，有

$$dS_{cv}=\frac{\delta Q}{T_0}+\delta m_is_i-\delta m_os_o+dS_g$$

因为$\delta m_o=0$，代入上式，积分得

$$(S_2-S_1)=\frac{Q}{T_0}+(m_2-m_1)s_0+\Delta S_g$$

初态真空，$m_1=0$，$S_1=0$，且 $S_2=m_2s_2=m_2s_0$，$Q=-p_0V$，故

$$\Delta S_g=\frac{p_0V}{T_0}>0$$

所以，由此可知，充气过程有熵产，是不可逆过程。得证。

线上课程视频资料

4.7 热量的可用性与㶲损失

热力学第二定律指出，热力循环机械中，虽然存在理论上的最高转换效率，但热量向低温热源排放总是必需的，提供给热力循环系统的热量 Q 中能转变为有用功的最大份额称为热㶲，又称为热量的做功能力，用 $E_{x,Q}$ 表示。

当高温热源的温度为 T，低温热源温度为环境温度 T_0 时，根据卡诺定理，热源 T 放出的热量 Q 中能转变的最大有用功，即热量㶲为

$$E_{x,Q}=Q\left(1-\frac{T_0}{T}\right) \tag{4-32}$$

热量中不能转变为有用功的那部分能量称为热𬌗，用 $A_{n,Q}$ 表示为

$$A_{n,Q}=Q\,\frac{T_0}{T} \tag{4-33}$$

热㶲和热𬌗可在 T-s 图中的面积表示，如图 4-17 所示。

显然，当 Q 值一定时，温度 T 越高，热量的可用性越大，热㶲就越大。

考察图 4-18 温差传热过程，设有 A、B 两个恒温物体，温度分别为 T_A、T_B 且 $T_A>T_B$。四周绝热，A、B 直接接触，有热量 Q 从 A 传给了 B，若环境温度为 T_0，则有物体 A 放出的热量中热㶲为

$$E_{x,Q_A}=Q\left(1-\frac{T_0}{T_A}\right)$$

物体 B 得到的热㶲为

$$E_{x,Q_B}=Q\left(1-\frac{T_0}{T_B}\right)$$

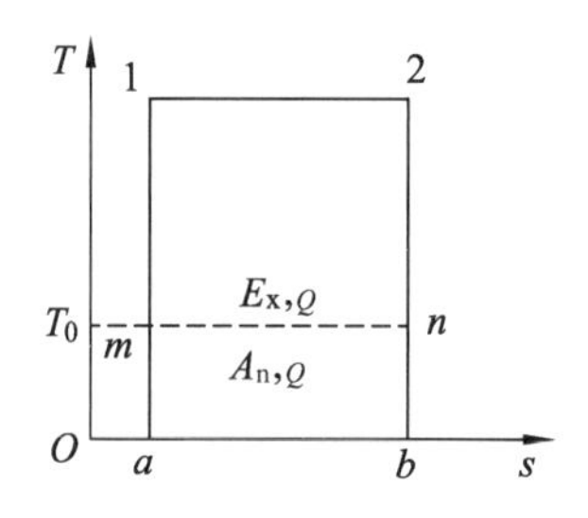

图 4-17 热㶲和热𬌗的示意图

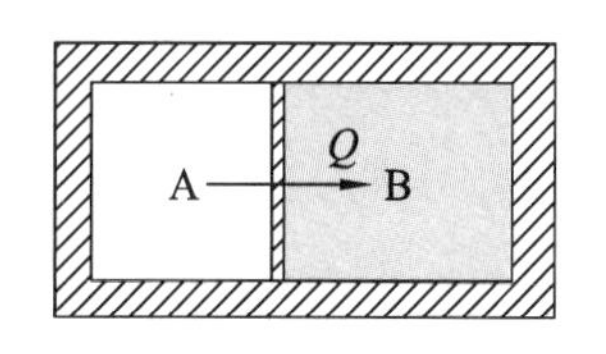

图 4-18 温差传热示意图

在这一传热过程中，虽然热能的"量"守恒，但由于 $T_A>T_B$，可知 $E_{x,Q_A}>E_{x,Q_B}$，热量的㶲不守恒。由于有温差的不可逆传热，有一部分㶲变成了𬌗，称为㶲损失，又称作功能力损失，用 I 表示，有

$$I=E_{x,Q_A}-E_{x,Q_B}=T_0Q(\frac{1}{T_B}-\frac{1}{T_A})$$

不可逆传热引起的孤立系统熵增为

$$\Delta S_{iso}=Q\left(\frac{1}{T_B}-\frac{1}{T_A}\right)$$

代入上式，得

$$I=T_0\Delta S_{iso} \tag{4-34}$$

可以推论，当孤立系统内发生任何不可逆过程时，系统内做功能力损失都可以用式(4-34)进行计算。孤立系统的熵增即为熵产，因此对于孤立系统而言，式(4-34)还可写成

$$I=T_0\Delta S_g \tag{4-35}$$

事实上，任何不可逆过程都会造成熵产，都会造成有效能变成无效能的㶲损失。既然不可逆的实质是相同的，因此式(4-35)适用于所有不可逆过程的㶲损失计算。

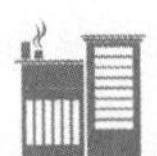

工程应用例题

例 1　海洋表层吸收和存储了大量太阳辐射的热能，而海洋深层的温度很低，两者之间的温差可以用于发电。设海洋表面的温度为 20 ℃，当水深 1 000 米以下时，海水温度为 5 ℃，如果采用卡诺热机循环，其热效率为多少？

解：根据卡诺循环，工作于海洋两个温度之间的热机循环的热效率为

$$\eta_c=1-\frac{T_2}{T_1}=1-\frac{5+273}{20+273}=5.12\%$$

讨论

由此可知，尽管是采用理想的卡诺热机循环，利用海洋温差进行工作的热机热效率并不高，实际循环的热机热效率会更低。这主要是由于海洋温差不大，不便于直接利用，可以考虑与其他可再生能源技术配合，提高热机效率。例如，利用太阳能、风能、生物质能等技术提高海洋表层的温度，加大温差，提高热机效率，进一步增加发电量。

例 2　有人设计了一台热机带动热泵工作，已知热机在温度为 $T_H=1\,000$ K 和 $T_L=300$ K 的两个恒温热源间工作，吸热量为 $Q_H=1\,000$ kJ，循环净功为 $W_0=650$ kJ，热泵在温度为 $T_1=350$ K 和 $T_2=300$ K 的两个热源间工作，热泵消耗的功由上述热机装置供给，如图 4-19 所示。问：

(1) 热机循环是否可行，是否可逆？

(2) 若热泵设计供热量为 $Q_1=2\,000$ kJ，问该热泵循环是否可行？是否可逆？

(3) 求热泵循环理论最大供热量 $Q_{1,max}$；

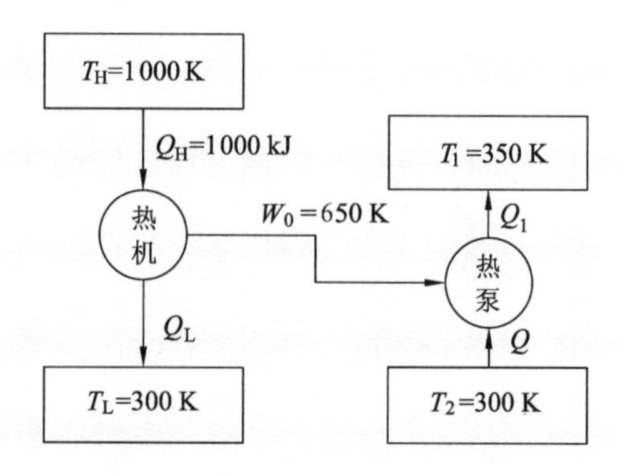

图 4-19 示意图

解：(1) 对热机循环，工作于相同工作温度 T_H、T_L区间内的卡诺循环热效率为

$$\eta_c = 1 - \frac{T_L}{T_H} = 1 - \frac{300}{1\ 000} = 70\%$$

而实际热机效率 $$\eta_t = \frac{W_0}{Q_H} = \frac{650}{1\ 000} = 65\% < \eta_c$$

由卡诺定理，可知热机循环可以实现，且为不可逆热机循环。

(2) 根据能量守恒，热泵从低温热源 T_2提取的热量 Q_2为

$$Q_2 = Q_1 - W_0 = 2\ 000 - 650 = 1\ 350\ \text{kJ}$$

根据克劳修斯积分

$$\oint \frac{\delta Q}{T} = \frac{Q_1}{T_1} + \frac{Q_2}{T_2} = \frac{-2\ 000}{350} + \frac{1\ 350}{300} = -1.214 < 0$$

由此可知，该热泵循环可以实现，且是不可逆热泵循环。

(3) 热泵按照理想的可逆循环工作，理论供热量最大。

由克劳修斯积分等式$\oint \frac{\delta Q}{T} = 0$ 可以确定$\frac{Q_{1,max}}{T_1} - \frac{Q_2}{T_2} = 0$，即 $\frac{Q_{1,max}}{350} - \frac{Q_{1,max} - 650}{300} = 0$

计算得

$$Q_{1,max} = 4\ 550\ \text{kJ}。$$

讨 论

本题除了应用卡诺定理和克劳修斯积分来计算外，还可以应用什么方法来计算，请读者尝试用不同方法分别求解每一问，以加深对热力学第二定律的理解和应用。

例 3 如图 4-20 所示，(a)(b)两容器中盛有相同状态(p，T_1)和相同质量的某种工质，在定压条件下通过以下两种不同的途径达到相同的终态(p，T_2)。其中(a)采用绝热搅拌方法，(b)采用容器底部与变温热源在无限小温差下进行传热的方法。取容器中的工质为系统，计算两种情况下系统的熵变。

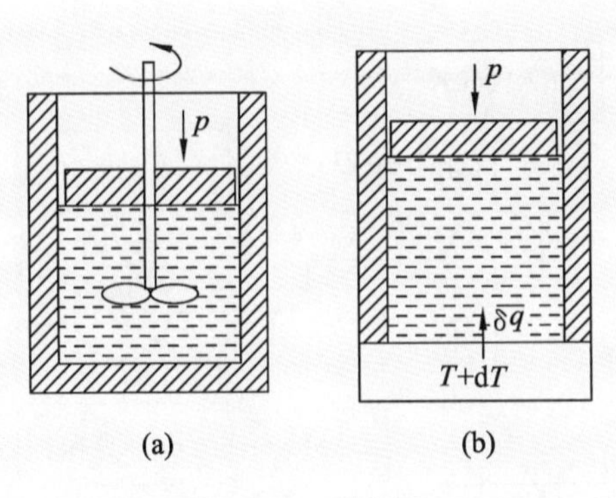

图 4-20　示意图

解：由于(a)(b)的初、终状态相同，熵是状态参数，变化量仅取决于初、终状态，无论过程是否可逆，二者的熵变应该相等，即 $\Delta s_a=\Delta s_b$，系统的熵变均可通过可逆的途径计算得出

$$\Delta s_a=\Delta s_b=\int_1^2\frac{\delta q}{T}=\int_1^2\frac{c_p\mathrm{d}T}{T}=c_p\ln\frac{T_2}{T_1}$$

讨论

(a)为绝热搅拌，由式(4-22)，$\Delta s_f=0$，$\Delta s_a=\Delta s_g$，说明(a)系统的熵变是由耗散效应的熵产所致；

(b)为可逆传热，$\Delta s_g=0$，即 $\Delta s_b=\Delta s_f$，说明(b)系统熵变是由随热流传递的熵流所致。

例 4　假设环境温度为 0 ℃，为使室内温度保持在 20 ℃，单位时间内需向室内供热 10 kJ，试比较电炉供暖和热泵供暖两种供暖方式能量利用效率的高低，说明能量的合理利用途径。

解：(1) 如果采用电炉供暖，在没有外部损失的情况下，可以计算电炉的热效率(此处指热能利用率)和㶲效率。

电炉热效率　$$\eta_t=\frac{Q_2}{Q_1}=\frac{10}{10}=100\%$$

电炉㶲效率　$$\eta_{ex}=\frac{E_{x,Q_1}}{E_{x,W}}=\frac{10\times\left(1-\dfrac{273.15}{273.15+20}\right)}{10}\times100\%=6.82\%$$

(2) 如果采用卡诺热泵循环，热泵供热系数为

$$\varepsilon'=\frac{Q_1}{W}=\frac{10}{W}=\frac{T_1}{T_1-T_2}=\frac{273.15+20}{20}=14.657\ 5$$

得　$$W=\frac{10}{14.657\ 5}=0.682\ \mathrm{kJ}$$

热泵的热能利用效率为

$$\eta_t=\frac{Q_2}{Q_1}=\frac{10}{0.682+9.318}\times100\%=100\%$$

热泵的㶲效率为

$$\eta_{ex}=\frac{E_{x,Q_1}}{E_{x,W}}=\frac{10\times\left(1-\frac{273.15}{273.15+20}\right)}{0.682}\times 100\%=100\%$$

讨论

比较电热供暖和热泵供暖，可以看出：电热供暖在能量数量上保持了平衡，热能利用率达到100%；但在能量质量上匹配不合理，㶲效率只有6.82%。热泵供暖在能量数量保持平衡的基础上同时达到了能量质量的合理匹配，热效率和㶲效率都达到了100%。电热供暖比热泵供暖多消耗了93.2%的电能，浪费了大量的能量，所以电热供暖是不合理的。

习 题

4-1 有报告宣称某热机自160 ℃的热源吸热、向5 ℃的低温环境放热，而在吸热1 000 kJ/h时可发出功率0.12 kW。试分析该报告的正确性。

4-2 一卡诺热机在1 200 ℃和25 ℃的两热源间工作，试求：(1) 热机为卡诺热机时的热效率；(2) 卡诺机每分钟从高温热源吸热1 200 kJ，则卡诺机净输出功率为多少？(3) 求每分钟向低温热源排放的热量。

4-3　有一台可逆热机，工质为理想气体，其工作循环由三个过程，即定容加热过程1—2、绝热膨胀过程2—3及定压放热过程3—1组成。试证明该循环的热效率为$\eta_t=1-\dfrac{k\left(\dfrac{v_3}{v_1}-1\right)}{\dfrac{p_2}{p_1}-1}$。

4-4　闭口系统中工质在某一热力过程中从温度为300 K的热源吸热600 kJ。在该过程中工质熵变为5 kJ/K，此过程是否可行？是否可逆？

4-5　有质量相同的两个物体，温度各为T_A及T_B。现以这两个物体作为低温热源及高温热源，用一可逆卡诺热机在它们之间工作并产生功。因这两个物体的热力学能是有限的，故与热机发生热交换后其温度会发生变化。设物体的比热容相同且为定值，试证明两物体的终了温度及热机输出功的总量各为$T=\sqrt{T_A T_B}$；$W_0=mc_p(T_A+T_B-2\sqrt{T_A T_B})$。

4-6　两个卡诺热机A、B串联工作。热机A在627 ℃下得到热量，并对温度为T的热源放热。热机B从温度为T的热源吸收热机A排出的热量，并向27 ℃的冷源放热。在下列情况下计算温度T：

(1) 两热机输出功率相等；

(2) 两热机热效率相等。

4-7 气缸中工质的温度为 850 K，定温地从热源吸热 1 000 kJ，且过程中没有功的耗散。若热源温度为(1) 1 000 K；(2) 1 200 K。试求工质和热源两者熵的变化，并用热力学第二定律说明。

4-8 冷油器中油进口温度为 60 ℃，出口温度为 35 ℃，油的流量为 5 kg/min。冷却水的进口温度为 20 ℃，出口温度为 40 ℃。油的比热容为 2.022 kJ/(kg·K)，水的比热容为 4.187 kJ/(kg·K)，试求：

(1) 冷却水的流量；

(2) 油和水之间温差传热引起的熵产。

4-9 有一台热机，从温度为 1 100 K 的高温热源吸热 1 000 kJ，并向温度为 300 K 的低温热源可逆地放热，从而进行一个双热源的循环，并做循环净功 690 kJ。设定温吸热时无功的耗散，试求吸热过程中工质的温度及工质和热源变化的总和。

4-10 一台可逆热机，从高温热源吸热，并分别向温度为 370 ℃、270 ℃的两低温热源放热。设吸热及放热过程均为可逆定温过程，热机循环的热效率为 28%，循环净功为 1 400 kJ，向 370 ℃的热源放出的热量为 2 000 kJ。试求高温热源的温度，并把该循环表示在 T-s 图上。

4-11 一台可逆热机，从 227 ℃的热源吸热，并向 127 ℃和 77 ℃的两热源分别放热。已知其热效率为 26%及向 77 ℃的热源放热的热量为 420 kJ，试求该热机的循环净功。

4-12　已知A、B、C 3个热源的温度分别为500 K、400 K和300 K，有可逆热机在这3个热源间工作。若可逆机从A热源吸入3 000 kJ热量，输出净功400 kJ，试求可逆机与B、C两热源交换的热量，并指明热量传递的方向。

4-13　一个绝热容器被一导热的活塞分隔成两部分。初始时活塞被销钉固定在容器的中部，左、右两部分容积均为$V_1=V_2=0.001\ \mathrm{m^3}$，空气温度均为300 K，左边压力为$p_1=2\times10^5$ Pa，右边压力为$p_2=1\times10^5$ Pa。突然拔除销钉，最后达到新的平衡，试求左、右两部分容积及整个容器内空气的熵变。

4-14　气缸中有0.1 kg空气，压力为0.1 MPa、温度为300 K，设经历一个绝热压缩过程，压力变化到0.3 MPa，而过程效率为90%。试求压缩过程中消耗的功、空气的温度及过程中空气熵的变化，并把该过程表示在p-v图及T-s图上。

4-15　有一热机循环由以下四个过程组成：1—2为绝热压缩过程，过程中熵不变，温度由80 ℃升高到140 ℃；2—3为定压加热过程，温度升高到440 ℃；3—4为不可逆绝热膨胀过程，温度降至80 ℃，而熵增为0.01 kJ/K；4—1为定温放热过程，温度为80 ℃。设工质为空气，试把该循环表示在T-s图上并计算：(1) 除过程3—4外其余各过程均为可逆过程时的克劳修斯积分值$\oint\frac{\delta q}{T_\mathrm{r}}$，以及该循环中系统熵的变化$\oint \mathrm{d}s$；(2) 假设热源仅为440 ℃及80 ℃的两个恒温热源时，系统和热源两者总的熵变。

4-16 5 kg 的水起初与温度为 295 K 的大气处于热平衡状态。用一制冷机在这 5 kg 水与大气之间工作，使水定压冷却到 280 K，求所需的最小功是多少？

4-17 从 500 K 的热源直接向 300 K 的环境直接放热，如果传热量为 100 kJ，此过程中总熵变化是多少？做功能力损失又是多少？

4-18 1 kg 的理想气体由初态 $p_1=10^5$ Pa、$T_1=400$ K 被等温压缩到终态 $p_2=10^6$ Pa、$T_2=400$ K。试计算经过可逆过程及不可逆过程两种情况下气体熵变、环境熵变、过程熵产及做功能力损失。已知不可逆过程实际耗功比可逆过程多耗功 20%，环境温度为 300 K。

4-19 刚性绝热容器内储有 2.3 kg、98 kPa、60 ℃的空气，并且容器内装有一搅拌器，搅拌器由容器外的电动机带动，对空气进行搅拌，直至空气升温到 170 ℃为止。求此不可逆过程中做功能力的损失。已知环境温度为 17 ℃。

4-20 温度为 800 K、压力为 5.5 MPa 的燃气进入燃气轮机，在燃气轮机内绝热膨胀后流出燃气轮机。在燃气轮机出口处测得两组数据，一组压力为 1.0 MPa，温度为 485 K，另一组压力为 0.7 MPa，温度为 495 K。试问这两组参数哪一个是正确的？此过程是否可逆，其做功能力损失为多少？将做功能力损失表示在 T-s 图上。（燃气的性质按空气近似处理，$c_p=1.004$ kJ/(kg·K)，$R_g=0.287$ kJ/(kg·K)，环境温度为 $T_0=300$ K）

5 气体的流动

近代航空和喷气技术的迅速发展使飞行器的飞行速度迅猛提高。在高速运动的情况下，必须把流体力学和热力学这两门学科结合起来，才能正确认识和解决高速空气动力学中的问题。

从微观的角度观察流体，流体是由大量分子组成的，分子在不停地作无规则的热运动，分子间存有空隙，分子本身并不是连续的，而是离散的。从宏观的角度来看，一般工程中，流体流动的空间尺度要比分子间距离大得多。流体力学在研究宏观的运动规律的时候，没有必要从分子的角度来分析流体的运动，因此有学者提出了连续介质模型。

1753 年数学家欧拉(Leonhard Euler)建立了连续介质模型，欧拉认为构成流体的最小单位不是分子，而是流体微团(流体质点)，流体微团由足够数量的分子构成，连续充满它所占据的空间，彼此间无任何间隙。1755 年，欧拉得出了描述无黏性流体运动的微分方程，即欧拉方程。这些微分形式的动力学方程在特定条件下可以积分，得出很有实用价值的结果。到 19 世纪末，经典流体力学的基础已经形成。20 世纪以来，随着航空事业的迅速发展，空气动力学从流体力学中发展出来并形成力学的一个新的分支。

1887—1896 年，奥地利科学家马赫(Ernst Mach)在研究弹丸运动扰动的传播时指出：在小于或大于声速的不同流动中，弹丸引起的扰动传播特征是根本不同的。在高速流动中，流动速度与当地声速之比是一个重要的无量纲参数。1929 年，空气动力学家阿克莱特(Jakob Ackeret)首先把这个无量纲参数与马赫的名字联系起来，10 年后，马赫数这个特征参数在气体动力学中被广泛引用。

气体在装置或管道中的流动过程是工业中很常见的热力过程，流动过程中通常牵涉能量的转换。比如气体在喷管中流动时通过焓降提高流动动能，在扩压管中通过流动动能的降低来提高压力，在阀门或孔板中流动时由于存在不可逆因素造成做功能力损失。

5.1 稳定流动基本方程

气体流动过程的理论依据主要包括：连续性方程、能量方程、动量方程及状态方程，这些方程反映了气体流动时在质量守恒、能量转换、运动状态变化和热力学状态变化等四个方面需要遵循的基本规律。

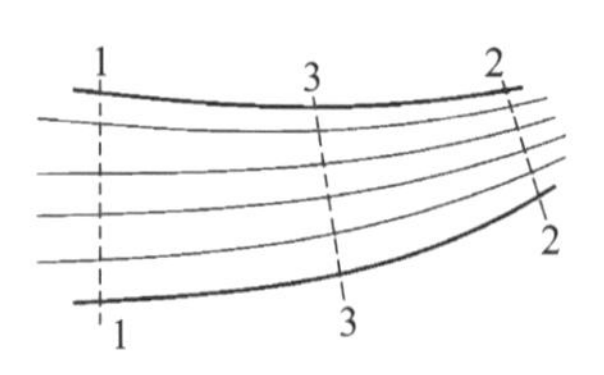

图 5-1　任意形状管道中的气体流动

气体在装置或者管道中的流动通常是稳定流动过程，流道中任何位置上的气体状态参数、流速和流量都始终保持不变，如图 5-1

所示。为了便于分析,假设垂直于流动方向的截面上,状态参数和流速都相同,仅考虑沿着流动方向的状态参数和流速的变化,即假设流动过程是一维稳定流动过程。

5.1.1 连续性方程

根据质量守恒原理,在与流动方向垂直的任意截面上,质量流量 q_m、截面积 A、流速 c_f 和比体积 v 存在如下关系:

$$q_m=\frac{Ac_f}{v} \tag{5-1}$$

由于流动过程是一维稳定流动过程,所以整个流道中工质的质量流量 q_m应为常数,因此有

$$q_m=\frac{Ac_f}{v}=\text{常量} \tag{5-2}$$

对上式取对数求微分

$$\frac{dA}{A}+\frac{dc_f}{c_f}-\frac{dv}{v}=0 \tag{5-3}$$

式(5-3)即为稳定流动过程的连续性方程的微分形式,反映了流道截面积变化率、工质流速变化率和比体积变化率之间的约束关系。

5.1.2 能量方程

管道中流动的气体,还需要遵守稳定流动能量方程式 $q=\Delta h+\frac{1}{2}\Delta c_f^2+g\Delta z+w_s$。

由于气体只是流过管道,并未对外输出轴功,故 $w_s=0$;进、出口气流的重力位能差可以忽略,故 $g(z_2-z_1)=0$;若流动过程绝热,则 $q=0$,气体在管道中的稳定流动能量方程可以简化为

$$h_1-h_2=(c_{f2}^2-c_{f1}^2)/2 \tag{5-4}$$

其微分形式为

$$dh+\frac{1}{2}dc_f^2=0 \tag{5-5}$$

5.1.3 过程方程

如果气体在管道中的流动过程是可逆的绝热流动过程,即定熵过程,则流动中的气体还需要遵守定熵过程的过程方程

$$pv^k=\text{常数} \tag{5-6}$$

其微分形式为

$$\frac{dp}{p}+k\frac{dv}{v}=0 \tag{5-7}$$

5.2 喷管的设计

5.2.1 喷管内气体流速提高的条件

1. 声速方程

声音传播的实质，是微弱扰动引起的压力波在连续介质中传播的过程，声音在某种介质中的传播速度取决于该介质的性质和状态。在理想气体中，声音的传播速度（即声速）与理想气体的状态有关。根据拉普拉斯(Pierre-Simon Laplace)声速方程：

$$c=\sqrt{\left(\frac{\partial p}{\partial \rho}\right)_s}=\sqrt{-v^2\left(\frac{\partial p}{\partial v}\right)_s} \tag{5-8}$$

式中，下角标 s 指的是声音传播引起的气体波动过程，是定熵过程，声音的传播过程即压力波的传播过程，是气体介质交替发生膨胀和压缩的过程。由于该膨胀和压缩过程进行得很快，发生波动的部分和其余部分来不及发生热量交换，而且波动所引起的状态变化很微弱，摩擦作用小到可以忽略不计，所以声音传播引起的气体介质波动过程，可以近似看作是可逆的绝热过程，即定熵过程。显然，这种由于声音传播引起的、气体介质发生的可逆绝热过程，必然遵守定熵过程的过程方程式(5-6)，因此有

$$\left(\frac{\partial p}{\partial v}\right)_s=-k\ \frac{p}{v}$$

将上式代入拉普拉斯声速方程式(5-8)，可以得到

$$c=\sqrt{kpv}=\sqrt{kR_g T} \tag{5-9}$$

上式表明，当声音在理想气体中传播时，声速与气体的性质和状态参数有关。

当地声速：在管道内的不同截面上，由于气体介质的状态参数可能不同，所以声音在这些截面上的传播速度也有可能不同。声音在不同截面上的传播速度，取决于这个截面上理想气体的绝对温度 T，通常用当地声速来描述声音在不同截面上的传播速度。

马赫数是研究可压缩流体流动特性的重要参数，常用 Ma 表示，其定义式为

$$Ma=\frac{c_f}{c} \tag{5-10}$$

式中，c_f 是给定状态下的气体流速，c 是该状态下的当地声速。当 $Ma<1$ 时，气体流速小于声速，这种气体的流动称为亚音速流动；当 $Ma>1$ 时，气体流速大于声速，这种气体的流动称为超音速流动。

2. 力学条件

物体要发生加速，一定要受到力的作用才可以，对于气体而言也是同样的道理，气体要发生加速必须要有外力作用或者动力，这个外力作用或动力指的就是促进流速提高的力学条件。

对于可逆绝热过程 $\delta q=0$，考虑到热力学第一定律的解析式 $\delta q=\mathrm{d}h-v\mathrm{d}p$，可知

$$\mathrm{d}h=v\mathrm{d}p$$

代入能量方程式(5-5)，可得

$$\frac{1}{2}\mathrm{d}c_{\mathrm{f}}^{2}=-v\mathrm{d}p$$

上式的微分形式为

$$c_{\mathrm{f}}\mathrm{d}c_{\mathrm{f}}=-v\mathrm{d}p$$

上式也称为动量方程，式两端同时除以 c_{f}^{2}，右端分子、分母同时乘以 k 和 p，得

$$\frac{\mathrm{d}c_{\mathrm{f}}}{c_{\mathrm{f}}}=-\frac{kpv}{kc_{\mathrm{f}}^{2}}\cdot\frac{\mathrm{d}p}{p}$$

将声速方程式(5-9)和马赫数式(5-10)代入上式，得

$$\frac{\mathrm{d}p}{p}=-kMa^{2}\frac{\mathrm{d}c_{\mathrm{f}}}{c_{\mathrm{f}}}\tag{5-11}$$

由于绝热指数 k 和马赫数平方 Ma^2 始终大于零，所以式(5-11)表明 $\mathrm{d}p$ 和 $\mathrm{d}c_{\mathrm{f}}$ 的符号始终相反，即气体在流动过程中，如果流速提高，则其压力应下降；如果流速降低，则其压力应升高。显然要想使 $\mathrm{d}c_{\mathrm{f}}>0$，则必须要有 $\mathrm{d}p<0$，意味着理想气体要想通过喷管得到加速，必须要在喷管中创造气体压力不断下降的力学条件。

3. 几何条件

有了促进气体流速提高的力学条件，还要有合适的流道形状去密切配合流动过程的需要，才能充分利用这个动力使气体的流速提高。这就对喷管的流道形状提出了要求，即促进流速提高的几何条件。根据促进流速提高的力学条件式(5-11)，再考虑气体在管道内进行的是可逆绝热流动过程，必然遵守定熵过程的过程方程微分形式(5-7)，两式综合，消去 $\mathrm{d}p/p$，得

$$\frac{\mathrm{d}v}{v}=Ma^{2}\frac{\mathrm{d}c_{\mathrm{f}}}{c_{\mathrm{f}}}$$

将连续性方程的微分形式式(5-3)代入，消去 $\mathrm{d}v/v$，得

$$\frac{\mathrm{d}A}{A}=(Ma^{2}-1)\frac{\mathrm{d}c_{\mathrm{f}}}{c_{\mathrm{f}}}\tag{5-12}$$

即管内流动的特征方程，描述了马赫数、管道截面积变化率与气体流速变化率之间的关系。

根据式(5-12)，当马赫数 $Ma<1$(气体流速小于当地声速)时，只有当 $\mathrm{d}A<0$ 时才有 $\mathrm{d}c_{\mathrm{f}}>0$，这时只能使用截面积不断减小的管道，才能使气体流速不断提高，管道形状如图 5-2(a)所示，称为渐缩形喷管。而当马赫数 $Ma>1$(气体流速大于当地声速)时，只有当 $\mathrm{d}A>0$ 时才有 $\mathrm{d}c_{\mathrm{f}}>0$，这时只能使用截面积不断扩大的管道，才能使气体流速不断提高，管道形状如图 5-2(b)所示，称为渐扩形喷管。

如果需要将气体从较低流速(低于当地声速)加速到超音速，则必须先利用一段截面积不断减小的管道提高气体流速，当气体流速提高到等于当地声速时，再接上一段截面积不断增大的管道，才可以使气体流速继续提高，达到超音速流动。管道形状如图 5-2(c)所示，这种截面积先减小后增大的管道，称为缩放形喷管或者拉伐尔喷管。

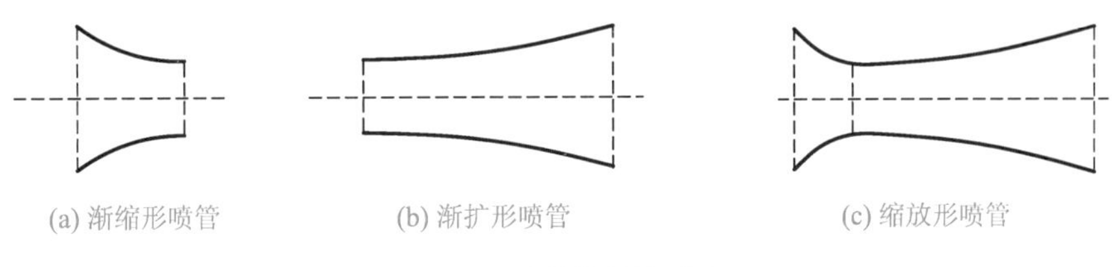

图 5-2 喷管的结构形式

缩放形喷管的最小截面处称为喉部，在喉部截面上，气体流速等于当地声速，气体处于由亚音速向超音速过渡的临界状态，截面上的各参数称为临界参数，下标为 cr。如临界流速 $c_{f,cr}$、临界压力 p_{cr}、临界比体积 v_{cr}、临界温度 T_{cr} 等。

总之，力学条件和几何条件要同时满足，才能使气体流速不断提高。所谓力学条件，就是要求气体在流动过程中压力不断降低。所谓几何条件就是根据马赫数的大小去选择合适的喷管形状，当 $Ma<1$ 时，选用渐缩形喷管，最多可以把气体从亚音速加速到等于当地声速；选用缩放形喷管，能够把气体从亚音速加速到超音速；当 $Ma\geqslant1$ 时，应选用渐扩形喷管提高气体流速。

5.2.2 喷管的设计计算

线上课程视频资料

在已知进入喷管的气体初始状态、背压、流量时，选择合适的喷管形状并计算喷管尺寸，称为喷管的设计计算。

1. 气体流速

根据气体在管道中进行绝热流动的能量方程式(5-4)，由于进口流速 c_{f1} 远小于出口流速 c_{f2}，通常忽略不计，因此有

$$c_{f2}=\sqrt{2(h_0-h_2)} \tag{5-13}$$

上式适用于理想气体和实际气体。如果工质是理想气体，且比热容为定值，上式可写为

$$c_{f2}=\sqrt{2c_{p0}(T_0-T_2)} \tag{5-14}$$

或

$$c_{f2}=\sqrt{2\frac{k}{k-1}p_0v_0\left[1-\left(\frac{p_2}{p_0}\right)^{(k-1)/k}\right]} \tag{5-15}$$

值得注意的是，式(5-15)不仅描述了出口压力 p_2 与出口流速 c_{f2} 的关系，实际上也描述了在喷管的任一截面上，气体压力与流速的关系。譬如在缩放形喷管的喉部，气体处于临界状态，其压力为临界压力 p_{cr}，流速为临界流速 $c_{f,cr}$，将式(5-15)中的出口压力 p_2 替换成临界压力 p_{cr}，则可以计算出临界流速 $c_{f,cr}$，即

$$c_{f,cr}=\sqrt{2\frac{k}{k-1}p_0v_0\left[1-\left(\frac{p_{cr}}{p_0}\right)^{(k-1)/k}\right]} \tag{5-16}$$

2. 临界压力

对于处于临界状态的气体，气体处于由亚音速向超音速过渡的临界状态，其流速等于当地声速，即有

$$c_{f,cr}=c \tag{5-17}$$

根据声速方程计算式(5-9)，在处于临界状态的理想气体中，声音的传播速度(声速)为

$$c=\sqrt{kp_{cr}v_{cr}}$$

将上式和临界流速计算式(5-16)代入式(5-17)，可得

$$\frac{p_{cr}v_{cr}}{p_0v_0}=\frac{2}{k-1}\left[1-\left(\frac{p_{cr}}{p_0}\right)^{(k-1)/k}\right]$$

再考虑到气体流动过程是定熵过程，有

$$p_0v_0^k=p_{cr}v_{cr}^k \tag{5-18}$$

将上两式综合并整理，有

$$\frac{p_{cr}}{p_0}=\left(\frac{2}{k+1}\right)^{k/(k-1)} \tag{5-19}$$

式(5-19)表明，临界压力与进口压力的比值(临界压力比)仅与气体的绝热指数 k 有关。

3. 喷管形状的选择

气体流出喷管时，出口压力 p_2 如果大于背压 p_b，意味着气体在喷管的流动过程中，并没有充分利用压差(p_0-p_b)降压提速；气体以高于背压的压力流出喷管后，会在出口外进一步膨胀降压，这就会造成能量损失。因此选择合适的喷管形状，使得出口压力 p_2 尽量与背压 p_b 相等，是喷管设计的重要任务之一。

当$\frac{p_b}{p_0}\geqslant\frac{p_{cr}}{p_0}$时，选用渐缩形喷管，可以使得出口压力 p_2 与背压 p_b 相等；而当$\frac{p_b}{p_0}<\frac{p_{cr}}{p_0}$时，只有选用缩放形喷管，才能使出口压力 p_2 与背压 p_b 相等。

4. 喷管尺寸计算

在选定了合适的喷管形状之后，根据流过喷管的流量和初始状态参数，计算出喷管的尺寸。如果是渐缩形喷管，一般只需要计算出出口截面的尺寸；如果是缩放形喷管，则需要计算出出口截面和喉部截面的尺寸，以及渐扩段的长度。至于进口截面，一般不需要计算，只要稍大于出口截面，以保持喷管一定的形状。

在喷管的出口截面，根据质量守恒定律，有

$$q_m=\frac{A_2 c_{f2}}{v_2} \tag{5-20}$$

将喷管出口流速计算公式(5-15)代入式(5-20)，并考虑到气体的流动过程是定熵过程，结合式(5-18)，可得

$$A_2=q_m\Bigg/\sqrt{2\frac{k}{k-1}\frac{p_0}{v_0}\left[\left(\frac{p_2}{p_0}\right)^{2/k}-\left(\frac{p_2}{p_0}\right)^{(k+1)/k}\right]} \tag{5-21}$$

式(5-21)描述了出口截面上的质量流量、出口截面积以及压力三个参数之间的约束关系。需要注意的是，式(5-21)也适用于喷管的其他任意截面，将式中的出口压力 p_2 替换成相应截面的压力 p_x 可计算出该截面的截面积 A_x

$$A_x=q_m\Bigg/\sqrt{2\frac{k}{k-1}\frac{p_0}{v_0}\left[\left(\frac{p_x}{p_0}\right)^{2/k}-\left(\frac{p_x}{p_0}\right)^{(k+1)/k}\right]} \tag{5-22}$$

根据式(5-22)，在某截面上，管道截面积与截面上气体压力的关系曲线如图 5-3 所示，当气体压力为临界压力 p_{cr}时，管道截面积取得最小值 A_{min}，因此式(5-22)可用于计算临界截面的截面积，即

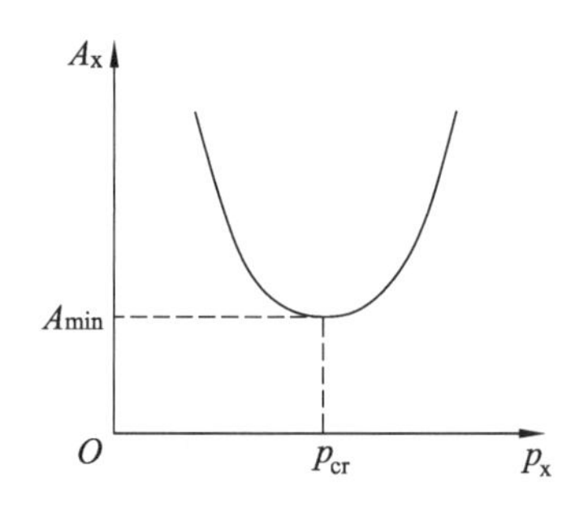

图 5-3　任意截面上气体压力与管道截面积的关系

$$A_{\min}=q_m\Bigg/\sqrt{2\frac{k}{k-1}\frac{p_0}{v_0}\left[\left(\frac{p_{cr}}{p_0}\right)^{2/k}-\left(\frac{p_{cr}}{p_0}\right)^{(k+1)/k}\right]}$$
$$=q_m\Bigg/\sqrt{2\frac{k}{k+1}\left(\frac{2}{k+1}\right)^{2/(k-1)}\frac{p_0}{v_0}} \tag{5-23}$$

对于缩放形喷管，需要计算渐扩段的长度 l，如图 5-4 所示。渐扩段的夹角 α 称为顶锥角，根据经验一般取 $10°\sim12°$。据式(5-21)和式(5-23)计算喷管出口截面积 A_2 和喉部截面积 $A_{\min}$，进而得出喷管出口截面的直径 d_2 和喉部截面的直径 $d_{\min}$，代入式(5-24)计算渐扩段长度

$$l=\frac{d_2-d_{\min}}{2\tan(\alpha/2)} \tag{5-24}$$

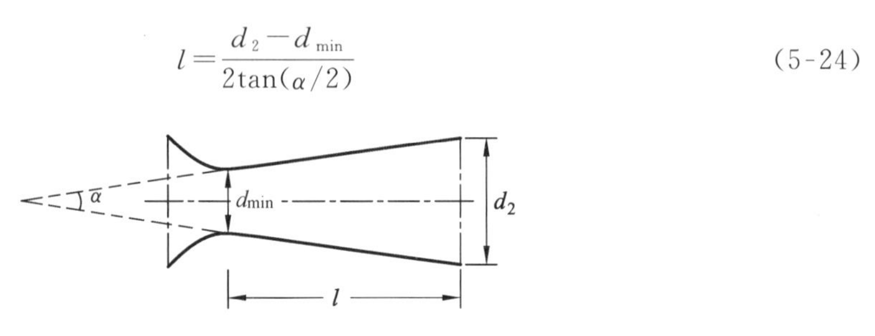

图 5-4　缩放形喷管形状示意图

5.2.3　喷管校核

对于已经完成设计、形状尺寸已经确定，而且是工作在正常工作状态的喷管，如果工作条件发生变化，气体的出口压力、出口流速以及流量都有可能会受到影响，从而造成不正常的工作状况。工作条件变化，主要是指背压发生变化。

1. 渐缩形喷管

对于渐缩形喷管，当气体出口压力既等于背压又等于临界压力时，喷管处于最佳工作状态，既能充分利用压降避免能量损失，又能充分利用渐缩形喷管的降压提速能力。下面以背压等于临界压力为初始状态，分析背压变化对出口压力、出口流速、流量的影响。

如果背压降低，由于喷管形状的限制，渐缩形喷管最多只能把气体压力降低到等于临界压力，考虑到临界压力相当于是定值，因此当背压降低时，出口压力始终保持等于临界压力，高于背压。由于出口压力不变，根据式(5-15)，出口流速依然是等于临界流速，不会发生变化。此外，出口截面积计算式(5-21)可以变换为流量计算式

$$q_m=A_2\sqrt{2\frac{k}{k-1}\frac{p_0}{v_0}\left[\left(\frac{p_2}{p_0}\right)^{2/k}-\left(\frac{p_2}{p_0}\right)^{(k+1)/k}\right]} \tag{5-25}$$

式(5-25)表明，当喷管形状不变(即截面积 A_2 确定)、进口状态参数不变时，质量流量仅受出口压力变化的影响。由于背压降低时出口压力不变，所以流量也不变。

如果背压升高，出口压力会跟随背压的升高而不断升高，并且始终跟背压相等。根据出口流速计算式(5-15)可知，出口压力升高，出口流速会降低。根据式(5-25)可知，当出口压力高于临界压力时，随着出口压力的升高，流量减小。

2. 缩放形喷管

综合式(5-21)和式(5-23)，可知

$$\frac{A_2}{A_{\min}}=\sqrt{\left[\frac{k-1}{k+1}\left(\frac{2}{k+1}\right)^{2/(k-1)}\right]\Big/\left[\left(\frac{p_2}{p_0}\right)^{2/k}-\left(\frac{p_2}{p_0}\right)^{(k+1)/k}\right]} \tag{5-26}$$

式(5-26)表明，对于已经确定了形状尺寸的缩放形喷管，在进口状态参数不变的前提下，出口压力 p_2 有确定的数值，该值称为出口压力设计值，设出口压力设计值代表了缩放形喷管的降压能力极限，该值对缩放形喷管降压能力的限制作用，类似于临界压力对渐缩形喷管降压能力的限制作用。显然气体出口压力既等于出口压力设计值又恰好等于背压时，缩放形喷管工作于最佳工作状态。下面以背压等于临界压力为初始状态，分析背压变化对出口压力、出口流速、流量的影响。

如果背压降低，低于出口压力设计值，而出口压力设计值是喷管降压能力的极限，出口压力的降低受到限制，只能保持始终等于出口压力设计值，高于背压；由于出口压力不变，根据式(5-15)，出口流速不会发生变化；根据式(5-25)，由于出口压力不变，依然等于出口压力设计值，所以气体流量也不会发生变化。

如果背压升高，气体会在靠近喷管出口截面的附近产生冲击波，气体压力突然上升，流速下降，然后按照扩压管的工作方式，压力上升到等于背压流出喷管，最终的出口压力始终保持与背压相等，同时升高；根据式(5-15)，随着出口压力的升高，出口流速会下降；根据式(5-25)，随着出口压力的升高，流量呈现先增大后减小的趋势，当出口压力等于临界压力时，流量取得最大值。

5.2.4 喷管效率

在前面的学习中，气体在喷管中的流动过程都假设是可逆的绝热流动过程。实际过程中，由于气体存在黏性，气体在喷管中流动时总是会存在摩擦等不可逆因素，因此实际的流动过程是不可逆的绝热流动过程。常用喷管效率来描述气体流动过程中的能量转换完善程度。

气体在喷管中从进口状态(p_0，T_0)绝热膨胀而降压到出口压力 p_2 时，可逆和不可逆流动过程分别如图 5-5 中的 0—2 和 0—2′所示。在出口压力相同的情况下，由于不可逆因素引起的熵产，不可逆过程 0—2′的过程熵变大于零。

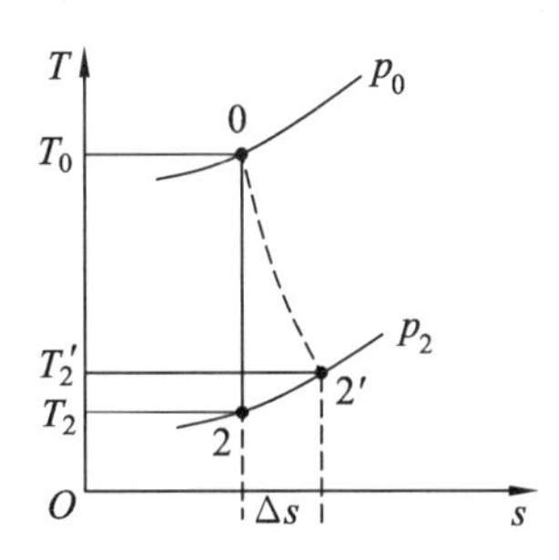

图 5-5　喷管中的可逆和不可逆绝热流动过程

根据能量方程式(5-4)，进口气体流速看作零，可以得到可逆和不可逆绝热流动过程中，进、出口焓变与出口流动动能的关系

$$h_0-h_2=c_{f2}^2/2 \tag{5-27}$$

$$h_0-h_{2'}=c_{f2'}^2/2 \tag{5-28}$$

由于 $T_{2'}>T_2$，所以 $h_{2'}>h_2$，根据式(5-27)和式(5-28)可知 $c_{f2'}^2/2<c_{f2}^2/2$，显然由于不

可逆因素的存在，$c_{f2'}<c_{f2}$。

不可逆过程出口流动动能与可逆过程出口流动动能之比，称为喷管效率

$$\eta_N=\frac{c_{f2'}^2/2}{c_{f2}^2/2}=\frac{h_0-h_{2'}}{h_0-h_2}=\frac{T_0-T_{2'}}{T_0-T_2} \tag{5-29}$$

不可逆过程出口流速与可逆过程出口流速之比，称为速度系数

$$\varphi=c_{f2'}/c_{f2} \tag{5-30}$$

根据式(5-29)和式(5-30)可知，喷管效率与速度系数存在如下关系

$$\eta_N=\varphi^2 \tag{5-31}$$

工程应用案例

缩放喷管的工业计量应用

缩放喷管，又称为拉法尔喷管，在工业和航天等各方面都有广泛的应用。针对工业计量，缩放喷管有重要的应用。

(1) 经典文丘里喷管，在气体流量测量中占据极其重要的地位，主要用于 PVTt 法和音速喷嘴气体流量装置上。PVTt 法用于测量气体质量流量或者标定气体流量计；音速喷嘴气体流量装置是二级气体测量装置，用于气体质量流量的测量。两种方法均采用文丘里管作为主要元件，原理简单，影响因素少，重复性好，精度高。

(2) 喉部带棒的临界喷管，即在文丘里喷管喉部轴线上带有一根光滑直棒(图 5-6)，可以通过选用不同直径的棒来改变喷管喉部的有效面积，从而解决了在气体流量测量中需要根据流量的大小更换不同临界喷管的不便。

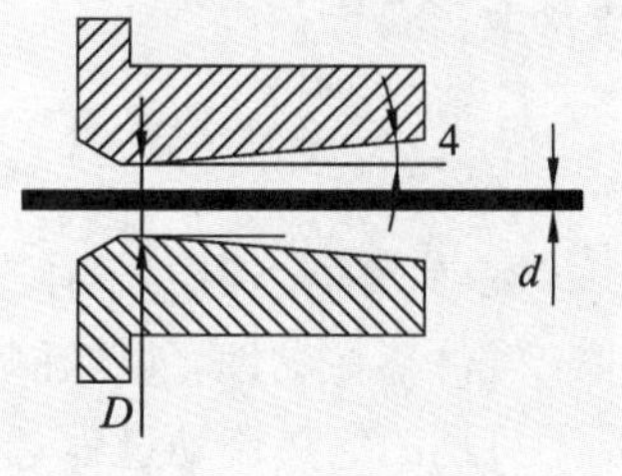

图 5-6　带棒的临界喷管示意图

5.3　绝热的滞止和节流

5.3.1　绝热滞止

滞止现象是指气流掠过物体表面时，由于摩擦、撞击等原因，使气体相对于物体的速度降低为零的现象。如果忽略滞止过程中的散热，则可认为过程为绝热滞止过程。当气体发生绝热滞止，相对速度降为零时，气体的状态参数称为绝热滞止参数，如绝热滞止焓、绝热滞止温度、绝热滞止压力等。绝热滞止过程示意图如图 5-7 所示。

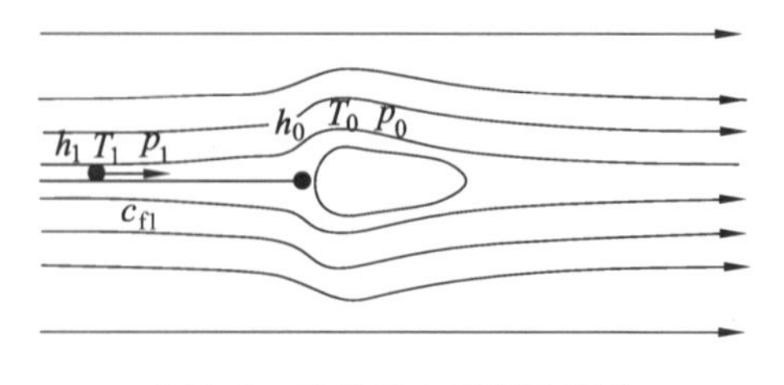

图 5-7　绝热滞止过程示意图

设气体在远处时，各参数的下标为1；处于滞止状态时，各参数的下标为0。根据气体流动过程中需要遵守的能量方程式(5-4)，有

$$h_1-h_0=\frac{(c_{f0}^2-c_{f1}^2)}{2} \tag{5-32}$$

考虑到气体发生滞止现象时，速度降低为零，即将 $c_{f0}=0$ 代入上式，得

$$h_0=h_1+\frac{c_{f1}^2}{2} \tag{5-33}$$

考虑到远处任意位置的各项参数都是一致的，故略去下标1，式(5-33)可写为

$$h_0=h+\frac{c_f^2}{2} \tag{5-34}$$

式(5-34)表明，发生滞止现象时，气体的焓值是初始焓值与流动动能之和。

发生滞止现象时，气体的温度会升高。如果将流动的气体视为理想气体，则有

$$h_0-h=c_{p0}(T_0-T) \tag{5-35}$$

结合式(5-34)和式(5-35)，可得

$$T_0=T+\frac{c_f^2}{2c_{p0}} \tag{5-36}$$

式(5-36)表明，远处任意位置气体的初始速度越高，绝热滞止温度高于初始温度就越多。

绝热滞止压力就是在物体周围、速度降低为零的、处于滞止状态的气体的压力，该压力也是物体所受到的压力。如果气体的滞止过程是可逆的绝热过程，那么该过程中气体温度与压力的关系为

$$\frac{p_0}{p}=\left(\frac{T_0}{T}\right)^{k/(k-1)}$$

上式结合式(5-36)可得

$$p_0=p\left(1+\frac{c_f^2}{2c_{p0}T}\right)^{k/(k-1)} \tag{5-37}$$

式(5-37)表明气体的相对初速度越高，定熵滞止压力高于气体压力就越多。

5.3.2 绝热节流

气体在管道中流经阀门、孔板或者阻塞物时，由于通道截面积突然减小产生局部阻力，使得气体压力降低的过程称为节流过程。如果节流过程中，气体与外界没有发生热量交换，则称为绝热节流过程。

如图5-8所示，流体流过一个管道，由于有挡板的作用，流道截面突然缩小，在接近孔口时，孔口附近气流的截面积开始收缩，压力降低流速提高；当气体流过孔口时，由于流体流动的惯性，气流收缩的最小截面积不是发生在挡板处，而是在挡板之后的某一位置。在气流最小截面处，气体压力最低，而流速最大，之后气体压力又开始逐渐增大，流速逐渐降低。

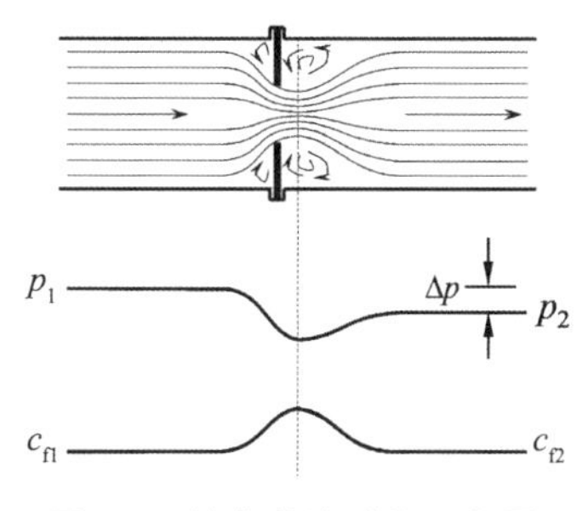

图5-8 绝热节流过程示意图

发生节流现象时，流体的压力先降低再回升，但因为旋涡引起的损失，压力不能恢复到原来的数值，与节流前的压

力相比，压力有所降低；气体流速在流过孔口之后的某个截面达到最大，之后又恢复到与节流前大致相等的水平。

绝热节流过程熵流 $dS_f=0$；气体在孔口附近发生强烈的扰动，产生大量涡流，这是典型的功耗散现象，所以绝热节流过程的熵产 $dS_g>0$，因此绝热节流过程的熵变 $dS=dS_f+dS_g>0$。

绝热节流过程 $q=0$，由于节流前后气体流速变化很小，所以流动动能变化可以忽略不计，节流过程中的重力位能差也可以忽略不计，此外气体只是流过管道，并未对外输出轴功，根据稳定流动能量方程式(2-24)，有

$$h_1=h_2 \tag{5-38}$$

式(5-38)表明，绝热节流过程前后焓值相等。需要注意的是，由于节流过程中焓值有较大的变化，所以绝热节流过程不是等焓过程。

对于理想气体，焓是温度的单值函数，绝热节流过程前后温度不变；对于实际气体，绝热节流过程的温度变化规律取决于焦耳-汤姆孙系数，节流后，气体温度可能升高、不变或者降低。水蒸气、制冷剂等工质节流后温度通常降低。

工程应用案例

绝热节流的应用

可以在热网中有效利用绝热节流技术，从而推动供热领域的技术由粗放型向集约型发展。在热网系统中，常见的绝热节流过程很多，合理利用绝热节流不仅可以降低热能、水资源损耗，而且可以有效利用热网资用压头提高热网运行的稳定性。在热网的热力设备中，压力调节、流量调节或者测量流量以及获得低温流体等领域均可利用绝热节流这一措施。

比如：当一次热网大流量运行时，每日补水量在 50 t 左右，而当流量减小时，热网内的压力增加，日补水量高达 70 t，当在泵出口采取有效节流技术后，可有效降低热网的“跑、冒、滴、漏”现象，而且可以延长某些管件的使用寿命，降低事故的发生率。

习　题

5-1　空气进入渐缩喷管作一元定熵流动，喷管进口压力可通过阀门调节。空气温度为 300 K，喷管出口处的背压为 0.1 MPa。试求喷管进口压力分别为 0.15 MPa 和 0.25 MPa 时喷管出口截面的流速和压力。已知空气 $c_{p0}=1.004$ kJ/(kg·K)，$R_g=287.1$ J/(kg·K)。

5-2 空气进入喷管作一元定熵流动，喷管进口的温度为 800 K，压力为 0.4 MPa，喷管出口处的背压为 0.1 MPa。进口流速与出口流速相比，其数值可以忽略不计。已知空气 $c_{p0}=1.004$ kJ/(kg·K)，$R_g=0.2871$ kJ/(kg·K)，$k=1.4$。

(1) 确定合理的喷管形状；

(2) 计算出口参数 p_2、c_{f2}、T_2，以及出口处的声速 c、马赫数 Ma；

(3)若流动过程是不可逆过程，速度系数 $\varphi=0.9$，求出口流速 $c_{f2'}$ 和温度 $T_{2'}$。

5-3 空气流经喷管，进口压力为 2.0 MPa，温度为 350 ℃，要求流量为 5 kg/s，背压为 0.6 MPa，为使其充分膨胀，应选择什么形状的喷管？求喷管出口截面空气的流速及出口截面积。若为缩放型喷管，则还需求出喉部截面的尺寸和流速。已知空气 $c_{p0}=1.004$ kJ/(kg·K)，$R_g=0.2871$ kJ/(kg·K)。

5-4 罐中装有压力为 0.15 MPa、温度为 137 ℃的空气，罐上接有一个渐缩形喷管，喷管效率 0.9，压缩空气通过该喷管流入压力为 0.1 MPa 的空间，试求喷管出口气流的压力、温度及速度。已知空气的 $R_g=0.2871$ kJ/(kg·K)，$c_{p0}=1.004$ kJ/(kg·K)。

5-5 储气罐内有压力为 0.3 MPa、温度为 127 ℃的空气，现利用罐中空气经渐缩形喷管而产生高速气流，已知环境大气压力为 0.1 MPa，空气 $R_g=0.2871$ kJ/kg·K，喷管效率为 0.95，试求喷管出口气流的速度及压力。

5-6　用水银温度计测量高速风洞中空气的温度。风速 $c_f=200$ m/s，温度计的读数为 50 ℃，求流体的实际温度，并分析其测温误差。已知空气 $c_{p0}=1.004$ kJ/kg·k。

5-7　渐缩喷管入口空气压力为 3 bar，温度为 87 ℃，流速为 100 m/s，空气流经喷管作绝热膨胀后射入背压为 1 bar 的环境，已知空气的 $R_g=287.1$ J/(kg·K)，$c_{p0}=1.004$ J/(kg·K)，求渐缩喷管出口的气体流速。

5-8　在喷管进口参数一定的条件下，对于渐缩喷管，随着喷管出口附近背压的降低，其出口速度和流量如何变化。

5-9　气体稳定流过渐缩形喷管，已知 $p_b<p_{cr}$，如果将喷管尾部切去一段，则其出口压力是否变化？

6 气体动力循环

在生活中,大家接触到最多的气体动力装置就是汽油机或柴油机,当然,还有许多其他形式的气体动力装置,如蒸汽动力装置、燃气动力装置、涡轮喷气发动机等。提到发动机,大家可能会觉得它是由蒸汽机发展而来的,其实早在蒸汽机发明之前,就有科学家提出了发动机的雏形。起初,荷兰物理学家惠更斯(Christiaan Huygehs)用火药爆炸获取动力,推动活塞上行,当气体冷却后,大气压力推动活塞下行,靠下行冲程对外输出功量。1833 年,英国人赖特(Lemuel Wellman Wright)提出了直接利用燃料的燃烧压力推动活塞做功的设计。1859 年,法国人勒努瓦(Lenoir)设计了一台靠煤气和空气直接混合燃烧的煤气机。这是一种无需压缩、无点火的发动机,其结构与蒸汽机非常相像,只是用燃气代替了蒸汽,但是热效率比较低。随着发动机的不断改进,到了 1862 年,另一位法国人德·罗沙(Alphonse Beau de Rochas)提出了气体动力装置,为获得更高的热效率,须满足一些条件:燃料点火前要有高压,燃气膨胀时要迅速,达到最大膨胀比等。要实现这些条件,需要把活塞运动分作四个过程来进行,德·罗沙最早提出了四冲程工作循环的理论。1859 年,美国开始开采石油,从此汽油和柴油取代了煤气。1866 年,德国科学家奥托(Nicolaus August Otto)在德·罗沙四冲程理论基础上,设计了第一台单缸四冲程内燃机,其热效率也比较高,达到 14%。奥托内燃机通常用汽油作为燃料,因此也叫汽油机。1892 年,德国工程师狄塞尔(Rudolf Diesel)受面粉厂粉尘爆炸的启发,设想将吸入气缸的空气高度压缩后,使其温度上升,当温度超过燃料气体的自燃温度时,将燃料引入到气缸中,使燃气燃烧。这样不但可以省去点火装置和汽化器,而且可以用比汽油更便宜的柴油作为燃料。经过 5 年的实验研究,他于 1897 年研制出第一台压缩点火式内燃机,也就是通常所说的柴油机。

压气机是一种提高气体压力的装置,在工程应用中,压气机应用广泛。比如,在内燃机工作过程中,涡轮增压器常常作为一个重要的组成部件,通过压缩空气来增加新鲜空气的进气量,空气压力和密度的增加可以使燃料燃烧得更加充分,从而增加内燃机的输出功率;在压缩制冷装置的工作过程中,通常会利用压气机对工质进行压缩,提高工质的压力和温度;在车间流水线作业过程中,工人会用到许多气动工具,如气钉枪等,都是利用压气机产生的压缩空气作为驱动力。燃气动力循环主要是以高温高压混合燃气为工质的热力循环,包括活塞式内燃机动力循环、叶轮式燃气轮机装置动力循环、喷气推进器循环等等。其中活塞式内燃机具有结构紧凑、体积小、效率高等特点,但功率一般不太高;叶轮式燃气轮机装置具有结构简单、体积小、功率大、启动快等特点,在工作中得到了广泛应用。

6.1 压气机工作原理与功耗

6.1.1 工作原理

压气机的工程应用十分广泛，形式也很多，按其产生压缩气体的压力范围，可分为通风机（<110 kPa 表压力）、鼓风机（110～400 kPa 表压力）和压缩机（>400 kPa 表压力）；按其结构形式，可分为活塞式压气机、转子式压缩机、离心式压气机以及轴流式压气机，如图 6-1 所示。其中活塞式压气机依靠进气阀、排气阀的开启和关闭，以及活塞的往复运动在气缸中完成气体压缩过程；转子式压气机利用转子运转过程中与缸内空间的变化，完成气体的压缩过程；离心式压气机是利用高速旋转的叶轮推动气体，使气体以很高的速度运动，然后再利用扩压管使高速运动的气流降低流速而达到提高压力的效果；轴流式压气机则利用叶轮推动气体高速运动，同时利用叶轮叶片间的流道做成扩压管的形式，使气流在叶片间通过时气体的压力不断提高。

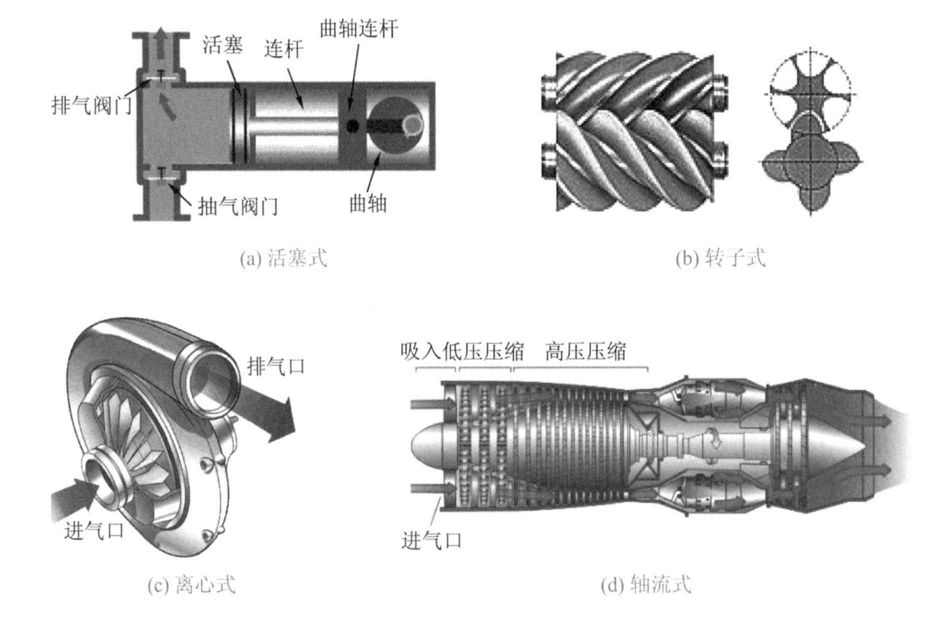

(a) 活塞式　(b) 转子式　(c) 离心式　(d) 轴流式

图 6-1　不同结构形式的压气机

6.1.2 压气机的功耗

一般情况下，当压气机稳定运行时，单位时间内压气机产生的高压气体量基本保持稳定，因而压气机的压气过程可看作稳定流动过程来进行热力学分析。根据稳定流动能量方程式，由于压气机进、排气过程中气体的重力势能、流动动能的变化量都可以忽略不计，因而压气机的能量转换关系可简化为

$$q=(h_2-h_1)+(w_s)_C \tag{6-1}$$

假设压气过程是可逆过程，则按轴功的表达式可以得到

$$(w_s)_C=\int_1^2 p\mathrm{d}v+(p_1v_1-p_2v_2)=-\int_1^2 v\mathrm{d}p \tag{6-2}$$

当压气过程为绝热过程时，根据式(6-1)可以得到压气机压气过程消耗的轴功为

$$(w_s)_{C,S}=h_1-h_2 \tag{6-3}$$

气体由初始压力 p_1 压缩至 p_2 所消耗的轴功，在 p-v 图上为压缩过程曲线 1—2 与纵坐标所围面积大小，如图 6-2 所示。在理想情况下，气体可经由不同压缩过程升压至相同的终了压力 p_2，但不同过程消耗的轴功是不一样。

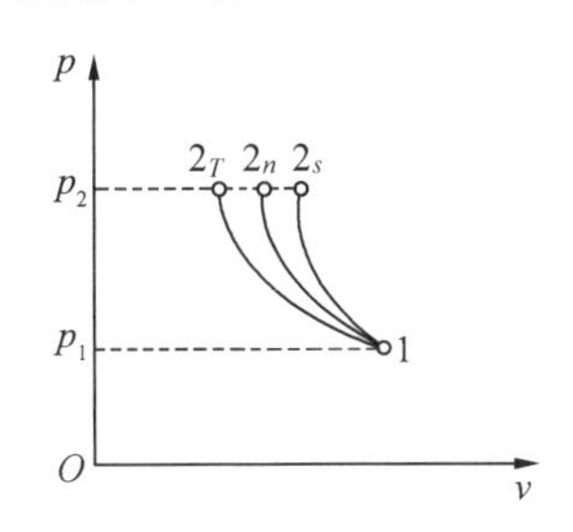

图 6-2　不同压缩过程的对比示意图

过程 $1-2_T$ 为定温压缩过程，曲线所围面积最小，消耗的轴功最少，按式(6-2)可得到压气机定温压缩过程中消耗的轴功为

$$(w_s)_{C,T}=\left(-\int_1^2 v\mathrm{d}p\right)_T=R_gT_1\ln\frac{p_1}{p_2}=R_gT_1\ln\frac{v_2}{v_1} \tag{6-4}$$

过程 $1-2_s$ 为定熵压缩过程，曲线所围面积最大，消耗的轴功最多，按式(6-3)可得到压气机定熵压缩过程中消耗的轴功为

$$(w_s)_{C,S}=c_{p0}(T_1-T_2)=\frac{\kappa}{\kappa-1}R_g(T_1-T_2)=\frac{\kappa}{\kappa-1}(p_1v_1-p_2v_2)$$

$$(w_s)_{C,S}=\frac{\kappa}{\kappa-1}p_1v_1\left[1-\left(\frac{p_2}{p_1}\right)^{(\kappa-1)/\kappa}\right]=\frac{\kappa}{\kappa-1}R_gT_1\left[1-\left(\frac{p_2}{p_1}\right)^{(\kappa-1)/\kappa}\right] \tag{6-5}$$

过程 $1-2_n$ 为多变压缩过程，按式(6-5)可以得到压气机多变压缩过程中消耗的轴功为

$$(w_s)_{C,n}=\frac{n}{n-1}p_1v_1\left[1-\left(\frac{p_2}{p_1}\right)^{(n-1)/n}\right]=\frac{n}{n-1}R_gT_1\left[1-\left(\frac{p_2}{p_1}\right)^{(n-1)/n}\right] \tag{6-6}$$

因此结合图 6-2 可知，在压气机的设计与实际使用过程中，应尽量采用冷却措施，使压缩过程接近定温压缩过程，从而减少压气机消耗的轴功。

6.2　单级活塞式压气机工作过程的热力分析

活塞式压气机利用活塞的往复运动实现吸气、压缩及排气过程。如图 6-3 所示，为了避免进、排气阀门与活塞相碰，活塞不能完全压缩至气缸底部，总会留有一定的空间，称为余隙容积，在示功图上，用 V_3 来表示余隙容积，而 V_1 表示气缸的最大容积，最大容积与余隙容积的差值就是活塞扫过的空间，称为工作容积，用 V_h 表示。

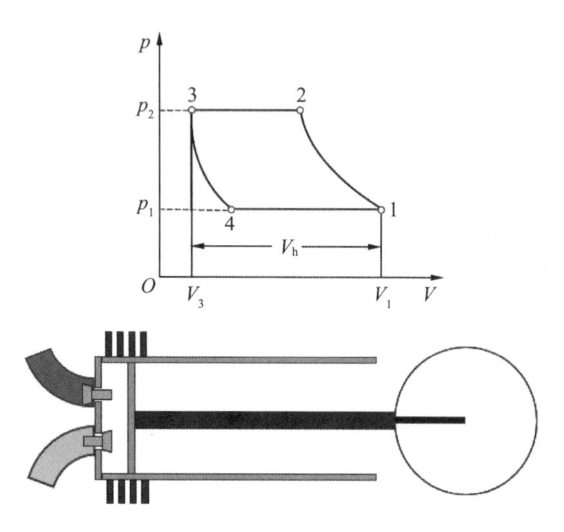

图 6-3　活塞式压气机工作过程示意图

如图 6-3 所示，当活塞从最右端 1 点开始向 2 点运行时，此时进、排气阀门都关闭，随着活塞向左移动，气缸空间不断缩小，气体由初始压力 p_1 压缩增加至 p_2；从 2 点开始，气体压力推动排气阀门打开，排气过程开始，过程 2—3 为定压排气过程，到达 3 点时，活塞运行至最左端，排气过程结束，此时气缸中还有一小部分高压气体；随着活塞由 3 点位置开始向 4 点位置移动时，气缸空间不断增大，剩余气体的压力由 p_3 逐渐下降至 p_4，在过程 3—4 中，由于剩余气体压力小于 p_3，达不到排气压力，因此排气阀门是关闭的，且由于过程中剩余气体压力高于 p_4，即大于初始压力，进气阀门也无法打开；当活塞从 4 点位置开始向 1 点位置移动时，随着空间的增大，气缸内压力稍低于气体初始压力，进气阀门在压差的作用下打开，进气过程开始，活塞到达 1 点位置时，进气结束。

根据活塞式压气机的示功图 6-3，压气机理想工作过程，即不考虑摩擦等不可逆因素，所消耗的轴功可表示为四个热力过程的功耗之和，即

$$(W_s)_C = W_{1-2} + W_{2-3} + W_{3-4} + W_{4-1}$$

根据每个热力过程的特点，可以得到

$$(W_s)_C = \int_1^2 p\,\mathrm{d}V + p_2(V_3 - V_2) + \int_3^4 p\,\mathrm{d}V + p_1(V_1 - V_4)$$

气体压缩过程 1—2 中，没有工质的流进与流出，因此 $m_1 = m_2$；排气过程 2—3 中，虽然气体不断排出气缸外，但压力保持不变，因此缸内剩余气体的密度保持不变，而密度是气体比体积的倒数，所以 $v_2 = v_3$；膨胀过程 3—4 中，也没有工质的流进与流出，因此 $m_3 = m_4$，进气过程 4—1 中，虽然气体不断进入气缸内，但气体压力保持不变，同理可得 $v_4 = v_1$，另外有 $p_1 = p_4$，$p_2 = p_3$。代入上式可得

$$(W_s)_C = m_1\left(\int_1^2 p\,\mathrm{d}v + p_1 v_1 - p_2 v_2\right) - m_3\left(\int_4^3 p\,\mathrm{d}v + p_1 v_1 - p_2 v_2\right)$$

假设压缩过程 1—2 与膨胀过程 3—4 具有相同的热力过程性质，于是压气机的轴功最终可表示为

$$(W_s)_C = (m_1 - m_3)\left(\int_1^2 p\,\mathrm{d}v + p_1 v_1 - p_2 v_2\right)$$

因为 $m_1 - m_3$ 为压气机单次输出的高压气体质量，因此可以得到压气机输出单位质量的

高压气体所需轴功为

$$(w_s)_C=\int_1^2 p\mathrm{d}v+p_1v_1-p_2v_2=-\int_1^2 v\mathrm{d}p$$

从活塞式压气机的工作过程可以看出，活塞从最左端向最右端的运行过程中，实际上从4点位置才开始进气，因此定义V_1-V_4为有效吸气容积，它总是小于工作容积V_h，有效吸气容积与工作容积的比值为容积效率，用η_V表示：

$$\eta_V=\frac{V_1-V_4}{V_h}$$

由于过程3—4中，气体经历一个多变膨胀过程，多变指数为n，可以得到

$$V_4=V_3(p_2/p_1)^{1/n}$$

于是容积效率的表示式为

$$\eta_V=\frac{V_1-V_4}{V_h}=\frac{(V_1-V_3)-(V_4-V_3)}{V_h}$$

即

$$\eta_V=1-\frac{V_3}{V_h}\left[\left(\frac{p_2}{p_1}^{1/n}-1\right)\right] \tag{6-7}$$

其中$p_3/p_4=p_2/p_1$，为压气机的增压比π，V_3/V_h为余隙比。

显然，一定条件下，容积效率越大，高压气体生产量越大，如图6-4所示，当余隙容积和工作容积不变时，随着增压比的增大，即最大输出压力不断增加，气体压力由p_3不断上升到$p_{3'}$，进气门打开的位置不断向$V_{4'}$移动，有效吸气容积不断减小，有效吸气量也不断减少，如把终了压力提高至$p_{2''}$，则有效吸气容积将减少为零，此时，压气机既不吸气也不输出高压气体，因此，针对单级活塞式压气机，其增压比不宜过高，一般以10～12为宜，如需更高压力的压缩气体，应该采用多级压缩的压气机。

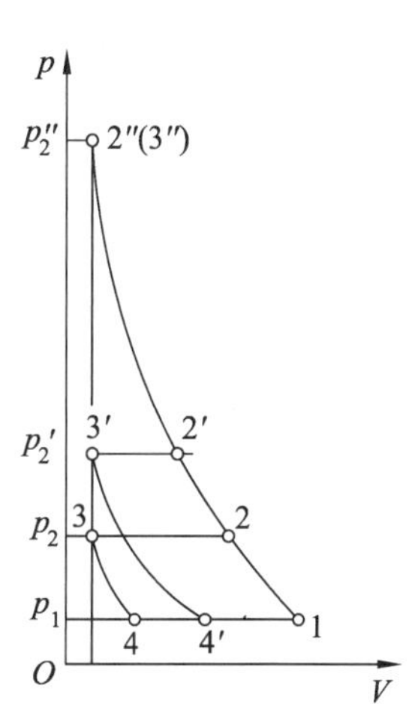

图6-4 不同增压下有效吸气容积变化图

6.3 多级活塞式压气机工作过程的热力分析

从6.2节的分析中可以得出，随着增压比的增加，容积效率不断减小，压气机每个工作循环所产生的高压气体数量不断减少，这对压气机的工作效率是不利的。因此，需要采用多级压缩的方法。图6-5(a)为两级压气机，气体经过一级压气机后，由压力p_1上升到p_2，再经过二级压气机，气体压力由p_2进一步提升到p_3，因此第一个气缸被称为低压气缸，第二个气缸被称为高压气缸。如图6-5(b)所示，1—2—5—6—1为低压气缸工作的示功图，2—3—4—5—2为高压气缸工作的示功图，按压气机的计算公式，两级压缩过程所消耗的轴功总和为

$$(w_s)_C=\frac{n_1}{n_1-1}R_gT_1\left[1-\left(\frac{p_2}{p_1}\right)^{(n_1-1)/n_1}\right]+\frac{n_2}{n_2-1}R_gT_{2'}\left[1-\left(\frac{p_3}{p_2}\right)^{(n_2-1)/n_2}\right]$$

式中，n_1和n_2分别为两级压缩过程中的多变压缩指数。

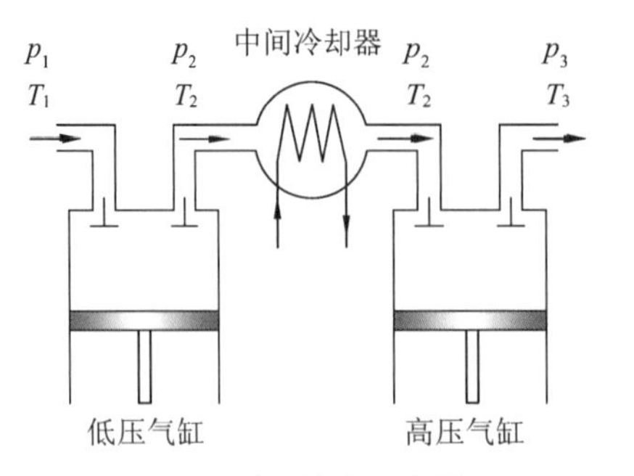

(a) 两级压气机示意图

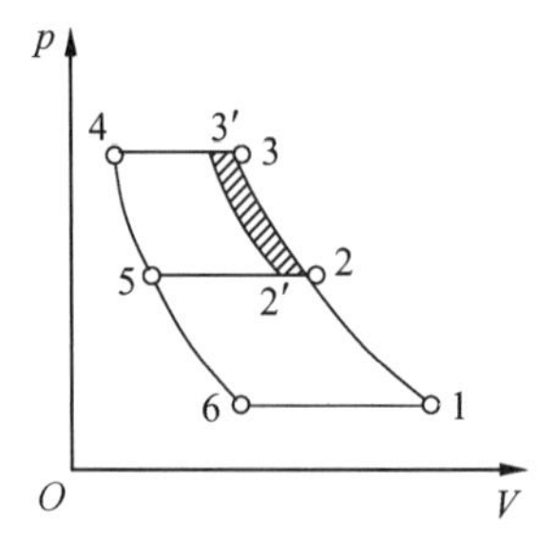

(b) 两级压缩过程示功图

图 6-5　两级压缩中间冷却式压气机示意图

气体在压缩过程中，温度不断上升，当压气机工作频率非常高时，气体的温度基本无法通过气缸壁面进行冷却，压缩过程就比较接近绝热压缩过程，压缩终了气体的温度比较高。因此经过一级压缩后，气体温度 $T_{2'}$ 要大于 T_1，从而导致二级压缩过程中轴功消耗量增加。为了降低两级压气机所消耗的轴功量总和，在低压气缸与高压气缸之间增加了中间冷却器，如图 6-5(a)所示，使得进入高压气缸的气体温度能够降低到 T_1。如果两级压缩过程的多变指数相同，即 $n_1=n_2=n$，则上式可变化为

$$(w_s)_C=R_g T_1 \frac{n}{n-1}\left[2-\left(\frac{p_2}{p_1}\right)^{(n-1)/n}-\left(\frac{p_3}{p_2}\right)^{(n-1)/n}\right] \tag{6-8}$$

由函数极值关系可知，当$(w_s)_C$ 对 p_2的一阶导数为零及二阶导数大于零时，在该压力 p_2的数值下，$(w_s)_C$ 有极小值，此时两级压气机间的中间压力 p_2值应为

$$p_2=\sqrt{p_1 p_3} \tag{6-9}$$

简而言之，当低压气缸与高压气缸中气体的增压比相同，且两气缸之间采用中间冷却措施时，压气机所消耗的轴功最少。如果压气机具有更多的级数，则相同条件下可节省更多的功，但多级压缩机结构也比较复杂，故一般多级压气机不超过三级。

讨论

1. 使用人力打气筒为车胎打气时用湿布包裹气筒的下部，会发现打气时轻松一点，工程上压气机缸常配以水冷或气缸上有肋片，为什么？

2. 如果由于应用气缸冷却水套以及其他冷却方法，气体在压气机气缸中已经能够按定温过程进行压缩，这时是否还需要采用分级压缩？

3. 压气机按定温压缩时，气体对外放热，而按绝热压缩时不向外放热，为什么定温压缩反较绝热压缩更为经济？

6.4　压气机实际工作过程的热力分析

压气机在实际工作过程中总会存在摩擦、气体扰动等一系列不可逆因素，从而造成功量的损失。相同的要求下，气体由压力 p_1压缩至 p_2，压气机实际工作过程中消耗的轴功要高

于理想工作过程中消耗的轴功。

当压气机工作频率非常高时，气体通过气缸壁面的散热比较少，因此压缩过程非常接近绝热压缩过程。当理想的压气过程取定熵过程时，温熵图中气体由状态 1 变化到状态 2，根据热力学第一定律的能量方程式，压气机理想压气过程所消耗的轴功为

$$(w_s)_C = h_1 - h_2$$

与活塞式压气机相比，离心式压气机及轴流式压气机工作过程中气流速度较高，其不可逆程度较大，因而黏性摩阻影响不可忽略。图 6-6 中曲线 2—2′为定压线，虚线 1—2′为实际压缩过程。当忽略进出口动能和势能差时，压气机实际工作过程所消耗的轴耗为

$$(w_s)_{C'} = (h_1 - h_2)$$

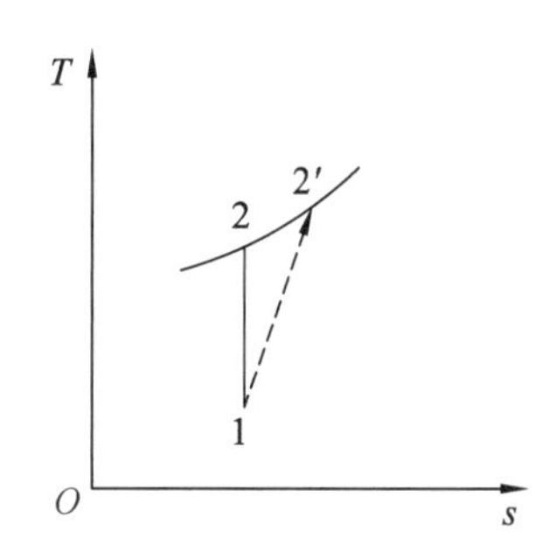

图 6-6 压气机压缩过程温熵图

压气机可逆绝热压缩过程与不可逆绝热压缩过程耗功之比称为压气机的绝热效率：

$$\eta_{C,S} = \frac{(w_s)_C}{(w_s)_{C'}} = \frac{h_1 - h_2}{h_1 - h_{2'}} \tag{6-10}$$

绝热效率的大小反映了压气机压缩过程不可逆程度的大小，是评价压气机工作完善程度的重要参数。只要知道压气机的绝热效率，便可利用理想的定熵过程轴功，计算实际工作过程中所消耗的轴功。一般轴流式及离心式压气机的绝热效率为 0.80～0.90。

6.5 汽油机循环及热力分析

6.5.1 汽油机实际工作循环

汽油机的实际工作过程如图 6-7 所示，首先进气阀门打开，活塞从上止点(最上端位置处)向下止点(最下端位置处)运行，汽油与空气的混合气体进入汽缸，活塞到达下止点附近时，进气结束，进气阀门关闭；随后活塞开始从下止点向上止点运行，不断压缩混合气体，随着空间的不断缩小，混合气体温度和压力都不断上升，当活塞达到上止点附近时，火花塞开始点火，引燃混合气体，化学能转换成热能，混合气体压力和温度骤升，从而推动活塞向下运行；随后活塞从下止点向上止点运行，此时排气阀门打开，高压废气开始排出汽缸外，汽油机完成一个工作循环。汽油机实际工作循环可以用示功图加以描述，如图 6-8 所示，0—1 为进气过程，1—2 为压缩过程，2—3 为点火燃烧过程，3—4 为混合气体膨胀过程，4—5 为活塞在下止点位置处，排气阀门刚打开时，由于混合气体与环境压差的作用，部分气体快速排出气缸外，压力迅速下降，5—0 为残余废气排出气缸，为排气过程。

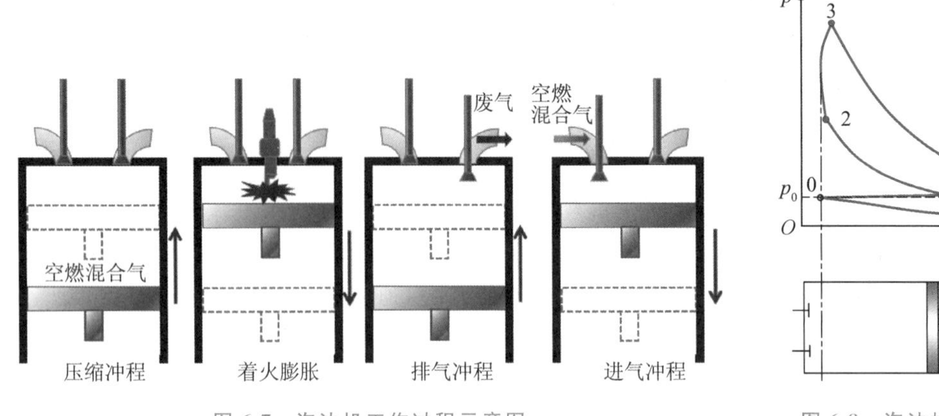

图 6-7　汽油机工作过程示意图

图 6-8　汽油机示功图

6.5.2　汽油机理想工作循环(定容加热理想循环)

汽油机实际工作循环中,有工质流进与流出,为开口系统。从示功图 6-8 可以看出,进气与排气过程曲线非常相似,且方向相反,为了简化模型,便于分析计算,将进、排气推动功相互抵消。由于汽油机中混合气在压缩终了时被点燃,活塞处于上止点附近,移动较缓慢,但混合燃料燃烧却非常迅速,整个燃烧过程基本在定容条件下完成,因此实际工作循环可简化为闭合、可逆的理想循环,如图 6-9 所示。1—2 为绝热压缩过程,2—3 为定容燃烧过程,3—4 为绝热膨胀过程,4—1 为定容放热过程,这种理想工作循环叫作定容加热理想循环,又称为奥托(Otto)循环。

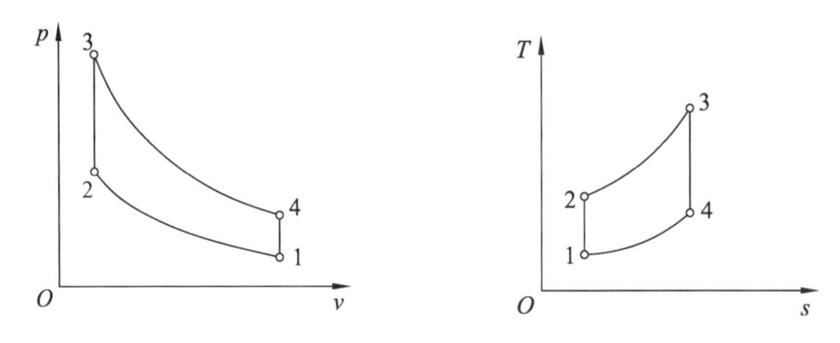

图 6-9　定容燃烧工作循环示功图与示热图

对单位质量工质,过程 2—3 为吸热过程,吸热量为

$$q_1 = c_{V0}(T_3 - T_2)$$

过程 4—1 为放热过程,放热量为

$$|q_2| = c_{V0}(T_4 - T_1)$$

因此对外输出的循环净功为

$$w_0 = q_1 - |q_2|$$

得到定容加热理想循环热效率为

$$\eta_t = \frac{w_0}{q_1} = 1 - \frac{|q_2|}{q_1} = 1 - \frac{T_4 - T_1}{T_3 - T_2} \tag{6-11}$$

因为 1—2 和 3—4 都是绝热过程,所以

$$T_3=\left(\frac{v_4}{v_3}\right)^{k-1}T_4 \qquad T_2=\left(\frac{v_1}{v_2}\right)^{k-1}T_1$$

而 $v_1=v_4$，$v_2=v_3$，所以

$$\frac{v_1}{v_2}=\frac{v_3}{v_4}$$

即

$$\frac{T_3}{T_4}=\frac{T_2}{T_1}$$

因此式(6-11)可变化为

$$\eta_t=1-\frac{T_4-T_1}{T_3-T_2}=1-\frac{T_1\left(\frac{T_4}{T_1}-1\right)}{T_2\left(\frac{T_3}{T_2}-1\right)}=1-\frac{1}{\frac{T_2}{T_1}} \tag{6-12}$$

引入压缩比 $\varepsilon=v_1/v_2$，最终得到定容加热理想循环热效率为

$$\eta_t=1-\frac{1}{\varepsilon^{k-1}} \tag{6-13}$$

从热效率公式可以得出，当工作一定时，随着压缩比的增加，定容加热理想循环热效率不断增加，但为了防止爆燃影响正常燃烧，压缩比应控制在一定范围之内，一般为 5～10。

6.6 柴油机循环及热力分析

线上课程视频资料

6.6.1 柴油机实际工作循环

柴油机使用的燃料是柴油，它的燃油供给和燃烧过程与汽油机的工作过程有所不同，如图 6-10 所示为柴油机实际工作循环的示意图。首先进气阀门打开，活塞从上止点向下止点运行，空气进入汽缸，活塞到达下止点附近时，进气结束，进气阀门关闭；随后活塞开始从下止点向上止点运行，不断压缩空气，随着空间的不断缩小，空气温度和压力都不断上升，当活塞达到上止点附近时，喷油器向汽缸内喷入柴油，由于压缩后的空气温度高于柴油的燃点温度，雾化后的柴油分子与高温高压空气边混合边燃烧，化学能转换成热能，混合气体压力和温度急剧上升，从而推动活塞向下运行；随后活塞从下止点向上止点运行，此时排气阀门打开，高压废气开始排出汽缸外，并随着活塞向上端运行，残余废气逐渐排出气缸外，柴油机完成一个工作循环。在柴油机的工作过程中，压缩的气体为空气，而汽油机压缩的气体为空气与汽油的混合气；柴油机的燃烧方法为压燃，而汽油机则需要依靠火花塞来点燃汽油混合气，这两点是柴油机与汽油机工作过程中最大的不同，其他工作过程基本相同。柴油机实际工作循环也可以用示功图描述，如图 6-11 所示。

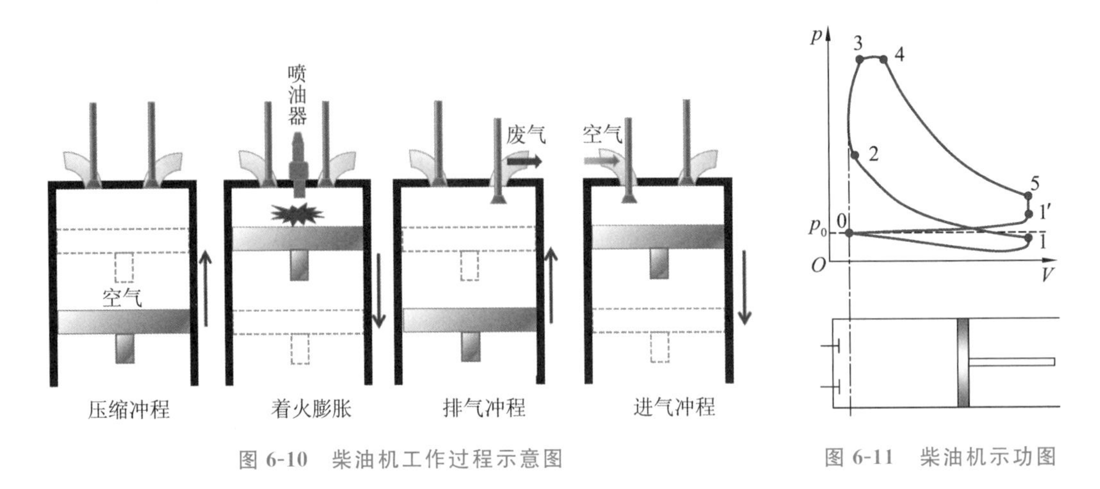

图 6-10 柴油机工作过程示意图

图 6-11 柴油机示功图

6.6.2 柴油机理想工作循环(混合加热和定压加热理想循环)

柴油机实际工作循环与汽油机比较相似,有工质的流进与流出,也为开口系统。同样为了简化模型,便于分析计算,将进、排气推动功相互抵消,实际工作循环可简化为闭合、可逆的理想循环,如图 6-12 所示。1—2 为绝热压缩过程,2—3 为定容燃烧过程,3—4 为定压燃烧过程,4—5 为绝热膨胀过程,5—1 为定容放热过程,这种理想工作循环叫混合加热理想循环,又称萨巴特循环。

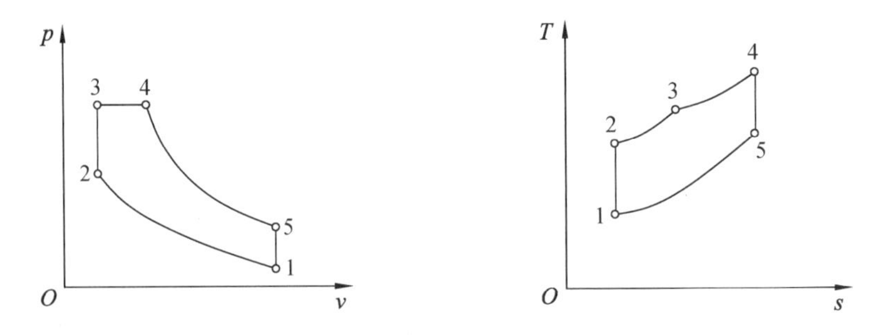

图 6-12 柴油机混合加热工作循环示功图与示热图

混合加热理想循环的吸热量、放热量、循环净功及循环热效率分别为

$$q_1=c_{V0}(T_3-T_2)+c_{p0}(T_4-T_3)$$

$$|q_2|=c_{V0}(T_5-T_1)$$

$$\eta_t=\frac{w_0}{q_1}=1-\frac{c_{V0}(T_5-T_1)}{c_{V0}(T_3-T_2)+c_{p0}(T_4-T_3)} \tag{6-14}$$

引入压缩比 $\varepsilon=v_1/v_2$,升压比 $\lambda=p_3/p_2$ 和预胀比 $\rho=v_4/v_3$ 后,式(6-14)可变为

$$\eta_t=1-\frac{\lambda\rho^k-1}{\varepsilon^{k-1}[(\lambda-1+k\lambda(\rho-1)]} \tag{6-15}$$

分析上式可以得出,混合加热理想循环的热效率随着压缩比和升压比的增大而提高,随着预胀比的增大而降低。

如果在柴油机的工作过程中,喷油器在活塞开始向下止点移动时才喷油,即燃烧过程只存在定压燃烧,则柴油机工作循环的示功图及示热图可简化为图 6-13,可以得到柴油机的定压加热理想循环,又称为狄塞尔(Diesel)循环。

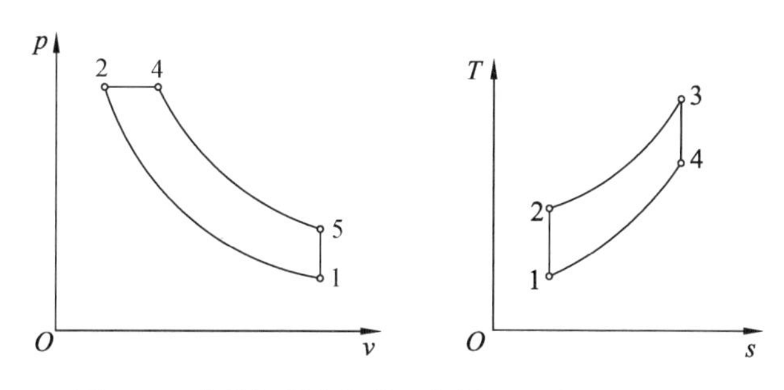

图 6-13 柴油机混合加热工作循环示功图与示热图

定压加热理想循环的吸热量、放热量、循环净功及循环热效率分别为

$$q_1=c_{p0}(T_3-T_2)$$

$$|q_2|=c_{V0}(T_4-T_1)$$

$$\eta_t=1-\frac{c_{V0}(T_4-T_1)}{c_{p0}(T_3-T_2)}=1-\frac{\rho^k-1}{\varepsilon^{k-1}k(\rho-1)} \tag{6-16}$$

讨论

1. 从内燃机循环的分析、比较发现，各种理想循环在加热前都有绝热压缩过程，为什么？

6.7 活塞式内燃机理想循环热效率比较

通过 6.5 节和 6.6 节可以看出，活塞式内燃机理想循环主要有混合加热理想循环、定压加热理想循环和定容加热理想循环，其中动力装置循环热效率是我们比较关心的问题之一。下面，在一定的热力状态参数条件下，对各种循环的热效率进行分析和比较。

6.7.1 压缩比和吸热量相同时的循环热效率比较

在压缩比和吸热量相同时，三种活塞式内燃机理想循环的示热图如图 6-14 所示。

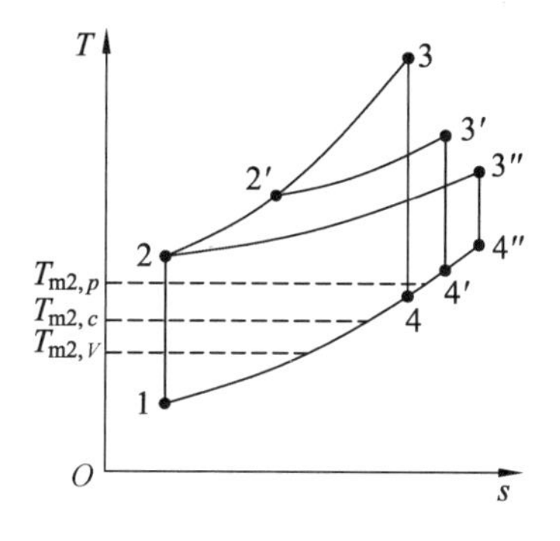

图 6-14 压缩比和吸热量相同时循环热效率比较

由图 6-14 可知：定压加热循环的放热量最大，定容加热循环的放热量最少，混合加热循环的放热量介于两者之间，即

$$|q_{2,p}|>|q_{2,c}|>|q_{2,V}|$$

利用 $\eta=1-\frac{|q_2|}{q_1}$，可以得到

$$\eta_V>\eta_c>\eta_p$$

即在压缩比和吸热量相同时，定容加热循环热效率最高。

6.7.2 压缩比和放热量相同时的循环热效率比较

在压缩比和放热量相同时，三种活塞式内燃机理想循环的示热图如图 6-15 所示。

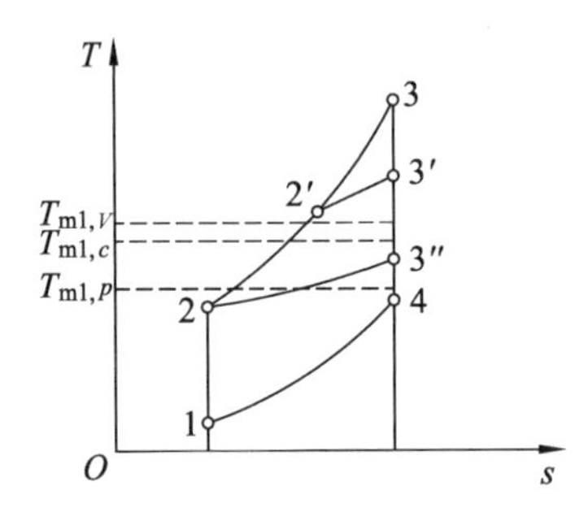

图 6-15 压缩比和放热量相同时循环热效率比较

由图 6-15 可知：由于三种循环的放热量相同，平均放热温度都一样，而在定容加热循环的加热过程 2—3 中，平均加热温度 $T_{m1,V}$ 最大，在定压加热循环的吸热过程 2—3″中，平均加热温度 $T_{m1,p}$ 最小，而混合加热循环的平均吸热温度 $T_{m1,c}$ 介于两者之间，即

$$T_{m1,V}>T_{m1,c}>T_{m1,p},\ q_{1,V}>q_{1,c}>q_{1,p}$$

利用 $\eta=1-\frac{|q_2|}{q_1}$，可以得到

$$\eta_V>\eta_c>\eta_p$$

即在压缩比和放热量相同时，定容加热循环热效率最高。

6.7.3 最高压力和最高温度相同时的循环热效率比较

在发动机的工作过程中，考虑到机体强度的限制，以及减少工作噪声和振动的要求，必须控制最高压力和温度，因此常以一定的最高压力和温度为前提来比较内燃机三种循环的热效率，示热图所图 6-16 所示。

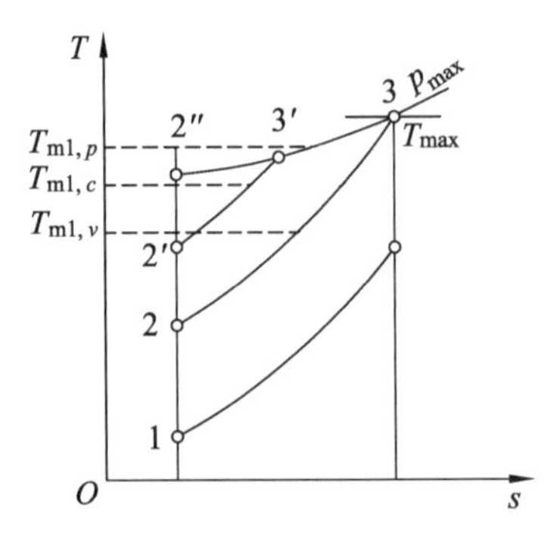

图 6-16 最高压力和温度相同时循环热效率的比较

由图 6-16 可知：由于三种循环的最高压力和温度一样，放热过程也一样，平均放热温度都相同，但在定压加热循环的加热过程 2″−3 中，平均加热温度 $T_{m1,p}$ 最大，在定容加热循环的吸热过程 2−3 中，平均加热温度 $T_{m1,V}$ 最小，而混合加热循环的平均吸热温度 $T_{m1,c}$ 介于两者之间，即

$$T_{m1,p}>T_{m1,c}>T_{m1,V}, q_{1,p}>q_{1,c}>q_{1,V}$$

利用 $\eta=1-\frac{|q_2|}{q_1}$，可以得到

$$\eta_p>\eta_c>\eta_V$$

即在最大压力及最大温度相同时，定压加热循环热效率最高。

6.8 燃气轮机工作原理及理想循环热力分析

燃气轮机装置主要包括压气机、燃烧室和燃气轮机三个基本部件，如图 6-17 所示。空气经过压气机绝热压缩后进入燃烧室，与燃料混合后在燃烧室中定压燃烧，燃烧后产生的高温气体在汽轮机中绝热膨胀，推动叶轮旋转输出轴功后，废气在定压环境下排放到大气中，即定压放热。另一种装置，是以氦气为工质，压气机将氦气绝热压缩后，再送至燃烧室中，从外部进行定压加热，得到高温高压的氦气，高温高压的氦气在汽轮机中进行绝热膨胀，推动叶轮输出轴功，最后在冷却器中完成定压放热，完成整个循环。这种称为闭式燃气轮机装置，工作示意图如图 6-18 所示。

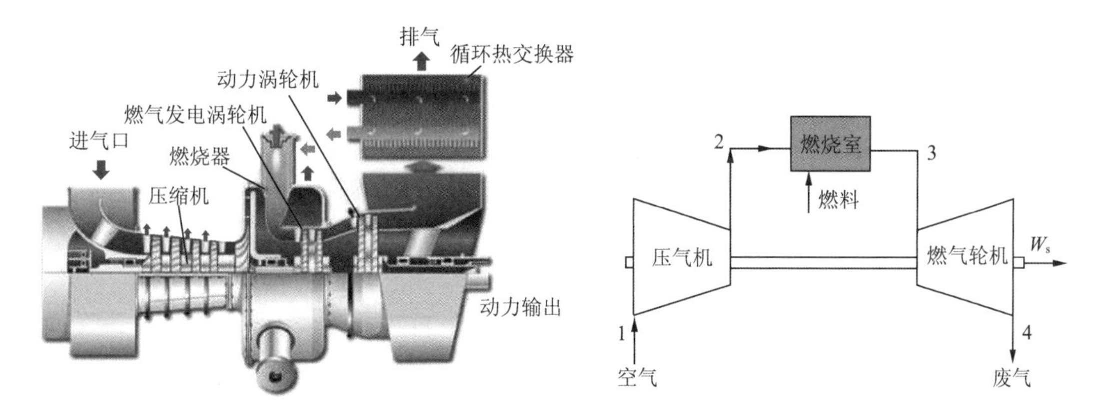

图 6-17 燃气轮机装置示意图

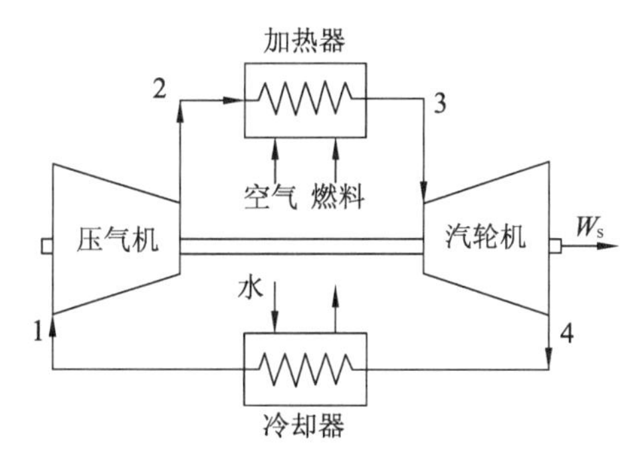

图 6-18 闭式燃气轮机装置示意图

对燃气轮机装置工作循环进行合理简化，并假定每个热力过程都是可逆的，相应的理想热力循环由四个热力过程组成，如图 6-19 所示：1－2 为绝热压缩过程，2－3 为定压加热过程，3－4 为绝热膨胀过程，4－1 为定压放热过程。这个循环称为定压加热燃气轮机循环，也叫作布雷敦(Brayton)循环。

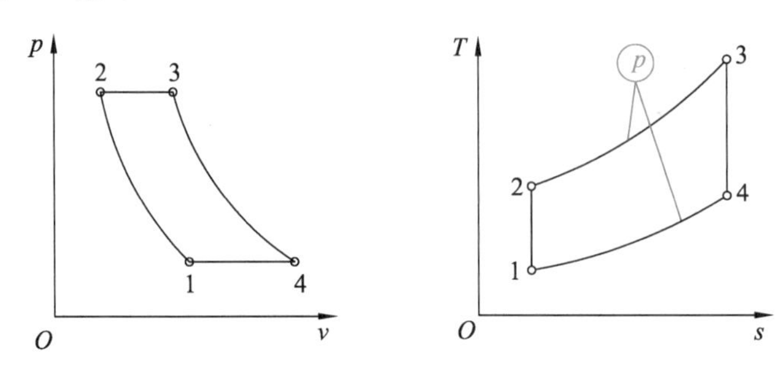

图 6-19　燃气轮机循环示功图与示热图

燃气轮机装置定压加热循环中，定压加热过程 2－3 中工质吸热量为

$$q_1 = c_{p0}(T_3 - T_2)$$

定压放热过程 4－1 中工质放热量为

$$|q_2| = c_{p0}(T_4 - T_1)$$

得到定压加热燃气轮机循环的热效率为

$$\eta_t = \frac{w_0}{q_1} = 1 - \frac{|q_2|}{q_1} = 1 - \frac{T_4 - T_1}{T_3 - T_2} = 1 - \frac{T_1\left(\frac{T_4}{T_1} - 1\right)}{T_2\left(\frac{T_3}{T_2} - 1\right)} \tag{6-17}$$

因为过程 1－2 和过程 3－4 都是可逆的绝热过程，故有

$$\frac{T_2}{T_1} = \left(\frac{p_2}{p_1}\right)^{(k-1)/k} \qquad \left(\frac{p_3}{p_4}\right)^{(k-1)/k} = \frac{T_3}{T_4}$$

因为 $p_1 = p_4$、$p_2 = p_3$，所以 $T_4/T_3 = T_1/T_2$，即

$$T_4/T_1 - 1 = T_3/T_2 - 1$$

因而式(6-14)可简化为

$$\eta_t = 1 - \frac{T_1}{T_2}$$

若引入增压比 $\pi = \frac{p_2}{p_1}$，则

$$\eta_t = 1 - \frac{1}{\pi^{(k-1)/k}} \tag{6-18}$$

从式(6-18)中可以看出，定压加热燃气轮机循环中，当绝热指数一定时，循环热效率随增压比的增大而提高。

燃气轮机装置循环净功为燃气轮机输出的轴功与压气机消耗的轴功之差，工质在绝热压缩过程中消耗的轴功为

$$|(w_s)_C| = h_2 - h_1 = c_{p0}(T_2 - T_1)$$

工质在绝热膨胀过程中对外输出轴功为

$$(w_s)_T = h_3 - h_4 = c_{p0}(T_3 - T_4)$$

因此循环净功为

$$w_0 = (w_s)_T - |(w_s)_C| = c_{p0}(T_3 - T_4) - c_{p0}(T_2 - T_1)$$

$$w_0 = c_{p0}\left[T_3\left(1 - \frac{1}{\pi^{(k-1)/k}}\right) - T_1(\pi^{(k-1)/k}) - 1\right] \tag{6-19}$$

当最高温度与绝热指数一定时,循环净功主要取决于增压比,通过求 w_0 对 π 的一阶和二阶导数,求得当 $\pi_{\max,w0} = \left(\frac{T_3}{T_1}\right)^{k/2(k-1)}$ 时,循环净功 w_0 有极大值。如图 6-20 所示,在 T-s 图上,当最高温度一定时,在很小的 π 和很高的 π 下,循环曲线所围面积都趋于零,而当增压比 π 为某个中间值时,循环曲线所围面积最大,燃气轮机装置定压加热循环中,与循环热效率的变化规律不一样,循环净功并不是随着增压比增大而一直增大的。

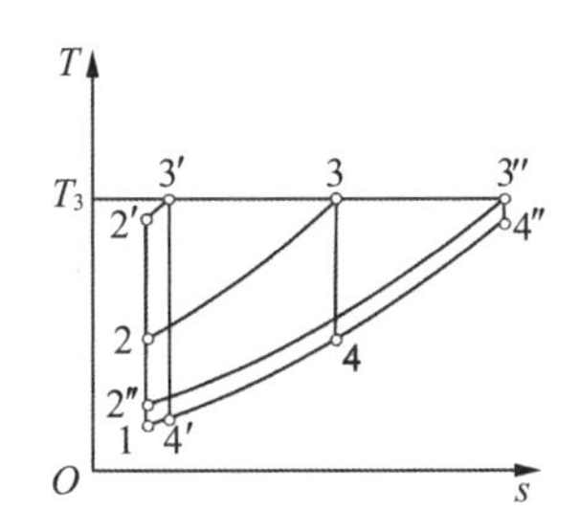

图 6-20 循环净功随增压比变化图

讨论

1. 燃气轮机装置循环中,压缩过程若采用定温压缩可减少所消耗的功,因而增加了循环净功,但在其他条件不变的情况下,为什么循环热效率反而是下降的?

2. 燃气轮机装置循环中,压气机耗功占燃气轮机输出功的很大部分(约 60%),为什么仍广泛应用于飞机、轮船等场合?

6.9 燃气轮机实际循环热力分析

燃气轮机装置实际循环工作中,压气机压气过程及燃气轮机膨胀做功过程都是不可逆过程,如果其他过程仍看作可逆过程,则燃气轮机实际循环示热图如图 6-21 所示。图中,1—2′为不可逆绝热压缩过程,2′—3 为定压吸热过程,3—4′为不可逆绝热膨胀过程,4′—1 为定压放热过程。在压气机工作过程中,定义了压气机的绝热效率 $\eta_{C,S}$,来判断不可逆因素的大小。对于燃气轮机,可用涡轮机效率 η_T 来描述燃气轮机的不可逆程度,涡轮机效率定义为不可逆时燃气轮机对外输出的轴功 $(w_s)_{T'}$ 与可逆条件下燃气轮机对外输出的轴功 $(w_s)_T$ 之比,即

$$\eta_T = \frac{(w_s)_{T'}}{(w_s)_T} = \frac{h_3 - h_{4'}}{h_3 - h_4}$$

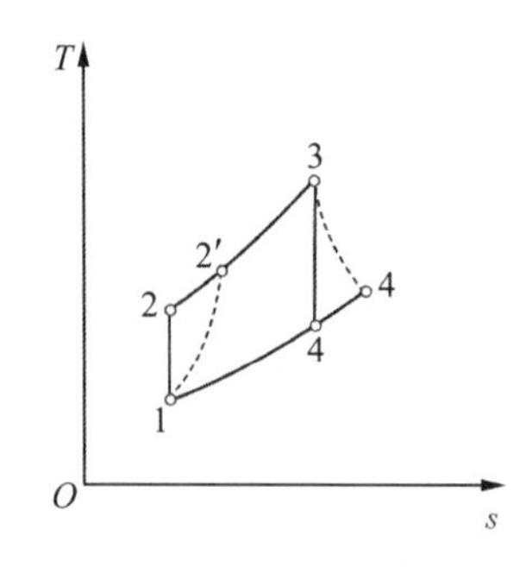

图 6-21　燃气轮机实际循环示热图

涡轮机效率 η_T 越接近 1 越好，一般涡轮机效率为 0.85～0.92。

故燃气轮机装置实际循环净功为

$$w_0=(w_s)_{T'}-|(w_s)_{C'}|=(h_3-h_4)\eta_T-(h_2-h_1)\frac{1}{\eta_{C,S}}$$

实际循环热效率可表示为

$$\eta_t=\frac{w_0}{q_1}=\frac{(h_3-h_4)\eta_T-(h_2-h_1)\frac{1}{\eta_{C,S}}}{h_3-h_{2'}}=\frac{(h_3-h_4)\eta_T-(h_2-h_1)\frac{1}{\eta_{C,S}}}{(h_3-h_1)-(h_2-h_1)\frac{1}{\eta_{C,S}}}$$

若工质的比热容为定值，则上式可变化为

$$\eta_t=\frac{c_{p0}(T_3-T_4)\eta_T-c_{p0}(T_2-T_1)\frac{1}{\eta_{C,S}}}{c_{p0}(T_3-T_1)-c_{p0}(T_2-T_1)\frac{1}{\eta_{C,S}}}=\frac{\frac{\tau}{\pi^{(k-1)/k}}\eta_T-\frac{1}{\eta_{C,S}}}{\frac{\tau-1}{\pi^{(k-1)/k}-1}-\frac{1}{\eta_{C,S}}} \tag{6-20}$$

式中，$\tau=T_3/T_1$，称为升温比。在增压比及工质确定的条件下，增大升温比，可提高燃气轮机循环热效率。

6.10 燃气轮机工作热效率的优化

通过改变热力参数，可以提高燃气轮机循环热效率，还可以通过添加回热器、采用多级压缩中间冷却等方法提高装置热效率。

6.10.1 燃气轮机装置的回热循环

增加回热器的燃气轮机装置如图 6-22 所示，与普通燃气轮机装置相比，它在压气机与燃烧室之间增加了回热器，理论上，当燃气轮机的排气温度 T_4 高于压气机出口的空气温度 T_2 时，就可以采用回热措施，利用废气的高温余热对压气机出口至燃烧室进口之间的空气进行预热。

在理想情况下，空气在回热器中与排出的废气进行充分的热量交换，空气可以得到充分的预热，因此空气经过回热器后，进入燃烧室之前的温度 T_6，与废气排出时的温度 T_4 相等，同时废气可以得到充分冷却，经过回热器后，废气的温度 T_5 与压气机出口空气的温度 T_2 相等。这样的回热过程，称为理想回热过程。燃气轮机装置的理想回热循环由六个可逆过程组成，如图 6-22 所示。图 6-22 中，1—2 为压气机的绝热压缩过程；2—6 为空气在回热器中的定压吸热过程；6—3 为燃烧室中燃料混合气体定压燃烧加热过程；3—4 为高温高压燃气在燃气轮机中的绝热膨胀过程；4—5 为废气在回热器中定压放热过程；5—1 为废气在大气中的定压放热过程。

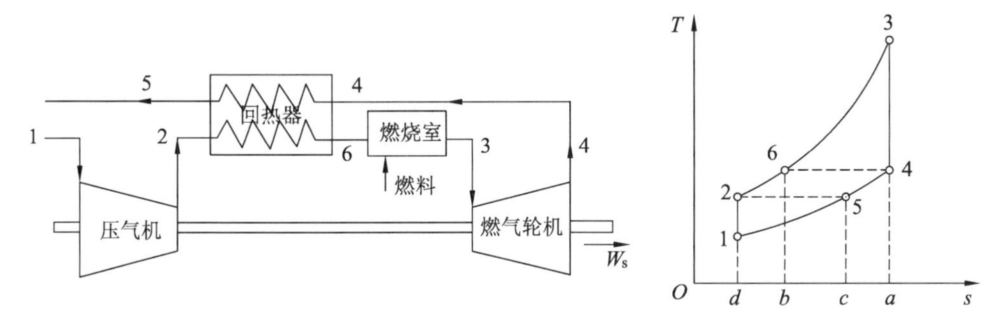

图 6-22 燃气轮机装置理想回热循环及示热图

相比于普通燃气轮机理想循环，燃气轮机理想回热循环中，定压加热过程由 2—3 变为 6—3，平均吸热温度上升，定压放热过程由 4—1 变为 5—1，平均放热温度下降，由等效卡诺循环热效率公式可知，采用回热措施可以提高燃气轮机装置的循环热效率。

根据热效率公式，燃气轮机理想回热循环热效率为

$$\eta_t = 1 - \frac{|q_2|}{q_1} = 1 - \frac{h_5 - h_1}{h_3 - h_6} = 1 - \frac{T_5 - T_1}{T_3 - T_6} \tag{6-21}$$

回热器实际工作过程中，空气经过回热器后的温度一般是低于废气排出时的温度 T_4，如图 6-23 所示，空气在回热器中实际得到的热量为 $q' = h_{6'} - h_2$；而废气经过回热器换热后，排入大气的温度一般比压气机出口空气的温度 T_2 高，废气在回热器中实际交换的热量为 $q' = h_{5'} - h_4$。通常把空气在回热器中实际所得热量 q' 与理想情况下所得热量 q 之比称为回热度 μ，即

$$\mu = \frac{q'}{q} = \frac{h_{6'} - h_2}{h_6 - h_2} = \frac{h_{5'} - h_4}{h_5 - h_4} \tag{6-22}$$

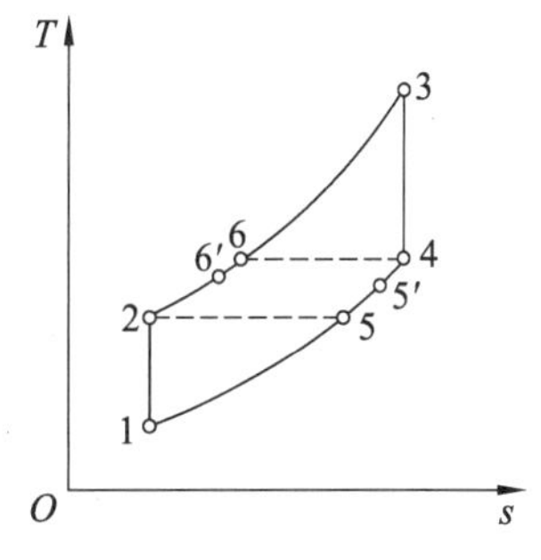

图 6-23 燃气轮机装置实际回热循环

一般回热器的回热度在 0.50～0.80。

此时，燃气轮机真实回热循环热效率为

$$\eta_t = 1 - \frac{|q_2|}{q_1} = 1 - \frac{h_{5'} - h_1}{h_3 - h_{6'}} = 1 - \frac{T_{5'} - T_1}{T_3 - T_{6'}} \tag{6-23}$$

由于循环净功量没有变化，吸热量增加，因此燃气轮机真实回热循环热效率比理想回热循环热效率低。

6.10.2 多级压缩中间冷却及再热的回热循环

根据压气机知识点的学习可知，在采用回热措施的基础上增加多级压缩中间冷却及多级膨胀中间再热措施，可以进一步提高装置循环热效率。图 6-24 为改进后的燃气轮机装置示意图及示热图，装置中压气机为两级压缩，由低压压气机及高压压气机组成，燃气轮机也由高压级及低压级两部分组成，并在两者之间添加了燃烧室。由示热图可以看出，平均吸热

温度提高，平均放热温度降低，使得装置循环热效率得到较大的提升。

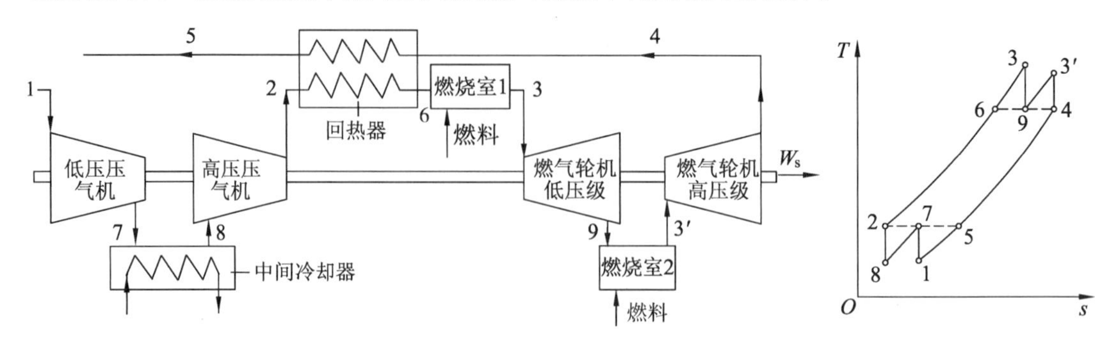

图 6-24　多级压缩中间冷却以及再热的回热循环

习　题

6-1　空气为 $p_1=1\times10^5$ Pa，$t_1=50$ ℃，$V_1=0.032$ m^3，进入压气机按多变过程压缩至 $p_2=32\times10^5$ Pa，$V_2=0.002\ 1$ m^3。试求：(1) 多变指数 n；(2) 压气机的耗功；(3) 压缩终了空气温度；(4) 压缩过程中传出的热量。

6-2　有一台活塞式空气压气机，其余隙比为 0.05，进气压力为 0.1 MPa、温度为 17 ℃，压缩后压力为 1.6 MPa，设压缩过程的多变指数均为 1.25，试求使用单缸压气机及有中间冷却的两级压气机时，其容积效率的变化。

6-3　有一台压缩机将空气由 0.1 MPa、27℃绝热压缩到 0.9 MPa、627.5 K，试问该压缩过程是否可逆，为什么？若不可逆求该压缩机的绝热效率。设空气比热容取值定值，$R_g=287$ kJ/(kg·K)，$c_p=1.004$ kJ/(kg·K)。

6-4 某两级压缩、中间冷却的活塞式压气装置，每小时吸入 $p_1=0.1$ MPa、$t_1=17$ ℃的空气 108.5 kg，可逆多变压缩到 $p_4=6$ MPa，设备多变指数为 1.2，试分析这个装置与单机多变压缩($n=1.2$)至同样增压比时消耗功情况的比较。

6-5 在两级压缩活塞式压气机装置中，空气从初态 $p_1=0.1$ MPa、$t_1=27$ ℃压缩到终压 $p_4=6.4$ MPa。设两气缸中的可逆多变压缩过程的多变指数均为 $n=1.2$，且级间压力取最佳中间压力。要求压气机每小时向外供给 4 m^3 的压缩空气量。求：(1) 压气机总的耗功率；(2) 每小时流经压气机水套及中间冷却器总的水量。设水流过压气机水套及中间冷却器时的温升都是 15 ℃。

6-6 压气机中气体压缩后的温度不宜过高，取极限值为 150 ℃，吸入空气的压力和温度为 $p_1=0.1$ MPa、$t_1=20$ ℃。若压气机缸套中流过 465 kg/h 的冷却水，气缸套中的水温升高 14 ℃。求在单级压气机中压缩 250 m^3/h 进气状态下空气可能达到的最高压力及压气机必需的功率。

6-7 汽油机的增压器吸入 $p_1=98$ kPa、$t_1=17$ ℃的空气-燃油混合物，经绝热压缩到 $p_2=216$ kPa。已知混合物的初始密度 $\rho_1=1.3$ kg/m^3，混合物中空气与燃油的质量比为 14∶1，燃油耗量为 0.66 kg/min。求增压器的绝热效率为 0.84 时，增压器所消耗的功率。设混合物可视为理想气体，比热容为定值，绝热指数 $k=1.38$。

6-8 活塞式压气机从大气吸入压力为 0.1 MPa、温度为 27 ℃的空气，经 $n=1.3$ 的多变过程压缩 0.7 MPa 后进入一储气筒，再经储气筒上的渐缩喷管排入大气，如习题 6-8 图所示，由于储气筒散热，进入喷管时空气压力为 0.7 MPa，温度为 60 ℃，已知喷管出口截面面积为 4 cm^3。试求：

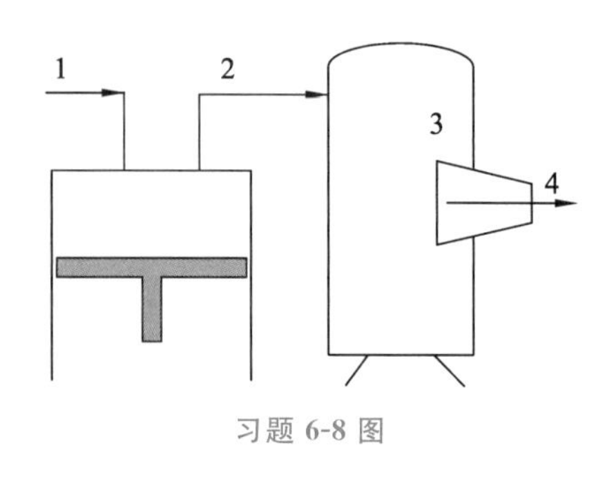

习题 6-8 图

(1) 流经喷管的空气流量；

(2) 压气机每小时吸入大气状态下的空气容积；

(3) 压气机的耗功率。

6-9 一个空气标准奥托循环的压缩比为 9.5，在等熵压缩过程之前，空气参数为 100 kPa、17 ℃和 600 cm^3。等熵膨胀过程终温是 800 K，试确定：(1) 循环最高温度；(2) 循环最高压力；(3) 吸热量；(4) 循环热效率；(5) 循环的平均有效压力。

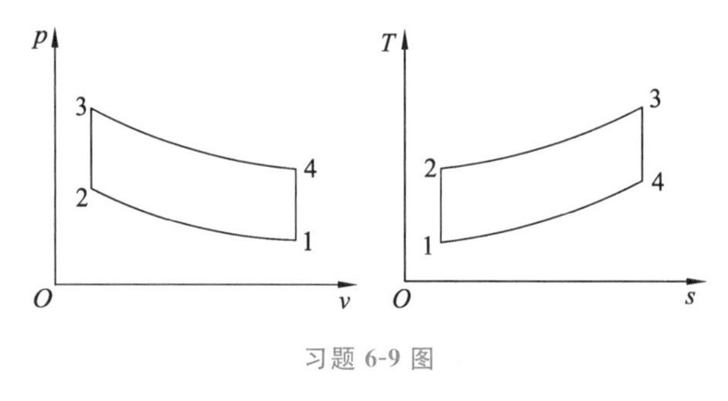

习题 6-9 图

6-10 一个空气标准狄塞尔循环在压缩过程开始时的空气参数为 95 kPa 和 290 K，在加热过程终了时的压力和温度分别为 6.5 MPa 和 2 000 K，试确定：(1) 压缩比；(2) 等压预胀比；(3) 循环热效率。

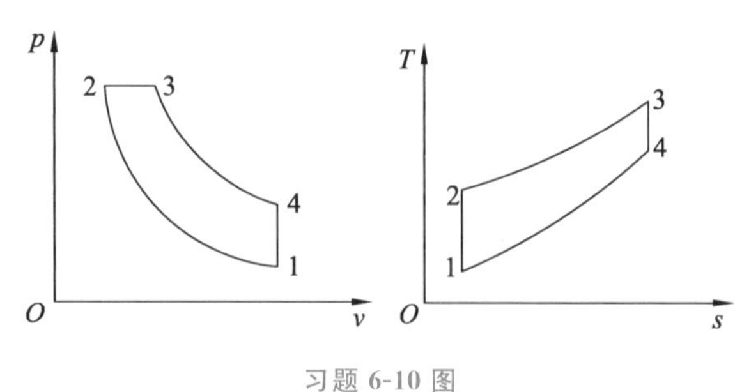

习题 6-10 图

6-11 内燃机混合加热循环的 p-V 及 T-s 图如习题 6-11 图所示。已知 $p_1=97$ kPa、$t_1=28$ ℃、$V_1=0.084$ m^3,压缩比 $\varepsilon=15$,循环最高压力 $p_3=6.2$ MPa,循环最高温度 $t_4=1\ 320$ ℃,工质视为空气。试计算:(1) 循环各状态点的压力、温度和容积;(2) 循环热效率;(3) 循环吸热量;(4) 循环净功量。

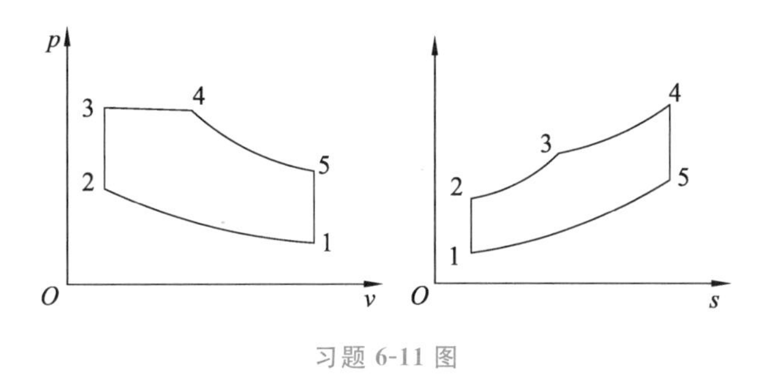

习题 6-11 图

6-12 发动机运行于空气标准奥托循环,循环功是 900 kJ/kg,循环中最高温度为 3 000 ℃,等熵压缩终温是 600 ℃,求发动机的压缩比。

6-13 习题 6-13 图中的定容加热循环 1-2-3-4-1 与定压加热循环 1—2′—3′—4′—1,其工质均为同种理想气体,在 $T_3=T_{3'}$ 条件下,哪个热效率高?

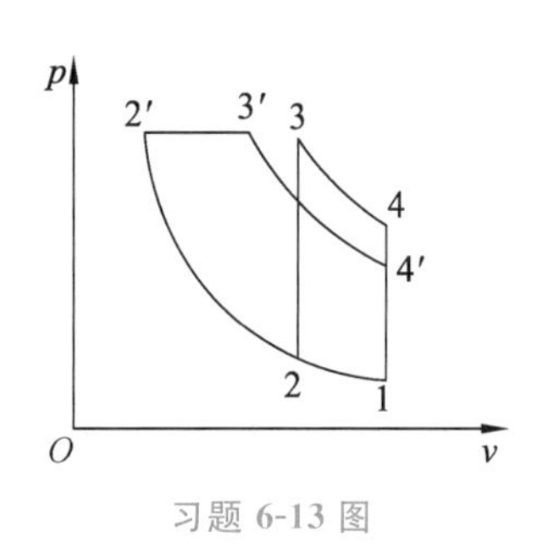

习题 6-13 图

6-14　内燃机定容加热理想循环如习题 6-14 图所示，若已知压缩初温和循环的最高温度，求循环净功量达到最大时的 T_2、T_4 及这时的热效率是多少？

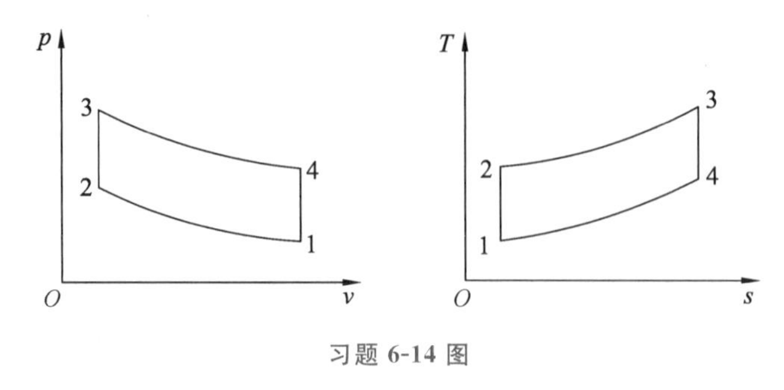

习题 6-14 图

6-15　燃气轮机循环的增压比为 8，空气进口压力和温度分别为 100 kPa 和 25 ℃，最高允许温度为 1 100 ℃，试确定：(1) 循环热效率；(2) 循环净功；(3) 吸热量。

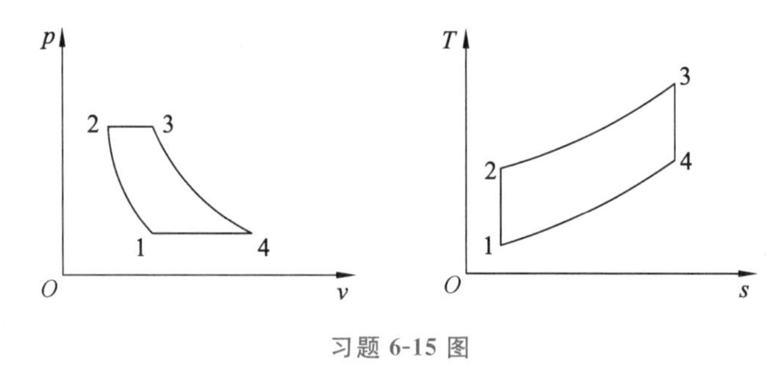

习题 6-15 图

6-16　某采用了回热措施的燃气轮机装置，空气进入压气机的温度为 17 ℃，压力为 0.1 MPa，增压比 $\pi=5$，燃气轮机进口温度为 810 ℃，压气机绝热效率 0.85，燃气轮机相对内效率 0.88，试在 T-s 图上画出该循环，并求：(1) 回热度为 0.65 时的循环热效率；(2) 理想极限回热时的循环热效率；(3) 无回热措施时的循环热效率。

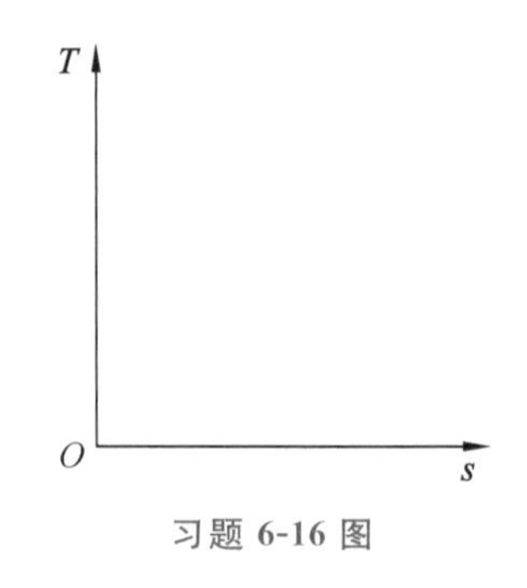

习题 6-16 图

7 实际气体与蒸汽动力循环

热力学是专门探讨能量内涵、能量转换以及能量与物质间交互作用的科学，早期物理学中，把研究热现象的部分称为热物理，后来称为热学，近代则称之为热力学。顾名思义，热力学和“热”有关，和“力”也有关，热是一种传送中的能量。物体的原子或分子通过随机运动，把能量由较热的物体传往较冷的物体。

17世纪时伽利略(Galileo Galilei)曾利用气体膨胀的性质制造气体温度计，波义耳(Robert Boyle)在1662年发现，在定温下，定量气体的压力与体积成反比；18世纪，经由准确的实验数据建立了摄氏及华氏温标，其标准目前我们仍在使用；1781年查理(charles)发现了在定压下气体体积会随着温度改变的现象，但对于热本质的了解则要等到19世纪以后。

焦耳自1843年起经过一连串的实验，证实了热是能量的另一种形式，并定出了热能与功两种单位换算的比值，此能量守恒定律被称为热力学第一定律，自此人类对于热的本质才算开始了解。1850年开尔文及克劳修斯说明热机输出的功一定少于输入的热能，称为热力学第二定律。这两条定律再加上能斯特在1906年所提出的热力学第三定律，即在有限次数的操纵下无法达到绝对零度，一起构成了热力学的基本架构。综观历史，所谓热力学发展史，其实就是热力学与统计力学的发展史，基本上可划分成四个阶段。

第一个阶段，开始于17世纪末到19世纪中叶，这个时期累积了大量的实验和观察，并制造出蒸汽机，关于“热”的本质展开了研究和争论，为热力学理论的建立做了准备。在19世纪前半叶首先出现的卡诺理论、热机理论(第二定律的前身)和热功相当互换的原理(第一定律的基础)已经包含了热力学的基本思想，这一阶段的热力学还停留在热力学的现象描述阶段，并未引进任何数学算式。

第二个阶段，19世纪中到19世纪70年代末，发展了热力学和分子运动论，这些理论的诞生与热功相当原理有关。热功相当原理奠定了热力学第一定律的基础，而第一定律和卡诺理论结合，又导致热力学第二定律的形成，热功相当原理跟微粒说结合则导致分子运动论的建立；另一方面，以牛顿力学为基础的气体动力论也开始发展，在这段时期内人们并不了解热力学与气体动力论之间的关联，热力学和分子运动论彼此还是隔绝的。

第三个阶段，19世纪年代末到20世纪初，这个时期内，波兹曼(Ludwig Edward Boltzmann)结合热力学与分子动力学的理论促使统计热力学的诞生，同时他也提出了非平衡态的理论基础，至20世纪初吉布斯(J. Willard Gibbs)提出系统理论建立了统计力学。这一时期的开尔文为热力学也做出了重大贡献。他研究卡诺循环也提出第二定律，更由此制定了绝对温标，又称开氏温标K。他利用卡诺循环建立绝对温标，重新设定水的冰点为273.7度、沸点为373.7度，为了纪念他的贡献，绝对温度的单位以开尔文来命名。他在1851年发表题为《热动力理论》的论文，写出热力学第二定律的开尔文表述：我们不可能从单一热源取热，使它完全变为有用的功而不产生其他影响。普朗克在能斯特提出的“在 0 K 时任何化学变化其纯物质凝聚态反应的总熵与纯物质凝聚态产物的总熵相等”的基础上，于 1921 年提出热力学第三定律，即完美晶体在绝对零度时，其熵为零。

第四个阶段，20 世纪 30 年代至今，这个时期由于量子力学的引进，建立了量子统计力学，同时非平衡态理论也有了更进一步的发展，从而形成了近代理论与试验物理学中最重要的一环。

在热力学发展的过程中，实际气体和热力循环一直是非常关键的。

7.1 实际气体的性质及热力学一般关系式

7.1.1 理想气体状态方程用于实际气体的偏差

研究实际气体的性质在于寻求它的各热力参数间的关系，其中最重要的是建立实际气体的状态方程。因为不仅 p、v、T 本身就是过程和循环分析中必须确定的量，而且在状态方程基础上利用热力学一般关系式可导出 u、h、s 及比热容的计算式，以便于进行过程和循环的热力分析。本节分析理想气体方程应用于实际气体时存在的偏差。

按照理想气体的状态方程 $pv=R_gT$，可得出$\dfrac{pv}{R_gT}=1$。因而对于理想气体，比值$\dfrac{pv}{R_gT}$恒等于 1，在$\dfrac{pv}{R_gT}-p$ 图上应该是一条通过 1 的水平线。但实验结果显示实际气体并不符合这样的规律，尤其在高压低温下偏差更大。

实际气体的这种偏差通常采用压缩因子或压缩系数 Z 表示

$$Z=\frac{pv}{R_gT}=\frac{pV_m}{RT}\text{或}\ pV=ZR_gT,\ pV_m=ZRT \tag{7-1}$$

显然，理想气体的 Z 恒等于 1。实际气体的 Z 可大于 1，也可小于 1。Z 值偏离 1 的大小，反映了实际气体对理想气体性质偏离的程度。Z 值与气体的种类有关，此外同种气体的 Z 值还随压力和温度而变化。因而，Z 是状态的函数。临界点的压缩因子 $Z_{cr}=\dfrac{p_{cr}v_{cr}}{R_gT_{cr}}$，称为临界压缩因子。

为了便于理解压缩因子 Z 的物理意义，将式(7-1)改写为

$$Z=\frac{pv}{R_gT}=\frac{v}{R_g\dfrac{T}{p}}=\frac{v}{v_i} \tag{7-2}$$

式中，v 是实际气体在 p、T 时的比体积；v_i 则是在相同的 p、T 下，把实际气体当作理想气体时计算的比体积。因而，压缩因子 Z 即为温度、压力相同时的实际气体比体积与理想气体比体积之比。$Z>1$，说明该气体的比体积比将之作为理想气体在同温同压下计算而得的比体积大，也说明实际气体较之理想气体更难压缩；若 $Z<1$，则说明实际气体可压缩性大。所以，Z 是比体积的比值或从可压缩性大小来描述实际气体对理想气体的偏离。

产生这种偏离的原因是理想气体模型中忽略了气体分子间的作用力和气体分子所占据

的体积。事实上，由于分子间存在着引力，当气体被压缩，分子间平均距离缩短时，分子间引力的影响增大，气体的体积在分子引力作用下要比不考虑引力时小。因此，在一定温度下，大多数实际气体的 Z 值先随着压力增大而减小，即其比体积比作为理想气体在同温同压下的比体积小。随着压力增大，分子间距离进一步缩小，分子间斥力影响逐渐增大，因而实际气体的比体积比作为理想气体的比体积大。同时，分子本身占有的体积使分子自由活动空间减小的影响也不容忽视。故而，极高压力时，气体 Z 值将大于 1，而且 Z 值随压力的增大而增大。

通过以上粗略的定性分析可以看到，实际气体只有在高温低压状态下，其性质和理想气体相近，实际气体是否能作为理想气体处理，不仅与气体的种类有关，而且与气体所处的状态有关。由于 $pv=R_gT$ 不能准确反映实际气体 p、v、T 之间的关系，所以必须对其进行修正和改进，或通过其他途径建立实际气体的状态方程。

7.1.2　范德瓦尔方程和 R-K 方程

对实际气体进行研究，获得状态方程式的方法有理论的、经验的或半经验半理论的。这些方程中，通常准确度高的适用范围较小，通用性强的则准确度差。在各种实际气体的状态方程中，具有开拓性意义的是范德瓦尔方程。

1. 范德瓦尔方程

1873 年范德瓦尔（Van der Wals）针对理想气体微观解释的两个假定，对理想气体的状态方程进行修正，提出了范德瓦尔方程。

范德瓦尔首先考虑到气体分子具有一定的体积，分子可自由活动的空间减少，用 (V_m-b) 来取代理想气体状态方程中的摩尔体积；又考虑到气体分子间的引力作用，气体对容器壁所施加的压力比理想气体的小，用内压力修正压力项。由于由分子间引力引起的单位时间内分子对器壁撞击力的减小与单位壁面面积碰撞的分子数成正比，同时又与吸引这些分子的其他分子数成正比，因此内压与气体的密度的平方，即比体积的平方的倒数成正比，从而压力减小可以用 a/V_m^2 表示。于是得到范德瓦尔方程，即

$$\left(p+\frac{a}{V_m^2}\right)(V_m-b)=RT \text{ 或 } p=\frac{RT}{V_m-b}-\frac{a}{V_m^2} \tag{7-3}$$

式中，a 与 b 是与气体种类有关的常数，称为范德瓦尔常数，根据实验数据确定；a/V_m^2 常被称为内压力。

将范德瓦尔方程按 V_m^2 的降幂次排列，可写成

$$pV_m^3-(bp+RT)V_m^2+aV_m-ab)=0 \tag{7-4}$$

以 T 为参变量可以得到各种定温条件下 p 与 V_m 的关系曲线，如图 7-1 所示。从图中可见，随 T 的不同，p-V_m 曲线有三种类型。第一种是当温度高于某一特定温度（临界温度）时，p-V_m 曲线接近于理想气体的定温双曲线 KL。对于每一个 p，有一个 V_m 值，即只有一个实根（两个虚根）。第二种是当温度等于某一特定温度（临界温度）时，定温线如图 ACB 所示，在 C 点出现驻点（也是拐点），称之为临界状态（或临界点），临界状态工质的压力、温度和摩尔体积用符号 p_{cr}、T_{cr} 及 $V_{m,cr}$ 表示，显然在此处，对应 p_{cr} 可以得到三个相等的实根 $V_{m,cr}$，通过临界点 C 的定温线称为临界定温线。第三种是当温度低于某一特定温度（临界温度）时，定温线如图 $DPMO'NQE$ 所示，与一个压力值对应的有三个 V_m 值，并出现两个驻点 M

和 N。显然临界点 C 的 p_{cr} 和 V_m 有关系式

$$\left(\frac{\partial p}{\partial V_m}\right)_{T_{cr}}=0,\ \left(\frac{\partial^2 p}{\partial V_m^2}\right)_{T_{cr}}=0 \tag{7-5}$$

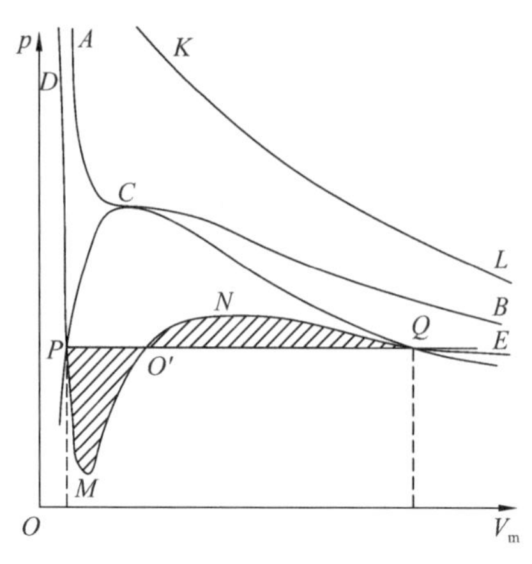

图 7-1　p 与 V_m 的关系

利用某种实际气体如 CO_2 进行实验，发现当温度高于或等于临界温度 304 K 时，得到的结果与上述曲线符合较好，当温度高于临界温度时压力再高，也不会发生气体液化的相变；当温度等于临界温度时，随着压力的升高在临界状态点 C 发生从气态到液态的连续相变；当温度低于临界温度时，实验结果与上述曲线有较大偏差，随着压力的升高，定温曲线不再是如图 $EQNO'MPD$ 所示的曲线，而是在点 Q 开始出现气态到液态的凝结相变，曲线是一段水平线直到点 P 全部液化为液体。

将范德瓦尔方程式(7-1)求导后代入以上关系可得

$$\left(\frac{\partial p}{\partial V_m}\right)_{T_{cr}}=-\frac{RT_{cr}}{(V_{m,cr}-b)^2}+\frac{2a}{V_{m,cr}^3}=0 \tag{7-6}$$

$$\left(\frac{\partial^2 p}{\partial V_m^2}\right)_{T_{cr}}=\frac{2RT_{cr}}{(V_{m,cr}-b)^3}-\frac{6a}{V_{m,cr}^4}=0 \tag{7-7}$$

联立求解上述两式得

$$p_{cr}=\frac{a}{27b^2},T_{cr}=\frac{8a}{27Rb},\ V_{m,cr}=3b \tag{7-8}$$

$$a=\frac{27(RT_{cr})^2}{64P_{cr}},\ b=\frac{RT_{cr}}{8p_{cr}},\ R=\frac{8p_{cr}V_{m,cr}}{3T_{cr}} \tag{7-9}$$

因此气体的范德瓦尔常数 a 和 b 既可以根据气体的实验数据用曲线拟合法确定，也可由实测的临界压力 p_{cr} 和 T_{cr} 的值计算。

2. R-K 方程

R-K(Redlich-Kwong，雷德利希-邝氏)方程式是 1949 年提出的近代最成功的两个常数方程之一，具有较高的精度，且应用简便，对于气液相平衡和混合物的计算十分成功，具有广泛的应用价值。其表达形式为

$$p=\frac{RT}{V_m-b}-\frac{a}{T^{0.5}V_m(V_m+b)} \tag{7-10}$$

式中，a 和 b 是各种物质的固有的常数，可从 p、V_m、T 的实验数据拟合求得，缺乏这些数据

时可由式(7-11)用临界参数求取，即

$$a=\frac{0.427\ 480R^2T_{cr}^{2.5}}{p_{cr}},\ b=\frac{0.086\ 64RT_{cr}}{p_{cr}} \tag{7-11}$$

1972 年出现了对 R-K 方程进行修正的 R-K-S 方程，1976 年又出现 P-R 方程。这些方程拓展了 R-K 方程的适用范围。

7.2 水蒸气的热力性质

线上课程视频资料

水及水蒸气具有分布广、易于获得、价格低廉、无毒无臭、不污染环境等特点，同时具有较好的热力学特性。因此，它是人类在热力工程中最早使用的工质。自从 18 世纪以蒸汽机的发明为特征的工业大革命以来，水蒸气成为大型动力装置中使用最广泛的工质。当水蒸气分压力较低或温度较高时，可以按理想气体处理，不会有太大的偏差，例如，燃气轮机及内燃机燃气中的水蒸气、空气中的水蒸气等。但是在大多数情况下，水蒸气离液态不远，分子间的吸引力和分子本身的体积不容忽略，不能把它当作理想气体处理。本节在掌握水蒸气热力性质特点的基础上，详细讨论水及水蒸气热力性质图表的构成及应用。工程上还经常用到其他工质的蒸汽。

7.2.1 水蒸气的定压发生过程

工程上所用的水蒸气是在锅炉和蒸汽发生器等设备内产生的，其中工质的压力变化很小，可视为定压加热过程。假设 1 kg 的水在如图 7-2 所示的汽缸内进行定压加热，调节活塞上的砝码可改变水的压力。定压下水蒸气的发生过程可分为三个阶段。

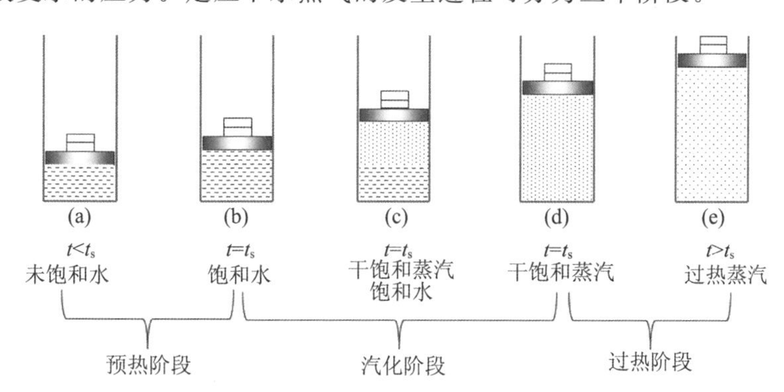

图 7-2 水蒸气的定压加热过程

1. 液体加热阶段(预热阶段)

假定水开始处于压力为 0.1 MPa、温度为 0.01 ℃的状态，在如图 7-3(a)所示的 p-v 图上用 1°表示。在维持压力不变的条件下，随着外界的加热，水的体积稍有膨胀，比体积略有增大，水的熵因吸热而增大。当水温升至 99.634 ℃时，若继续加热，水就会沸腾而产生蒸汽。此沸腾温度称为饱和温度 t_s。处于饱和温度的水称为饱和水，对其除压力和温度外的状态参数均加上标“′”，以示和其他状态的区别，如 h'、v'和 s'等。低于饱和温度的水称为未饱和水(或过冷水)。单位质量 0.01 ℃的未饱和水加热到饱和水所需的热量称为液体热，用 q_1表

示。根据热力学第一定律有

$$q_1=h'-h_0 \tag{7-12}$$

式中，h_0 为 0.01 ℃未饱和水的比焓。

在 T-s 图上，从 0.01 ℃的未饱和水状态 1 定压加热到饱和水状态 1′的过程线如图 7-3(b)所示，q_1 可用 $1^\circ-1'$ 表示。

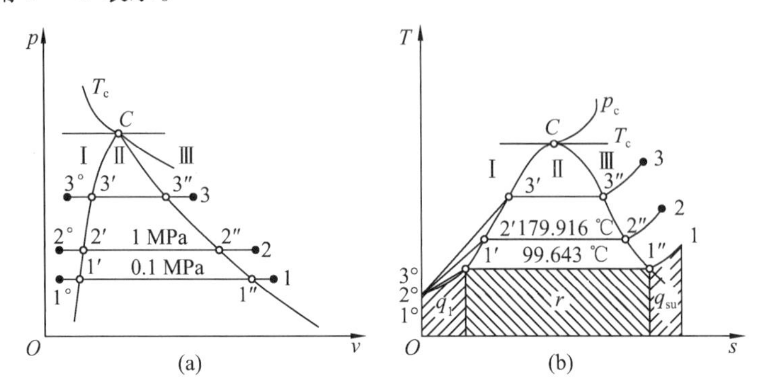

图 7-3 蒸气的定压发生过程

2. 汽化阶段

在维持压力不变的条件下，对饱和水继续加热，水开始沸腾发生相变而产生蒸汽。沸腾时温度保持不变，仍为饱和温度 t_s。在这个水的液-汽相变过程中，所经历的状态是液、汽两相共存的状态，称为湿饱和蒸汽，简称为湿蒸汽，如图 7-2(c)所示。随着加热过程的继续，水逐渐减少，蒸汽逐渐增加，直至水全部变为蒸汽 1″，称为干饱和蒸汽或饱和蒸汽。类似于饱和水状态，对于饱和蒸汽，状态参数除压力和温度外均加上标“″”，如 h''、v'' 和 s'' 等。饱和水定压加热为干饱和蒸汽的过程，虽然工质的压力、温度不变，比体积却随着蒸汽增多而增大，熵值也因吸热而增大，故这个过程在图 7-3 所示的 p-v 图和 T-s 图上是水平线段 $1'-1''$。该过程的吸热量称为汽化热，用 r 表示，则有

$$r=h''-h' \text{或} r=T_s(s''-s') \tag{7-13}$$

此热量在 T-s 图上为 $1'-1''$ 下带阴影线的面积。

3. 过热阶段

对饱和蒸汽继续加热，蒸汽的温度升高，比体积增大、熵值也增大，如图 7-3 所示的 $1''-1$。由于此阶段的蒸汽温度高于同压下的饱和温度，故称为过热蒸汽。过热蒸汽的温度与同压下的饱和温度之差为

$$D=t-t_s \tag{7-14}$$

称为过热度。在这一阶段所吸收的热量称为过热热 q_{su}，有

$$q_{su}=h-h'' \tag{7-15}$$

式中，h 为过热蒸汽的比焓。

在 T-s 图上过程线 $1''-1$ 下方有阴影线的面积即为 q_{su}。

如果改变压力 p，例如将压力提高，再次考察水在定压下的蒸汽发生过程，可以得到类似于上述过程的三个阶段。图 7-2 中的 $2^\circ-2'-2''-2$ 是对应 $p=1$ MPa 的定压下蒸汽的发生过程曲线。虽然三个阶段类似，但其饱和温度却随着压力的提高而提高。对应 1 MPa 的饱和温度不再是 99.634 ℃，而是 179.916 ℃。压力一定，饱和温度一定；反之亦然，二者一一对应。对应饱和温度的压力称为饱和压力，用 p_s 表示，则有

$$t_s=t_s(p_s)\ 和\ p_s=p_s(t_s) \tag{7-16}$$

提高压力后，定压下的蒸汽发生过程，除饱和温度提高外，其汽化阶段$(v''-v')$和$(h''-h')$值减小，因此，汽化热值会随压力的提高而减小。当压力提高到22.064 MPa时，$t_s=373.99$ ℃，此时$v''=v'$，$s''=s'$，即饱和水和饱和蒸汽不再有区别，成为一个状态点，称为临界状态或临界点，如图7-2(c)所示。临界状态的参数称为临界状态参数，如临界压力P_{cr}、临界温度t_{cr}和临界比体积v_{cr}等。临界状态的出现说明，当压力提高到临界压力时，汽化过程不再存在两相共存的湿蒸汽状态，而是在温度达到临界温度t_s时，液体连续地由液态变为汽态，即汽化过程缩短为一点，汽化在一瞬间完成。如果继续提高压力，只要压力大于临界压力，汽化过程均和临界压力下的一样，即汽化过程不存在两相共存的湿蒸汽状态，而且都在温度达到临界温度t_{cr}时，液体连续地由液态变为汽态。由此可知，只要工质的温度t大于临界温度t_{cr}，不论压力多大，其状态均为气态；也就是说，当$t>t_{cr}$时，保持温度不变，无论p多大也不能使气体液化，因此，又将$t>t_{cr}$称为永久气体。

图7-3中连接p-v图和T-s图上不同压力下的饱和水状态1′、2′、3′…和临界点C所得曲线称为饱和水线；连接图上不同压力下的干饱和蒸汽状态1″、2″、3″…和临界点C所得的曲线称为饱和蒸汽线。两线合在一起称为饱和线。饱和线将p-v图和T-s图分成三个域：未饱和水区（下界线左侧）、湿蒸汽区（又称两相区或饱和区，上下界线之间）和过热蒸汽区（上界线右侧）。位于三区和二线上的水和水蒸气呈现五种状态：未饱和水、饱和水、湿蒸汽、干饱和蒸汽和过热蒸汽。

值得注意的是，湿蒸汽是饱和水和饱和蒸汽的混合物，不同饱和蒸汽含量（或饱和水含量）的湿蒸汽，虽然具有相同的压力（饱和压力）和温度（饱和温度），但其状态不同。为了说明湿蒸汽中所含饱和蒸汽的含量，以确定湿蒸汽的状态，引入干度的概念。所谓干度x是指湿蒸汽中所含饱和蒸汽的质量分数，即

$$x=\frac{m_g}{m_f+m_g} \tag{7-17}$$

式中，m_g、m_f分别为湿蒸汽中饱和蒸汽和饱和水的质量。

显然，饱和水的干度$x=0$，干饱和蒸汽的干度$x=1$。

7.2.2 水蒸气热力性质表和图

蒸汽热力性质图表是热力工程计算的重要依据。由于水蒸气在工程应用上的广泛性，故目前使用的水和水蒸气热力性质图表在国际上是统一的、通用的。

对于氟利昂、氨等蒸汽的热力性质图表，各国编制的蒸汽图表的基准点不同，故数据差异较大。因而，查用不同文献中的数据表时要注意基准点，不同基准点的图表不能混用。针对水和水蒸气热力性质图表进行讨论，在原理和形式上对其他蒸气同样适用。

1. 水和水蒸气热力性质表

水和水蒸气热力性质表是按压力p和温度t为自变量，比体积v、比焓h和比熵s为因变量形式排列的。比热力学能u在需要时可由$u=h-pv$求取。由于饱和线上的状态和湿蒸汽的压力和温度中只有一个是独立变量，未饱和水和过热蒸汽的压力和温度均是独立变量，因此水蒸气热力性质表分为“饱和水和饱和蒸汽表”及“未饱和水和过热蒸汽表”。

根据工程计算需要，饱和水和饱和蒸汽表又分为按饱和温度t排列的表和按饱和压力p

排列的表，依次列出不同饱和温度 t(或饱和压力 p)下的 p(或 t)、v'、v''、h'、h''、r、s'和 s''。干度 x 的湿蒸汽的状态参数，可由同一 t(或 p)下的饱和水和饱和蒸汽的状态参数利用下式求取，即

$$v = xv'' + (1-x)v' \tag{7-18}$$

$$h = xh'' + (1-x)h' \tag{7-19}$$

$$s = xs'' + (1-x)s' \tag{7-20}$$

未饱和水与过热蒸汽热力性质表列出了各种压力及温度下的未饱和水和过热蒸汽的比体积 v、比焓 h 和比熵 s 值。

2. 水和水蒸气热力性质图

利用蒸汽热力性质表求取状态参数，所得的值比较精确。但由于要经常使用内插法，使得查表工作十分烦琐，因此在实际工程的分析和计算中还经常使用蒸汽热力性质图。利用蒸汽热力性质图不但状态参数查取简便，而且使蒸汽热力过程的分析更直观、清晰和方便。

前面已提及蒸汽的 p-v 图和 T-s 图，这两图主要用于蒸气热力过程和热力循环的定性分析：p-v 图常用来分析蒸气系统与外界的功量转换；T-s 图主要用于分析热量交换。较详细的 p-v 图和 T-s 图均有上、下界线和定干度线簇——不同压力下具有相同干度 x 的状态点连接线簇；p-v 图上还有定温线簇和定熵线簇，如图 7-4 所示；T-s 图上还有定压线簇和定容线簇，如图 7-5 所示。值得注意的是，由于液体的压缩性极小，可视为不可压缩流体，因而 p-v 图的下界线很陡，几乎是一条垂直线。

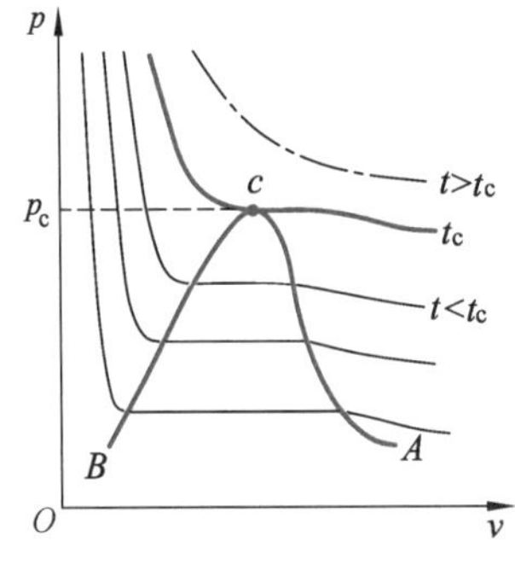

图 7-4 蒸气的 p-v 图

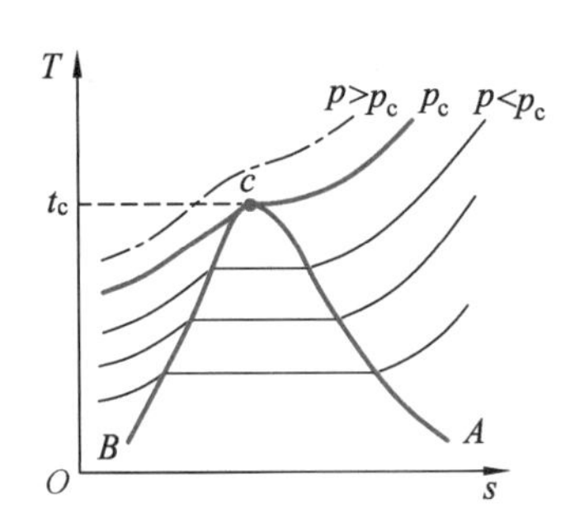

图 7-5 蒸气的 T-s 图

如果用 p-v 图和 T-s 图对蒸汽热力过程的功量和热量进行定量计算，则需计算过程线下的面积，这很不方便。而在以 h 和 s 为纵横坐标的焓熵图(h-s 图)上，技术功为零的热力过程的热量和绝热过程的技术功均可用线段 Δh 来表示，从而大大简便了计算，并能直观、清晰地反映蒸汽的热力过程。因此，蒸汽的 h-s 图成为工程上广泛使用的一个重要的定量计算用图。用于制冷工质定量计算的图主要是压焓图(p-h 图)。

如图 7-6 所示，蒸汽的 h-s 图同 p-v 图和 T-s 图一样，也有上、下界线和临界点，此外还有定压线簇、定温线簇、定容线簇和定干度线簇。

对于 h-s 图的定压线，由热力学第一定律和热力学第二定律可以推导得到 $(\partial h/\partial s)_p = T$。在湿蒸汽区，定压时温度 T 不变，故定压线在湿蒸汽区是斜率为常数的直线。在过热蒸汽区，定压线的斜率随着温度的升高而增大，故定压线为向上翘的曲线。

定温线在湿蒸汽区即定压线，在过热蒸汽区是较定压线平坦的曲线。

定容线无论在湿蒸汽区还是在过热蒸汽区，都是比定压线陡的斜率为正的曲线。在实用的 h-s 图中，定容线用红线标出。

蒸汽动力机(汽轮机、蒸汽机)中应用的水蒸气多为干度较高的湿蒸汽和过热蒸汽,因此在实用的 h-s 图中,仅绘出如图 7-6 所示方框内的过热蒸汽和干度较高的湿蒸汽区。当计算分析涉及未饱和水和干度较低的湿蒸汽时,则应辅以水蒸气热力性质表。

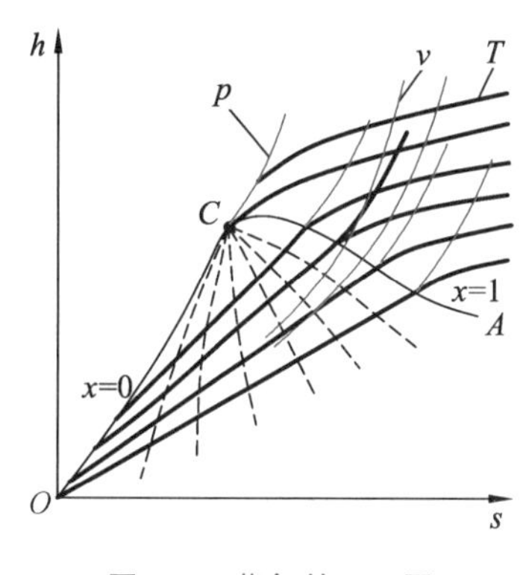

图 7-6 蒸气的 h-s 图

7.2.3 水蒸气的热力过程

蒸汽热力过程的分析、计算的目的和理想气体一样,在于实现预期的能量转换和获得预期的工质的热力状态。由于蒸汽热力性质的复杂性,理想气体的状态方程和理想气体热力过程的解析公式均不能使用。蒸汽热力过程的分析与计算只能利用热力学第一定律和热力学第二定律的基本方程,以及蒸汽热力性质图表。其一般步骤如下:

(1) 由已知初态的两个独立参数(如 p、T),在蒸汽热力性质图表上查算出其余各初态参数之值。

(2) 根据过程特征(定压、定熵等)和终态的一已知参数(如终压或终温等),由蒸汽热力性质图表查取终态状态参数值。

(3) 由查算得到的初、终态参数,应用热力学第一定律和热力学第二定律的基本方程计算 q、$w(w_t)$、Δh、Δu 和 Δs_g 等。

1. 定容过程

定容过程中工质的比体积不变,即 $v_1 = v_2$,于是可得

$$w_{1-2} = \int_1^2 p\,\mathrm{d}v \tag{7-21}$$

$$q_{1-2} = \Delta u_{1-2} = (h_2 - h_1) - v_1(p_2 - p_1) \tag{7-22}$$

定容过程在 h-s 图上的形状如图 7-7 中曲线 1—2 所示。

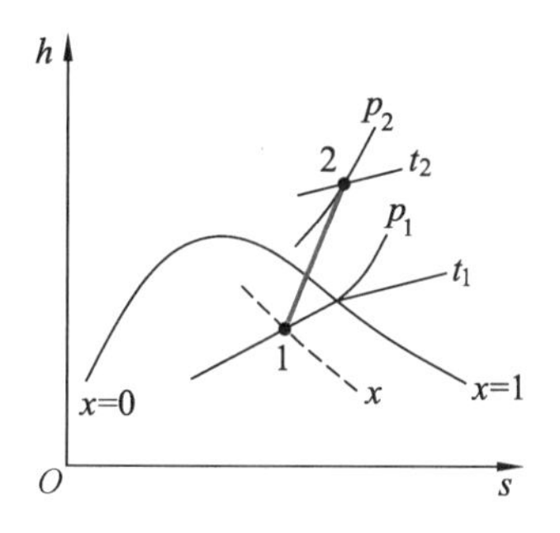

图 7-7 水蒸气的定容过程

2. 定压过程

定压过程中工质的比压力保持不变，即 $p_1=p_2$，于是可得

$$w_{1-2}=p_1(v_2-v_1) \tag{7-23}$$

$$q_{1-2}=h_2-h_1 \tag{7-24}$$

定压过程在 h-s 图上的形状如图 7-8 中曲线 1—2 所示。

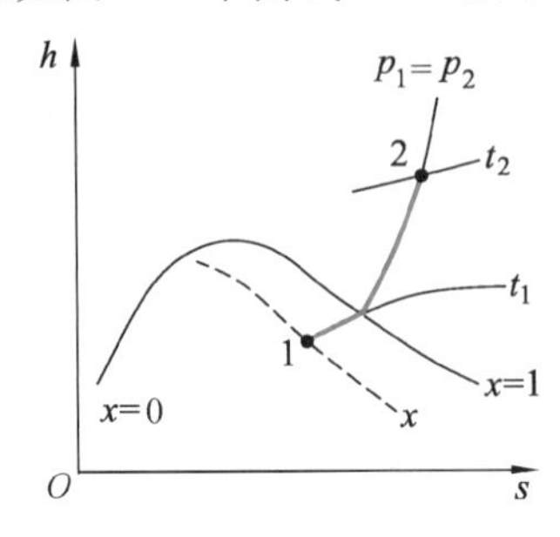

图 7-8 水蒸气的定压过程

3. 定温过程

定温过程中工质的温度保持不变，即 $T_1=T_2$，于是可得

$$\begin{aligned} w_{1-2}&=q_{1-2}-\Delta u_{1-2} \\ &=T_1(s_2-s_1)-[(h_2-h_1)-(p_2v_2-p_1v_1)] \end{aligned} \tag{7-25}$$

$$q_{1-2}=T_1(s_2-s_1) \tag{7-26}$$

定温过程在 h-s 图上的形状如图 7-9 中曲线 1—2 所示。

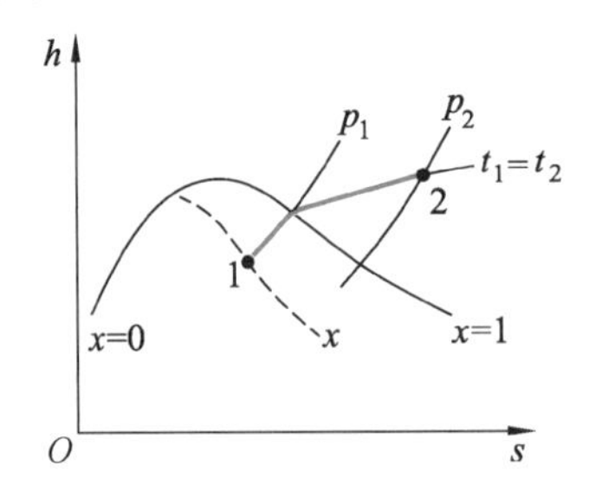

图 7-9 水蒸气的定温过程

4. 定熵过程

定熵过程中工质的熵不变，即 $s_1=s_2$，于是可得

$$w_{1-2}=u_1-u_2=(h_1-h_2)-(p_1v_1-p_2v_2) \tag{7-27}$$

$$q_{1-2}=0 \tag{7-28}$$

定熵过程在 h-s 图上的形状如图 7-10 中曲线 1—2 所示。

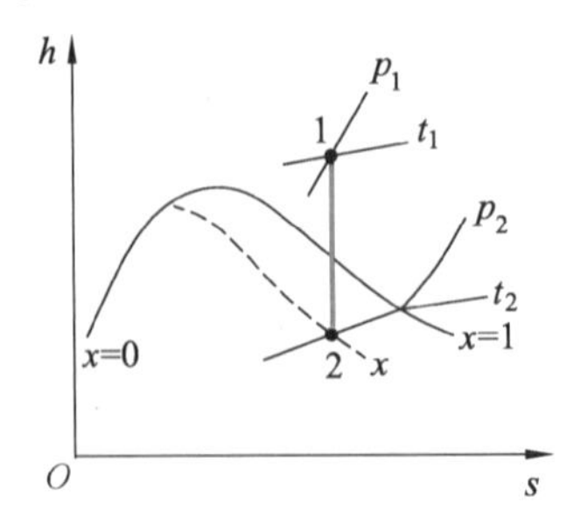

图 7-10 水蒸气的定熵过程

7.3 蒸汽动力循环

人们日常所使用的大部分电力都来自于电厂，而电厂所采用的就是蒸汽动力循环，也就是朗肯循环。提到朗肯循环，必然要说起奠基人朗肯(W.J.M. Rankine，1820—1872)，英国科学家，被后人誉为那个时代的天才，他在热力学、流体力学及土力学等领域均有杰出的贡献。他建立的土压力理论，至今仍在广泛应用。朗肯计算出的热力学循环(后称为朗肯循环)的热效率，被作为是蒸汽动力发电厂性能的对比标准。他于1859年出版了《蒸汽机和其他动力机手册》，这是第一本系统阐述蒸汽机理论的经典著作。朗肯循环目前在国内余热发电领域应用较为成熟，在水泥、冶金、钢铁等行业应用较为广泛，为节能减排事业做出了重要贡献。

7.3.1 朗肯循环

图7-11为简单蒸汽动力装置的示意图。它主要包括蒸汽锅炉、汽轮机、给水泵和冷凝器四台热力设备。水首先在锅炉中吸收热量汽化和过热，形成高温、高压的过热蒸汽。过热蒸汽被送至汽轮机，在其中绝热膨胀做功。在汽轮机出口，工质达到低压湿蒸汽状态，称为乏汽。乏汽被送至冷凝器内定压冷却，重新凝结成水。最后，凝结水由给水泵加压后送回锅炉加热而完成一个循环。

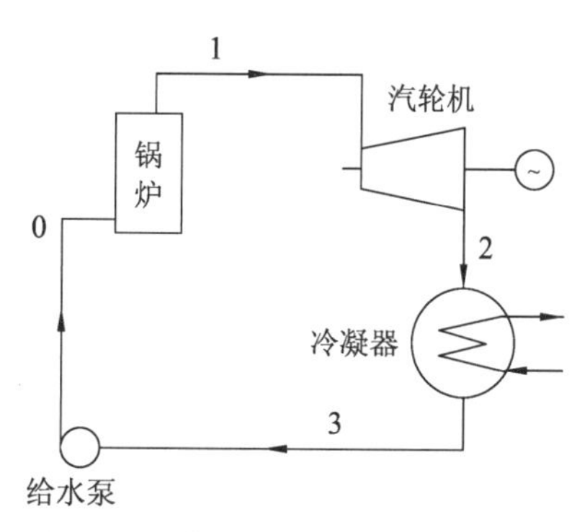

图7-11 简单蒸汽动力装置示意图

蒸汽动力装置的实际工作循环可以理想化为由两个可逆定压过程和两个可逆绝热过程组成的理想循环。如图7-12所示，过程0—1为定压吸热过程，过程1—2为绝热膨胀过程，过程2—3为定压放热过程，过程3—0为绝热加压过程。这个循环称为朗肯循环，也称为简单蒸汽动力装置循环。

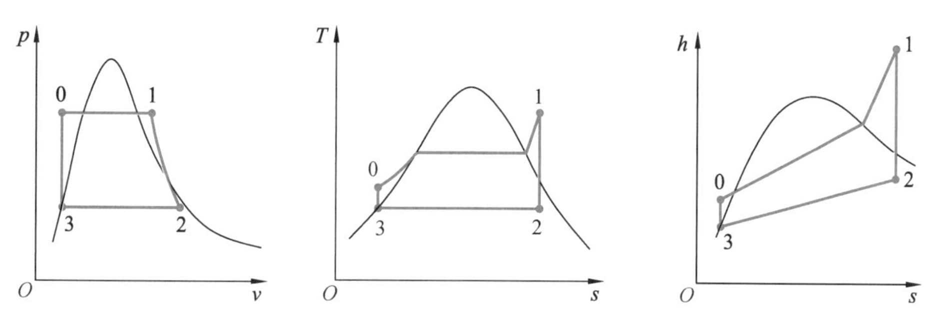

图7-12 朗肯循环的 p-v 图、T-s 图及 h-s 图

7.3.2 朗肯循环的能量分析

在朗肯循环的 T-s 图中，单位质量工质在锅炉中吸热的过程是一个定压过程，且对外无

功量交换，根据稳定流动的能量方程，工质的吸热量为

$$q_1=h_1-h_0 \tag{7-29}$$

汽轮机中蒸汽膨胀对外所做的功(轴功)为

$$w_T=h_0-h_2 \tag{7-30}$$

冷凝水经水泵所消耗的功(轴功)为

$$w_p=h_0-h_3 \tag{7-31}$$

循环净功为

$$w_0=w_T-w_p=(h_1-h_2)-(h_0-h_3)=(h_1-h_0)-(h_2-h_3)=q_1-q_2 \tag{7-32}$$

循环的热效率为

$$\begin{aligned}\eta_t&=\frac{w_0}{q_1}=\frac{(h_1-h_2)-(h_4-h_3)}{h_1-h_0}\\&=1-\frac{q_2}{q_1}=1-\frac{h_2-h_3}{h_1-h_0}\end{aligned} \tag{7-33}$$

在上述热量、功量及热效率的计算中，各状态点的焓值可根据循环的已知参数(p_1、T_1、p_2 等)以及各过程的特点查图或查表求得。至于水泵的耗功，由于水可看成不可压缩流体(v 不变)，进入水泵的工质为汽轮机排汽压力下的饱和水，水泵出口的压力与锅炉中工质的压力相等，均为 p_1，故有

$$w_p=\left|-\int_3^0 v\mathrm{d}p\right|=v_3(p_0-p_3)=v_2(p_1-p_2) \tag{7-34}$$

水泵耗功相对于汽轮机对外输出功非常小，可以忽略不计。这样，朗肯循环的热效率为

$$\eta_t=\frac{w_0}{q_1}=\frac{(h_1-h_2)-(h_0-h_3)}{h_1-h_0}=\frac{h_1-h_2}{h_1-h_3} \tag{7-35}$$

7.3.3 蒸汽参数对热效率的影响

1. 初温的影响

在相同初压 p_1 和背压(汽轮机排汽压力)p_2 下，将新汽的温度从 T_1 提高到 $T_{1'}$，如图7-13所示，使朗肯循环的平均吸热温度有所提高，由 $\overline{T}_H$ 提高到 $\overline{T}_{H'}$，而平均放热温度不变，循环的热效率得以提高。而且，初温的提高可使汽轮机的排汽干度从 x_2 增大到 $x_{2'}$，这有利于汽轮机的安全运行。但初温的提高受到设备(锅炉、汽轮机)材料耐高温强度的限制，故初温一般不超过 650 ℃。

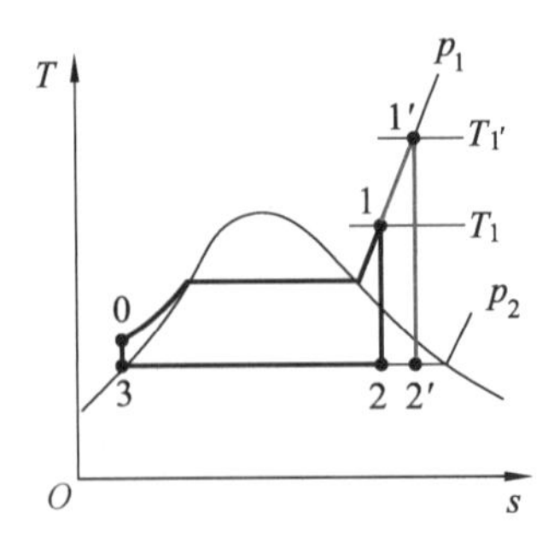

图 7-13 初温对热效率的影响

2. 初压的影响

在相同初温 T_1 和背压 p_2 条件下，将新汽的压力从 p_1 提高到 $p_{1'}$，如图 7-14 所示，也可使朗肯循环的平均吸热温度升高，由 $\overline{T}_H$ 提高到 $\overline{T}_{H'}$，而保持平均放热温度不变，使循环热效率得到提高。但初压的提高同样受材料强度（耐压强度）的限制。同时，初压的提高使汽轮机排汽干度从 x_2 降到 $x_{2'}$，排汽干度降低（一般不应小于 0.84），会危及汽轮机的安全运行。

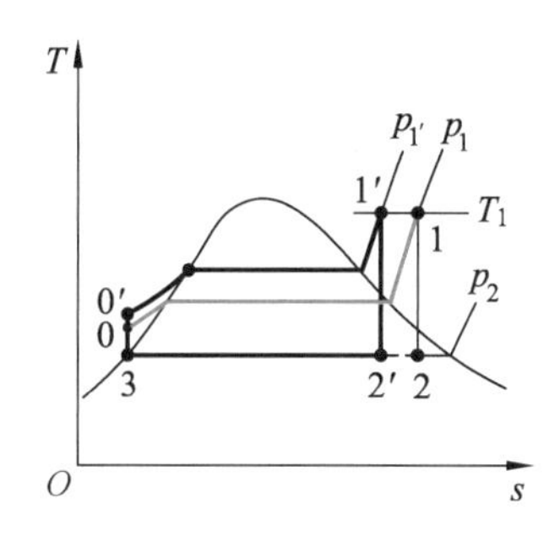

图 7-14　初压对热效率的影响

3. 背压的影响

在相同初温 T_1 和初压 p_1 下，将排汽的压力（背压）由 p_2 降低到 $p_{2'}$，如图 7-15 所示，则朗肯循环的平均放热温度明显下降，而平均吸热温度相对下降得极少，这样使循环的热效率得以提高。但由于相对于排汽压力的蒸汽饱和温度最低只能降低到环境温度，故背压的降低是有限度的。

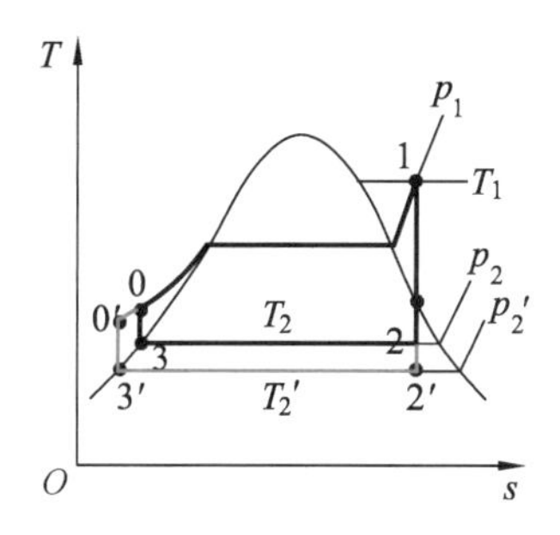

图 7-15　背压对热效率的影响

综上所述，提高初参数 p_1、T_1，降低背压 p_2 均可提高循环热效率，但提高初参数受到金属性能和排汽干度等的限制，降低背压 p_2 受到环境温度的限制，因而改进的潜力不大。由于平均吸热温度与最高温度相差很大，提高平均吸热温度几乎不受什么限制，因而提高平均吸热温度是提高热效率的重要途径。

7.4　再热循环与回热循环

7.4.1　再热循环

为了在提高蒸汽初压的同时，不使排气干度下降，以致危及汽轮机的安全运行，在蒸汽动力循环中常常采用中间“再热”的措施，这样形成的循环称为再热循环，如图 7-16 所示。

进入汽轮机的新蒸汽先在汽轮机中膨胀至某一中间状态 a 后，被引出到锅炉中的再热器 R 中再次加热至状态 b(温度通常等于新蒸汽温度)，然后再进入汽轮机中继续膨胀至背压 p_2。从图 7-16 中的 T-s 图可以看到，再热循环 1—a—b—2—3—4—1 相对于无再热的朗肯循环 1—a—c—3—4—1，汽轮机排汽干度得到了提高。对于再热循环，在忽略泵功时单位质量蒸汽的吸热量为

$$q_1=(h_1-h_0)+(h_b-h_a) \tag{7-36}$$

放热量为

$$q_2=h_2-h_3 \tag{7-37}$$

净功量为

$$w_0=w_T=(h_1-h_a)+(h_b-h_2) \tag{7-38}$$

热效率为

$$\eta_t=\frac{w_0}{q_1}=\frac{(h_1-h_a)+(h_b-h_2)}{(h_1-h_4)+(h_b-h_a)} \tag{7-39}$$

显然，再热循环的中间再热压力的高、低对循环热效率有着重要的影响，可以通过数学优化确定。再热循环的中间再热压力工程上通常取为初压的 20%～30%。

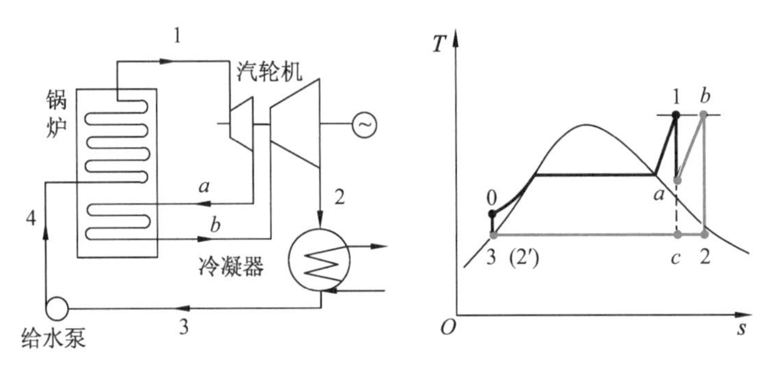

图 7-16 再热循环装置示意图和 T-s 图

由于再热后蒸汽循环的平均吸热温度可以得到提高，使循环热效率得到提高，因此，现代大型电站的蒸汽动力循环几乎无一例外地采用了再热循环。

7.4.2 回热循环

在简单蒸汽动力装置的基础上，为了进一步提高装置的热效率，还可以采用回热的方法来提高加热过程的平均加热温度。因蒸汽动力装置中用作锅炉给水的冷凝器中的冷凝水温度接近环境温度，故锅炉中水的加热过程是从这种低温开始的。如果从汽轮机中某个部位抽取经过适当膨胀后的蒸汽，则因其温度总高于凝结水的温度，可用以预热锅炉给水，于是锅炉中水的加热过程就可以从较高的温度开始，使平均加热温度升高，从而提高循环热效率。

采用回热措施的蒸汽动力装置如图 7-17 所示。这是一个仅有一级中间抽汽的装置。当蒸汽在汽轮机中经初步膨胀做功压力降低到某个中间压力时，从中抽出少量蒸汽送至回热器作回热用，其余所有蒸汽仍继续在汽轮机中膨胀到乏汽压力做出轴功。当乏汽在冷凝器中凝结成水后用水泵加压到等于中间抽汽的压力，送入回热器和从汽轮机抽出的蒸汽相接触，两者混合回热而形成与中间抽汽压力所对应的饱和水，最后经给水泵加压后重新送入

锅炉。采用回热措施的蒸汽动力装置，其理想循环称为回热循环。结合 T-s 图，过程 $0'-1$ 为 1 kg 水蒸气的定压吸热过程，过程 $1-a$ 为 1 kg 水蒸气的绝热膨胀过程，过程 $a-b$ 为从汽轮机中抽出的 α kg 蒸汽在回热器中的定压回热过程，过程 $a-2$ 为抽汽后剩余的 $(1-\alpha)$kg 水蒸气的绝热膨胀过程，过程 $2-3$ 为 $(1-\alpha)$kg 乏汽的定压放热过程，过程 $3-0$ 为 $(1-\alpha)$kg 水的绝热加压过程，过程 $0-b$ 为 $(1-\alpha)$kg 水在回热器中的定压预热过程，过程 $b-0'$ 为回热后重新汇合后的 1 kg 水的绝热加压过程。

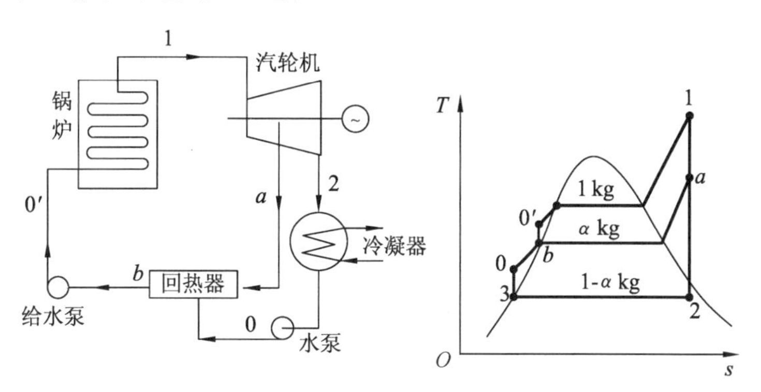

图 7-17　回热循环装置示意图和 T-s 图

为实现该回热循环，需确定抽气量的数值 α。该值可根据回热器中能量平衡的关系来求取。回热中 α kg 水蒸气放出的热量为

$$Q'=\alpha(h_a-h_b) \tag{7-40}$$

而 $(1-\alpha)$kg 水在回热器中所得到的热量为

$$Q''=(1-\alpha)(h_b-h_0) \tag{7-41}$$

因 $Q'=Q''$，于是由式(7-40)、式(7-41)可以得到 α 的计算式为

$$\alpha=\frac{h_b-h_0}{h_a-h_0} \tag{7-42}$$

显然，h_b 要比 h_a 小得多，所以 α 是很小的数值。

在绝热膨胀过程 $1-a$ 中，1 kg 水蒸气所做的轴功为

$$(w_s)_{1-a}=h_1-h_a \tag{7-43}$$

在绝热膨胀过程 $a-2$ 中，$(1-\alpha)$kg 水蒸气所做的轴功为

$$(w_s)_{a-2}=(1-\alpha)(h_a-h_2) \tag{7-44}$$

于是汽轮机所做的轴功可表示为

$$W_{s,T}=(h_1-h_a)+(1-\alpha)(h_a-h_2) \tag{7-45}$$

或

$$W_{s,T}=(1-\alpha)(h_1-h_2)+\alpha(h_1-h_a) \tag{7-46}$$

定压放热过程 $2-3$ 中，$(1-\alpha)$kg 水蒸气所放出的热量为

$$|Q_2|=(1-\alpha)(h_2-h_3) \tag{7-47}$$

按照热力学第一定律的能量守恒原理，在该回热循环中有

$$Q_1-|Q_2|=W_{s,T}-|W_{s,p}| \tag{7-48}$$

如果忽略不计水泵所消耗的轴功 $|W_{s,p}|$，则可得到

$$Q_1=|Q_2|+W_{s,T} \tag{7-49}$$

即

$$Q_1=(1-\alpha)(h_1-h_3)+\alpha(h_1-h_a) \tag{7-50}$$

于是，按照热效率的定义式，可得一级抽汽回热循环的热效率公式为

$$\eta_t = 1 - \frac{|Q_2|}{Q_1} = 1 - \frac{(1-\alpha)(h_2-h_3)}{(1-\alpha)(h_1-h_3)+\alpha(h_1-h_a)} \tag{7-51}$$

即

$$\eta_t = 1 - \frac{h_2-h_3}{h_1-h_3+(h_1-h_a)\dfrac{\alpha}{1-\alpha}} \tag{7-52}$$

与朗肯循环热效率公式

$$\eta_t = 1 - \frac{h_2-h_3}{h_1-h_3} \tag{7-53}$$

对比，因$(h_1-h_a)\dfrac{\alpha}{1-\alpha}$总为正，故抽汽回热循环的热效率高于朗肯循环的热效率。

现代大型蒸汽动力装置大部分采用回热措施。一般抽汽回热的级数为3～8级，而且往往回热和再热同时并用，以求使蒸汽动力装置得到尽可能高的热效率；但这将使装置的复杂性大为增加，装置的投资成本也大为增加。

工程应用案例

诺伊斯塔特-格莱韦位于德国北部，是在柏林与汉堡之间的一座城镇。德国诺伊斯塔特-格莱韦地热制热站于1995年1月正式投入使用，原来只承担该城市供热任务，热输出功率11 MW，基本可以满足当地主要的供热需求。地热水热容量为6 MW，高峰负荷时需要开启一台燃气锅炉机组，如图7-18所示。与德国其他地热制热站相比，该地热站的钻探是迄今为止最深的地热井，而且水质富含矿物质。利用的地热水温度低于98 ℃，盐度高达227 g/L，地热水抽自地下2 100～2 300 m深层砂岩含水层，需要换热设备具有较强的防腐蚀性。

2003年夏天，该制热站改造为双循环模式，加入有机工质朗肯循环（有机朗肯循环是以低沸点有机物为工质的朗肯循环）发电系统。当年11月，作为德国第一座地热电站并网发电，发电功率为230 kW。它安装了一套测试系统来监测电站的性能并记录ORC发电系统的运行数据。

热电站的发电系统与制热系统以混联的结构发电供热，制热系统优先于发电系统。进入热电厂的98 ℃地热水分为两路，一路进入发电系统，经发电系统出来的地热水温度基本不变，与另一路地热水混合后进入制热系统，混合后的地热水满足供热要求。在夏季，进入制热系统的水温是73 ℃；在冬季，进入制热系统的水温是98 ℃。

发电系统是以全氟正戊烷为工质的有机工质朗肯循环，在地热水循环中，发电系统地热水的流量采用水泵控制，避免了地热水经过换热器后的压力损失。发电系统额外用电设备包括泵（地热水泵、增压泵10 kW、冷却水泵115 kW）、冷却塔风机（16 kW）、补偿水计量泵。发电系统结构如图7-18所示，此系统装有3个压力测量装置，7个温度测量装置和3个流量测量装置，用以确保系统能量平衡及环境温度的有效记录。

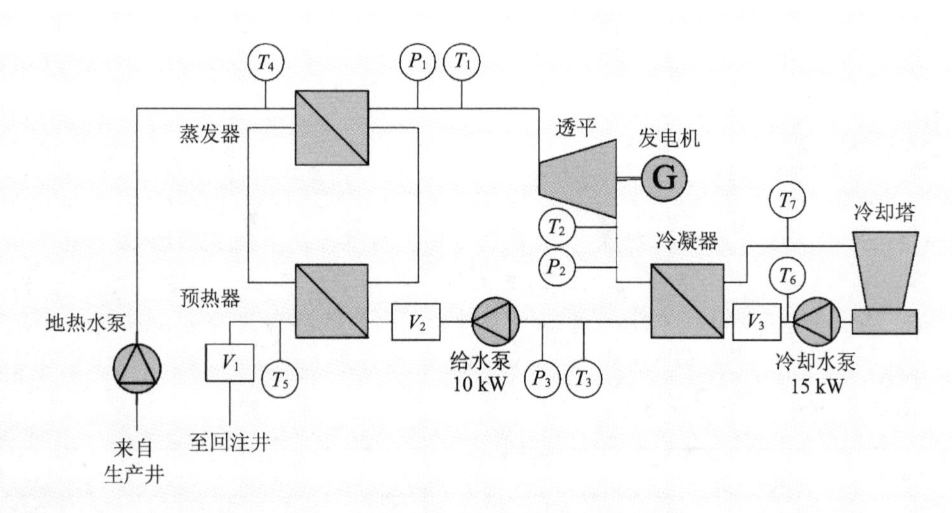

图 7-18 诺伊斯塔特-格莱韦地热制热站

习 题

7-1 一活塞式容器内存有饱和水和干饱和水蒸汽混合物 2 kg，其中水和汽的质量比为 1∶1.625，容器内压力为 0.1 MPa。加热容器使其内水恰好完全汽化，若不计容器散热及容器热容量，试求所加入的热量及热力学能的变化。

p/MPa	h'/(kJ/kg)	h''/(kJ/kg)	v'/(m^3/kg)	v''/(m^3/kg)
0.1	417.52	2 675.14	0.010 432	1.694 3

7-2 一换热器用干饱和蒸汽加热空气，凝结为饱和水后直接排出。已知蒸汽压力为 0.1 MPa，空气进出口温度分别为 27 ℃和 70 ℃，环境温度为 27 ℃。若换热器与外界完全绝热，已知空气：$c_{V0}=0.716$ kJ/(kg·K)，$R_g=0.2871$ kJ/(kg·K)。求：

(1) 每千克蒸汽凝结时，流过的空气质量 m；

(2) 每千克蒸汽凝结时，整个系统的熵变化量 ΔS；

(3) 系统做功能力的不可逆损失 W_l。

t_s/℃	p/ MPa	s'/[kJ/(kg·K)]	s''/[kJ/(kg·K)]	h'/(kJ/kg)	h''/(kJ/kg)
99.634	0.1	1.302 8	7.358 9	417.5	2 675.1

7-3　某发电厂采用蒸汽动力循环(简单朗肯循环),蒸汽以 $p_1=4$ MPa、$t_1=450$ ℃的初态进入汽轮机,汽轮机的内效率 $\eta_{oi}=0.8$,凝汽器中凝结温度为 30 ℃,忽略水泵耗功。求:(1) 在 T-s 图上画出该循环;(2) 求循环热效率;(3) 若环境温度为 25 ℃,求做功能力的损失。

附:水蒸气热力性质表(摘录)

p/MPa	t/℃	h/(kJ/kg)	s/(kJ/kg·K)
4	450	3 331.2	6.938 8
$4.241\ 7\times10^{-3}$	30	$h'=125.66$ $h''=2\ 556.4$	$s'=0.436\ 5$ $s''=8.454\ 6$

7-4　采用再热循环的蒸汽动力装置,蒸汽初参数为 17 MPa、535 ℃,高压缸排汽压力为 3.5 MPa,排汽温度为 288 ℃,低压缸乏汽压力为 5 kPa,再热过程可将蒸汽温度提高至蒸汽初温,忽略水泵消耗的轴功,画出再热循环的 T-s 图,并求该再热循环的热效率。

附表:水蒸气热力性质表(摘录)

p/MPa	t/℃	h/(kJ/kg)	s/[kJ/(kg·K)]
17	535	3 386.64	6.39
3.5	535	3 530.85	7.26
3.5	288	2 945.28	6.39
0.005	32.9	$h'=137.77$　$h''=2\ 560.77$	$s'=0.48$　$s''=8.39$

7-5 某工程师提出采用R134a作为简单朗肯循环的工质。锅炉和冷凝器的压力分别为1.6 MPa和0.4 MPa,汽轮机进口温度为80 ℃。试确定输出功为750 kW时R134a的质量流量和循环效率。

7-6 一台锅炉每小时生产水蒸气40 t,已知供给锅炉的水的焓为417.4 kJ/kg,而锅炉生产的水蒸气的焓为2 874 kJ/kg。煤的发热量为30 000 kJ/kg。若水蒸气和水的流速及离地高度的变化可忽略不计,试求当燃烧产生的热量用于产生水蒸气的比率即锅炉效率为0.85时,锅炉每小时的耗煤量。

7-7 某热力发电厂设计采用空气来冷却冷凝器中的饱和蒸汽,将其冷凝成饱和水,然后直接排出。已知,饱和蒸汽压力为0.1 MPa,进口和出口温度分别为27 ℃和70 ℃,环境温度为27 ℃。如果热交换器与外界完全隔绝,空气参数可知:$c_{V0}=0.716$ kJ/(kg·K),$R_g=0.287\ 1$ kJ/(kg·K)。试求出:

(1) 每千克蒸汽凝结的空气质量流量;

(2) 每千克蒸汽冷凝后整个系统的熵变量;

(3) 热交换过程中的不可逆损失;

(4) 有哪些方法可以减少不可逆损失。

t_s/℃	p/MPa	s'/[kJ/(kg·K)]	s''/[kJ/(kg·K)]	h'/(kJ/kg)	h''/(kJ/kg)
99.634	0.1	1.302 8	7.358 9	417.5	2 675.1

8 制冷循环及热泵循环

8.1 制冷技术的发展历史

在史前时代，人类已经发现在食物缺少的季节里，如果把猎物保存在冰冷的地窖里或埋在雪里，就能保存更长时间。在中国，早在先秦时代古人已经懂得了采冰、储冰技术。

希伯来人、古希腊人和古罗马人把大量的雪埋在储藏室下面的坑中，然后用木板和稻草来隔热，古埃及人在土制的罐子里装满开水，并把这些罐子放在需要冷却的食物上面，这样利用罐子抵挡夜里的冷空气。当一种流体快速蒸发时，它会迅速膨胀，升起的蒸汽分子的动能迅速增加，吸收周围环境的能量，周围环境的温度因此而降低。

在中世纪时期，冷却食物是通过在水中加入某种化学物质如硝酸钠或硝酸钾，而使温度降低，1550 年记载的冷却酒就是通过这种方法制作的，这就是制冷工艺的起源。

在法国，冷饮在 1660 年开始流行。人们用装有溶解硝石的长颈瓶在水里旋转来使水冷却，这个方法可以产生非常低的温度并且可以制冰。17 世纪末，带冰的酒和结冻的果汁在法国社会已非常流行。

第一次记载的人工制冷是在 1720 年，苏格兰科学家威廉·库伦(William Cullen)在格拉斯哥大学作了证明，让乙基醚在真空中沸腾，但是他没有把这种结果用于任何实际的应用。

在 1799 年，冰第一次被用作商业目的，从纽约市的街道运河运往卡洛林南部的查尔斯顿市，但遗憾的是当时没有足够的冰来装运。英格兰人弗雷德里克(Frederick Tudor)和纳桑尼尔·惠氏(Nathaniel Wyeth)看到了制冰行业的巨大商机，并且在 18 世纪上半叶，通过自己的努力革新了这个行业。Tudor 主要从事热带地区运冰，他尝试着安装隔热材料和修建冰房，从而使冰的融化量从 66%减少到 8%，Wyeth 发明了一种快速又便捷切出相同冰块的方法，从而使制冰业发生了革命性变化，同时也减少了仓储业、运输业和销售业由于管理技术所造成的损失。

在 1805 年，美国发明者奥利弗·埃文斯(Olover Evans)设计了第一个用蒸汽代替液体的制冷系统，但他没有制造出这种机器。

在 1842 年，美国佛罗里达医院的内科医生约翰·哥里(John Gorrie)为了给黄热病患者治疗，设计和制造了一台空气冷却装置给病房降温。它的基本原理是：压缩一种气体，通过盘管使它冷却，然后膨胀使其温度进一步降低，这也是今天用得最多的制冷器。后来约翰·哥里停止仅在医院的实践，长期地深入到制冰实验中，在 1851 年获得了关于机械制冰的第一项专利。

商业制冷被认为是起源于1856年，一名美国商人亚历山大·川宁(Alexander C. Twinning)最先开创。不久，一名澳大利亚人詹姆斯·哈里森(James Harrison)检验了Gorrie和Twinning所用的制冷机，并把蒸汽压缩式制冷机介绍给了酿造和肉类食品公司。

在1859年，法国的Fredinad Carre发明了一种更加复杂的制冷系统。不像以前的压缩机用空气作制冷剂，Carre的设备用快速蒸发的氨作制冷剂(氨比水液化时的温度低，因此可以吸收更多的热量)，Carre的制冷机得到了广泛应用，并且蒸汽压缩式制冷至今仍是应用最广泛的制冷方法。但是当时这种制冷机成本高、体积大、系统复杂，再加上氨制冷剂有毒性，因此阻碍了这种制冷机在家庭中的普遍应用。

从1840年开始，运输牛奶和黄油用到了空调汽车。到1860年，制冷技术主要运用在海产品和日常用品的冷藏运输上。1876年密歇根州底特律市的一名叫J.B. Sutherland的人获得了人工制冷汽车专利。他设计了一种带有冰室的绝热汽车，空气从顶部流过来，通过冰室，利用重力在汽车内循环。在1867年，伊利诺伊州的Parker Earle制造了第一辆用来运输水果的空调汽车，通过伊利诺伊州中央铁路运送草莓。直到1949年Fred Jones发明了一种顶置式制冷装置，并获得了专利。

1870年，在纽约的布鲁克林镇，S. Liebmanns的太阳酿造公司开始用吸收式机械，这是美国北部酿造业广泛运用制冷机械的一个开端。在18世纪70年代，商业制冷在啤酒厂中占主要的地位。到了1891年，几乎所有的啤酒厂都装配有制冷机器。

尽管制冷有其固有的优势，但本身也存在问题。制冷剂，像二氧化硫和氯甲烷可以使人致死。氨一旦泄漏，也同样具有强烈的毒性。直到1920年，Frigidaire公司开发了几种人工合成制冷剂氟氯甲烷、CFCS，制冷工程师才找到可接受的替代品。这就是人们所共知的新的代替物氟利昂。在化学上，氟利昂是甲烷(CH_4)里的4个氢原子被两个氯原子和两个氟原子所代替；除了分子量大之外，无臭无毒。

制冰业、酿造业和肉食业是制冷发展的主要受益者。其他企业也深受制冷发展所带来的好处。例如，在金属制造业里，机械制冷帮助餐具和工具冷硬成型。因为制冷将送进高炉的空气除湿，钢铁产量增加，钢铁业得到了发展。纺织厂把制冷用在丝光处理里，用来漂白、染色。制冷对炼油厂、造纸厂、制药厂、肥皂厂、胶水厂、明胶厂、照片材料厂都很重要。

在毛皮制品的贮存方面，可以用冷库杀死飞蛾。制冷还可以帮助花圃和花店满足季节性的需要。制冷甚至可以应用在医学保存人体器官组织上。

8.2 制冷循环的生活与工程应用

1. 冰箱

家用冰箱(图8-1)通常采用蒸汽压缩式制冷，压缩机、节流阀安装在冰箱的底部，冷凝器安装在冰箱的背部，蒸发器盘管安装在冰箱内部，氟利昂蒸汽在压缩机的压缩下，压力增加，温度增加，高温高压的氟利昂蒸汽通过冰箱背部的冷凝器冷却为液体，将热量传递给周围空气，冷却方式为自然对流，从冷凝器出来的液体进入节流阀节流，变为低温低压的湿蒸汽，在冰箱冷藏室和冷冻室吸收热量后汽化，变为氟利昂蒸汽，被压缩机吸入从而完成一个循环。

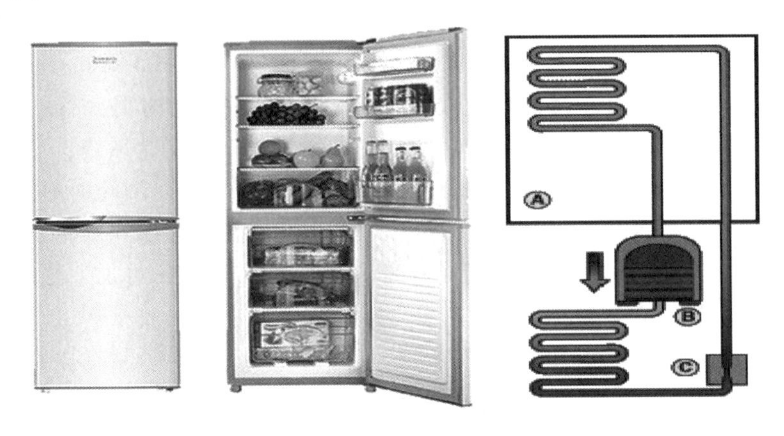

图 8-1　冰箱

2. 空调

家用空调(图 8-2)主要由压缩机、冷凝器、四通阀、节流阀、蒸发器、室外风机、室内风机等部件组成。可分为夏天制冷工况和冬天制热工况。制冷时,四通阀不供电,室内机为蒸发器,蒸发器中的氟利昂吸收房间的热量后汽化为气体,被压缩机吸入,压缩为过热蒸汽,经过室外机冷却为液体,再经过节流阀降温降压,低温低压的氟利昂进入室内机吸收室内的热量;冬天供热时,四通阀供电,室内机为冷凝器,室外机为蒸发器,经过压缩机压缩的氟利昂蒸汽首先进入室内机,将热量释放给房间,经过节流后进入室外机,吸收外界空气中的热量后汽化,再次被压缩机吸入,完成一个循环。

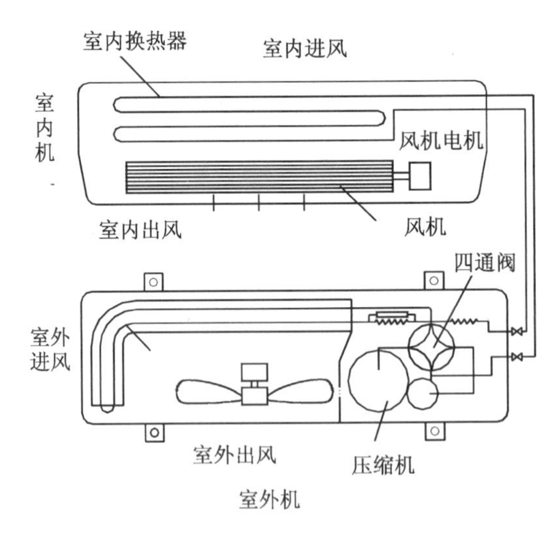

图 8-2　空调

3. 空气能热泵热水器

空气能热泵热水器(8-3)是利用制冷与热泵原理吸收空气中的能量,消耗少量的电能,两者一起将热量释放给水箱,加热水箱中的热水,水箱内的水与冷凝器换热,吸收冷凝器的热量,空气与蒸发器换热,外界空气将热量传递给蒸发器,外界空气温度越高,越节能。相比于太阳能热水器,空气能热泵能弥补前者冬季效果差的缺点,相比于燃气热水器和电热水器，空气能热泵热水器能效比高，运行成本低，安全性高。

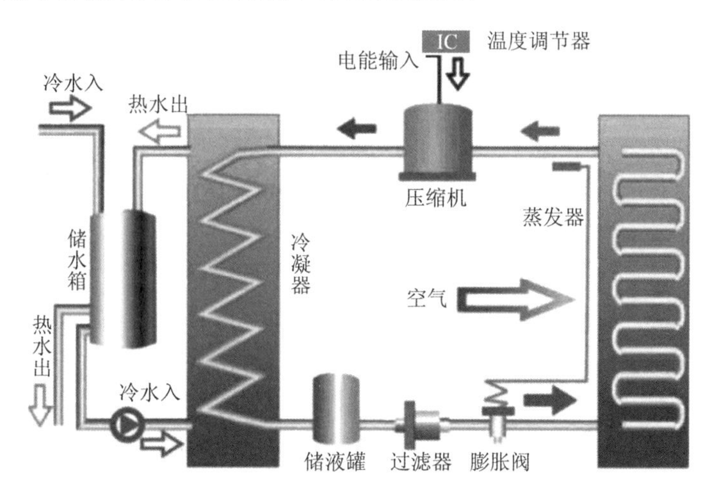

图 8-3　空气能热泵

4. 冷热水机组

冷热水机组也是利用制冷及热泵循环，利用水或乙二醇作为传热介质，通过室外主机产生空调冷/热水，由管路系统输送给室内末端（风机盘管或地暖），在末端处冷/热水与室内空气进行热量交换，产生冷/热风，当前中国北方煤改电项目主要采用冷热水机组。

5. 工业生产

制冷循环可以为工业生产提供必须的恒温恒湿条件，以保证产品质量；如应用于工业上的空气分离、液化；天然气、石油气液化。

6. 农牧渔业

制冷循环可以对种子进行低温处理，创造人工温室，对农副产品进行热泵干燥等。

7. 建筑工程

利用制冷循环实现冻土法开采土方，可避免坍塌以保证施工安全；搅拌混凝土时以冰替代水，可补偿水泥固化反应热，避免因散热不充分产生内应力等。

8. 医疗卫生

制冷循环可以用于冷冻医疗领域；对疫苗、药品、组织器官等进行低温保存等。

8.3　制冷及热泵循环的基本概念

制冷与热泵循环是工程热力学中研究的另外一种循环，属于逆向循环，其目的是实现热量由低温物体向高温物体的转移，比如生活中常用的冰箱、空调；工程中常用的空气能热泵、冷热水机组，都属于制冷与热泵循环。根据克劳修斯对热力学第二定律的阐述，热量要从低温物体传到高温物体，必须消耗一定的代价，如机械能或者热能，制冷与热泵装置正是利用消耗少量的机械能或热能，实现热量由低温物体向高温物体的转移。

根据循环的目的不同，又可以分为制冷循环和热泵循环，制冷循环的目的是从低温物体不断取走热量，起到降温的效果；热泵循环的目的是向高温物体放热，起到升温的效果。

8.3.1 逆卡诺循环

逆卡诺循环是制冷循环的基础，是由两个等温过程和等熵过程组成的循环，如图 8-4 所示。

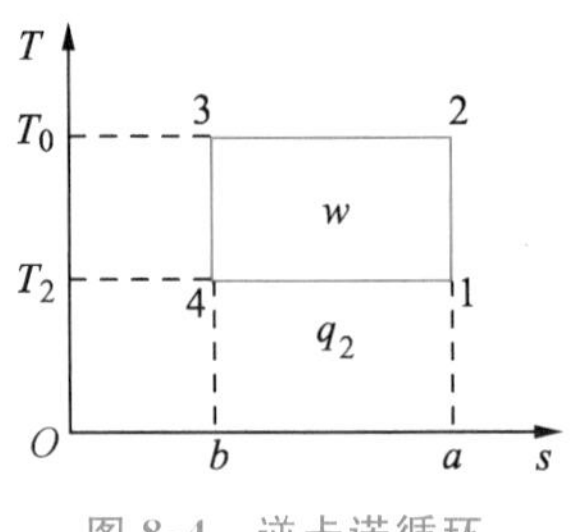

图 8-4 逆卡诺循环

逆卡诺循环包括 4 个过程：

(1) 1—2 过程是等熵压缩，工质压力升高，温度升高；

(2) 2—3 过程是向环境等温放热，工质压力升高，温度不变；

(3) 3—4 过程是等熵膨胀，工质压力下降，温度下降；

(4) 4—1 过程是从低温物体等温吸热，工质压力下降，温度不变。

从图上可以看出，这个循环从冷库吸热 q_2，冷库的温度为 T_2，冷库也称为低温热源，所消耗的功为 w，向环境放热 q_1，环境的温度为 T_0，环境也称为高温热源。

8.3.2 制冷系数

制冷循环的经济性指标用制冷系数来衡量，也可以用性能系数(coefficient of performance，COP)来衡量，定义为：所得到的收益与所耗费的代价的比值，制冷系数用 ε 来表示，对于逆卡诺循环，制冷系数用 ε_C 表示，得到的收益为制冷量 q_2，所耗费的代价为耗功 w。

高温热源的温度为 T_0，低温热源的温度为 T_2，吸热量，也就是制冷量为 $q_2=T_2\Delta S$，向高温热源的放热量为 $q_1=T_0\Delta S$，所以制冷系数为

$$\varepsilon_C=\frac{q_2}{w}=\frac{q_2}{q_1-q_2}=\frac{T_2}{T_0-T_2}=\frac{1}{\dfrac{T_0}{T_2}-1} \tag{8-1}$$

从制冷系数的表达式可以看出：

(1) 当环境温度 T_0 不变，冷库温度 T_2 下降时，制冷系数 ε_C 下降；

(2) 当冷库温度 T_2 不变，环境温度 T_0 上升时，制冷系数 ε_C 也下降。

热源与冷源的温差越大，制冷系数越低，事实上，当热源和冷源的温差越大，从图 8-4 也可以看出，T-s 图包围的面积也会越大，也就是耗功越大，对于相同的制冷量，制冷系数越低。

8.3.3 供热系数

衡量热泵循环的指标称为供热系数，或者热泵系数，供热系数同样定义为所得到的收益与所付出的代价的比值。这里，所得到的收益为向高温热源的放热量 q_1；所付出的代价为所消耗的循环功 w，用 ε' 表示供热系数，T_0 是低温热源的温度，也叫环境温度，T_1 是高温热源的温度，也叫室内温度，所以供热系数为

$$\varepsilon'=\frac{q_1}{w}=\frac{q_1}{q_1-q_2}=\frac{T_1}{T_1-T_0}=\frac{1}{1-\dfrac{T_0}{T_1}} \tag{8-2}$$

从供热系数的表达式可以看出：热源温差越大，供热系数越小，说明对于热泵循环，与制冷循环有相同的结论。

8.3.4 制冷能力

生产中常用制冷能力来衡量制冷设备产冷量的大小，制冷能力通常指制冷设备在单位时间内从冷库中取走的热量，单位为(kJ/s)，也可以用 kW 表示，对于大型的制冷设备，工程中也常用冷吨来表示制冷能力，1 冷吨表示 1 吨 0 ℃的饱和水在 24 小时被冷冻到 0 ℃的冰所需的冷量，1 冷吨＝3.86 kW，由于美国采用磅为重量单位，1 美国冷吨＝3.517 kW。图 8-5 为螺杆机组，该系列机组的参数如表 8-1 所示，某一型号的机组制冷能力为 106 冷吨，对应于 372 kW 的制冷量，这里涉及的冷吨其实是美国冷吨。

图 8-5 螺杆机组

表 8-1 TWSF-DC1(R134a)系列满液式水冷螺杆冷水机组技术参数

国家能效等级		1	1	1	1	1	1	1	1
机组型号	TWSF-DC1	0110.1	0135.1	0150.1	0170.1	0200.1	0220.1	0240.1	0265.1
制冷量	Ton	106	129	145	167	199	215	237	260
	10^4 kcal/h	32	39	44	50	60	65	72	79
	kW	372	455	510	587	698	755	835	915
输入功率	kW	63	77	86	99	119	128	141	155

【例 8-1】 有一台制冷装置，其冷库温度为－10 ℃，环境温度为 25 ℃，装置所消耗的功为 2 kW，假设按逆卡诺循环计算，试求循环的制冷系数及制冷量。

解：由逆向卡诺循环制冷系数的公式可得

$$\varepsilon_C=\frac{Q}{W}==\frac{T_2}{T_0-T_2}=\frac{263}{298-263}=7.51$$

制冷量为 $Q=\varepsilon_C W=7.51\times 2=15.02$ kW

8.4 空气压缩式制冷循环

8.4.1 制冷循环

空气压缩式制冷循环如图 8-6(a)所示，主要有 4 个设备组成，分别是：压缩机(compressor)、冷却器(heat exchanger)、膨胀机(expansion cylinder)、冷藏室(cooling chamber)，循环的工质为空气。

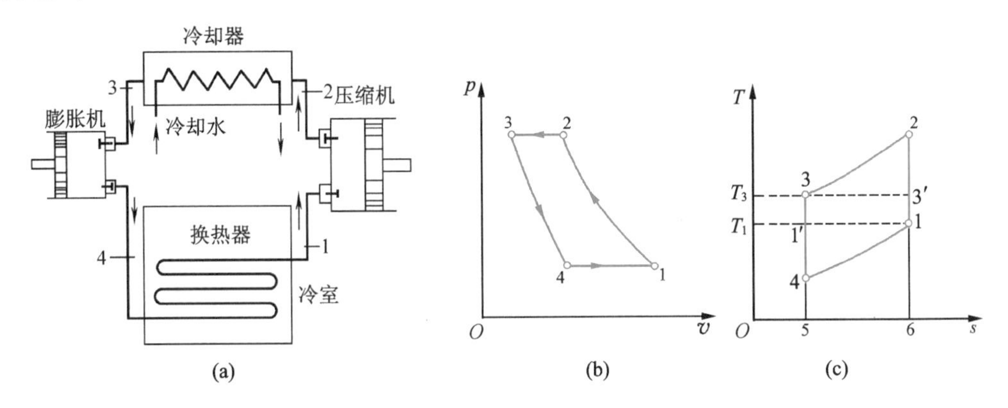

图 8-6 空气压缩式制冷装置图和 *P-v* 图、*T-s* 图

空气压缩式制冷包括 4 个循环过程：

(1) 在压缩机内绝热压缩，空气压力增加，温度增加；

(2) 在冷却器内等压冷却放热，将热量传递给环境，空气压力不变，温度下降；

(3) 在膨胀机内绝热膨胀，空气温度继续下降，并且低于冷库温度；

(4) 在冷藏室内等压吸热，空气压力不变，温度上升，直到接近于冷库温度。

从冷藏室出来的气体再次被压缩机吸入，从而完成一个循环。空气视为比热为定值的理想气体，且所有过程都是可逆过程。

空气压缩式制冷的 P-v 图 T-s 图，如图 8-6(b)(c)所示，这个循环与燃气轮机循环是类似的。燃气轮机循环按顺时针方向进行，称为布雷登循环；空气压缩式制冷循环按逆时针方向进行，所以也称为逆布雷登循环。

8.4.2 制冷系数

循环从低温热源(冷库)的吸热量，也就是制冷量为

$$q_2 = c_{p0}(T_1 - T_4)$$

向高温热源(环境)的放热量为

$$q_1 = c_{p0}(T_2 - T_3)$$

那么制冷系数为

$$\varepsilon = \frac{q_2}{w} = \frac{q_2}{q_1 - q_2} = \frac{c_{p0}(T_1 - T_4)}{c_{p0}(T_2 - T_3) - c_{p0}(T_1 - T_4)}$$

$$=\frac{T_1-T_4}{(T_2-T_3)-(T_1-T_4)}=\frac{1}{\dfrac{T_2-T_3}{T_1-T_4}-1} \tag{8-3}$$

对于 1—2 过程，是一个等熵过程，有等熵方程成立：

$$\frac{T_2}{T_1}=\left(\frac{p_2}{p_1}\right)^{\frac{k-1}{k}}$$

对于 3—4 过程，也是一个等熵过程，有等熵方程成立：

$$\frac{T_3}{T_4}=\left(\frac{p_3}{p_4}\right)^{\frac{k-1}{k}}$$

对于 2—3 过程，是等压过程：

$$p_2=p_3$$

对于 1—4 过程，也是等压过程：

$$p_1=p_4$$

因此，有

$$\frac{T_2}{T_1}=\frac{T_3}{T_4}=\frac{T_2-T_3}{T_1-T_4}$$

由此，制冷系数可以化简为

$$\varepsilon=\frac{1}{\dfrac{T_2}{T_1}-1}=\frac{1}{\left(\dfrac{p_2}{p_1}\right)^{\frac{k-1}{k}}-1}=\frac{1}{\pi^{\frac{k-1}{k}}-1} \tag{8-4}$$

式中，π 定义为增压比，等于$\dfrac{p_2}{p_1}$。

通过这个关系式可以得到一个结论：当增压比增加时，空气压缩式制冷循环的制冷系数减小；反之，当增压比降低时，空气压缩式制冷循环的制冷系数增大。事实上，当压缩机的增压比降低时，图 8-6(c)中，循环吸热过程 4—1 的平均吸热温度会提高，放热过程 2—3 的平均放热温度会降低，也就是低温热源的温度与高温热源的温度温差越小，制冷系数会越高；反之亦然。

图 8-6(c)中，考察 1—3′—3—1′—1 循环，这是一个逆卡诺循环，该循环的制冷系数为

$$\varepsilon_c=\frac{T_1}{T_3-T_1}$$

由于空气压缩式制冷循环 1—2—3—4—1 的吸热过程 4—1 的平均吸热温度总是低于冷库温度 T_1，放热过程 2—3 的平均放热温度总是高于环境温度 T_3，所以空气压缩式制冷循环的制冷系数总是小于在 T_1、T_3 相同温度下工作的逆向卡诺循环的制冷系数。

对于空气压缩式制冷，由于工质是空气，无毒，无味，不怕泄露，这是其优点，但是它无法实现等温吸热、等温放热，所以制冷系数小于同温限间卡诺循环的制冷系数；同时对于其制冷量 $q_2=c_{p0}(T_1-T_4)$，由于空气的比热容较低，在冷库中的温升(T_1-T_4)也不能太大，如果(T_1-T_4)很大，那么 ε 将很小，所以单位工质的制冷量很小。空气压缩式制冷通常采用活塞式压气机，但活塞式压气机的流量 m 较小，所以总制冷量 $Q_2=mq_2$ 也比较小。为了达到比较大的制冷量，只能加大空气的流量 m，比如用叶轮式压气机和膨胀机替代活塞式压气机。

8.4.3 空气回热压缩式制冷循环

如果需要获得较低的温度，空气压缩式制冷就需要较大的增压比，压气机和膨胀机的负荷就会加重，为了解决这个问题，通常会增加回热器，如图 8-7 所示。

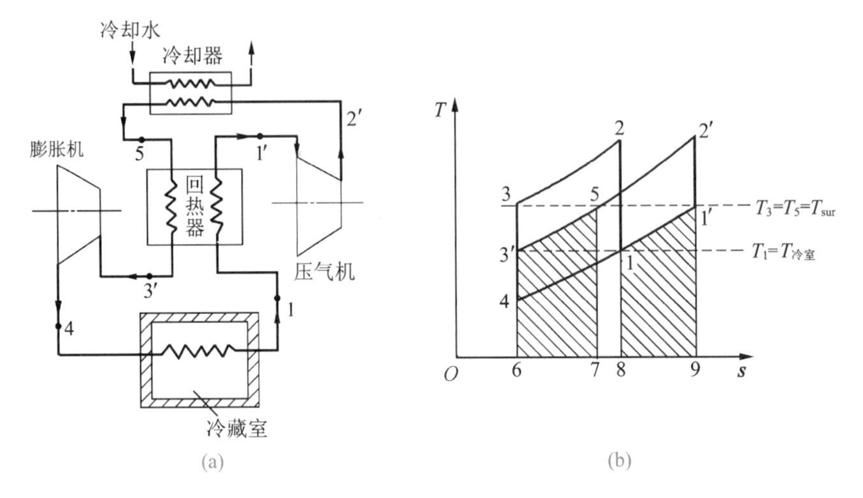

图 8-7 空气回热压缩式制冷装置图，*T-s* 图

带有回热的空气压缩式制冷循环，主要有 5 个设备组成，分别是：压气机、冷却器、膨胀机、冷藏室、回热器，包括 6 个循环过程：

(1) 1—1′在回热器内吸热，工质压力不变，温度上升；

(2) 1′—2′在压缩机内绝热压缩，工质压力增加，温度增加；

(3) 2′—5 在冷却器内冷却放热，将热量传递给环境，工质压力不变，温度下降；

(4) 5—3′在回热器内放热，工质压力不变，温度继续下降；

(5) 3′—4 在膨胀机内绝热膨胀，工质压力下降，温度再次下降，并且低于冷库温度；

(6) 4—1 在冷藏室内等压吸热，工质压力不变，温度上升。

从冷藏室出来的工质在回热器内吸热，从回热器出来的气体再次被压缩机吸入，从而完成一个循环。

8.4.4 制冷系数

循环从低温热源（冷库）的吸热量为

$$q_2=c_{p0}(T_1-T_4)$$

与无回热空气压缩式制冷循环的制冷量相同，循环向高温热源的放热量为

$$q_{1'}=c_{p0}(T_{2'}-T_5)$$

对于没有采用回热的空气压缩式制冷循环，有

$$q_1=c_{p0}(T_2-T_3)$$

在理想情况下，$T_2=T_{2'}$，$T_3=T_5$

两者的放热量也是相等的，因此，采用回热和没有采用回热的空气压缩式制冷循环的制冷系数是相等的，但是，采用回热的空气压缩式制冷循环最明显的优点是：增压比由原来的 $\frac{p_2}{p_1}$ 下降为 $\frac{p_{2'}}{p_{1'}}$，增压比减小对压气机和膨胀机是非常有利的，所以采用回热的空气压缩式制

冷循环，特别适用于小压比大流量的叶轮式压气机空气压缩式制冷系统。

空气压缩式制冷以及带有回热的空气压缩式制冷，由于制冷能力差，目前主要应用于飞机空调、低温环境试验室、矿井降温领域等特殊场所，其他场合很少应用。

【例 8-2】 一空气制冷装置，空气进入膨胀机的温度 $t_1=20$ ℃、压力 $p_1=0.4$ MPa，绝热膨胀到 $p_2=0.1$ MPa。经从冷藏室吸热后，温度 $t_3=-5$ ℃。已知制冷量 Q_0 为 150 000 kJ/h，试计算该制冷循环。

解：膨胀机出口温度为

$$T_2=T_1\left(\frac{p_2}{p_1}\right)^{\frac{k-1}{k}}=(273+20)\text{K}\times\left(\frac{0.1\times10^6\ \text{Pa}}{0.4\times10^6\ \text{Pa}}\right)^{\frac{1.4-1}{1.4}}=197.17\ \text{K}$$

$$t_2=-75.83\ ℃$$

压缩机出口温度为

$$T_4=T_3\left(\frac{p_4}{p_3}\right)^{\frac{k-1}{k}}=T_3\left(\frac{p_1}{p_2}\right)^{\frac{k-1}{k}}=(273-5)\text{K}\times\left(\frac{0.1\times10^6\ \text{Pa}}{0.4\times10^6\ \text{Pa}}\right)^{\frac{1.4-1}{1.4}}=398.24\ \text{K}$$

$$t_4=125.24\ ℃$$

压缩机功耗量为

$$\begin{aligned}w_c&=h_4-h_3=c_{p0}(T_4-T_3)=1.004\times10^3\ \text{J/(kg·K)}\times(398.24-268)\text{K}\\&=130.76\times10^3\ \text{J/kg}=130.76\ \text{kJ/kg}\end{aligned}$$

膨胀机做功为

$$\begin{aligned}w_E&=h_1-h_2=c_{p0}(T_1-T_2)=1.004\times10^3\ \text{J/(kg·K)}\times(293-197.17)\text{K}\\&=96.21\times10^3\ \text{J/kg}=96.21\ \text{kJ/kg}\end{aligned}$$

循环消耗净功量为

$$w=w_C-w_E=130.76\ \text{kJ/kg}-96.21\ \text{kJ/kg}=34.55\ \text{kJ/kg}$$

每千克空气的吸热量

$$\begin{aligned}q_2&=c_{p0}(T_3-T_2)=1.004\times10^3\ \text{J/(kg·K)}\times(268\ \text{K}-197.17\ \text{K})\\&=71.11\times10^3\ \text{J/kg}=71.11\ \text{kJ/kg}\end{aligned}$$

循环制冷系数

$$\varepsilon=\frac{q_2}{w}=\frac{71.11\ \text{kJ/kg}}{34.55\ \text{kJ/kg}}=2.058$$

或

$$\varepsilon=\frac{1}{\left(\frac{p_1}{p_2}\right)^{\frac{k-1}{k}}-1}=\frac{1}{\left(\frac{0.4\ \text{MPa}}{0.1\ \text{MPa}}\right)^{\frac{1.4-1}{1.4}}-1}=2.058$$

制冷剂每小时循环的空气量

$$q_m=\frac{Q_0}{q_2}=\frac{150\ 000\ \text{kJ/h}}{71.11\ \text{kJ/kg}}=2109\ \text{kg/h}$$

同温度范围（T_3 和 T_1）内逆卡诺循环的制冷系数

$$\varepsilon_C=\frac{T_3}{T_1-T_3}=\frac{268\ \text{K}}{293\ \text{K}-268\ \text{K}}=10.72$$

可见空气制冷循环的制冷系数远小于逆卡诺循环的制冷系数。

8.5 蒸气压缩式制冷循环

对于空气压缩式制冷，空气的比热容小且不能实现定温过程，导致其制冷能力小，经济性差，虽然采用回热以及叶轮式压气机和膨胀机后，其经济性有所提高，但是由于本身的缺陷，无法得到广泛推广，迫切需要寻求一种新的制冷循环。空气压缩式制冷循环的吸热和放热过程都是在定压下进行的，而逆卡诺循环是在定温下进行的，人们力图寻找一种制冷循环，使其吸热和放热过程接近逆卡诺循环，这就迎来了蒸气压缩式制冷循环的出现。

8.5.1 制冷循环

蒸气压缩式制冷循环的装置如图 8-8(a)所示，同样有 4 个设备组成，分别是：压缩机(compressor)、冷凝器(condensor)、膨胀阀(expansion valve)、蒸发器(evaporator)。循环的 T-s 图如图 8-8(b)所示，其工作的循环过程主要包括以下几个过程：

(1) 压缩过程 1—2：由蒸发器出来的制冷剂工质接近饱和蒸汽 1，从压缩机进口吸入，绝热压缩后成为过热蒸汽 2，过热蒸汽从压缩机出口流出；压缩过程制冷剂工质压力增加，温度升高；

(2) 冷凝过程 2—4：过热蒸汽 2 被冷却为饱和液体 4，从冷凝器出口流出；冷凝过程中制冷剂工质压力不变，温度降低；

(3) 节流过程 4—5：饱和液体通过节流阀节流降压，产生节流冷效应，使得制冷剂工质的温度降低，从节流阀出来工质变为低温的湿蒸汽 5，节流过程制冷剂工质压力降低，温度降低；

(4) 蒸发过程 5—1：从节流阀出来的低温低压的湿蒸汽蒸发，从环境中吸热，具备了制冷能力，将冷库中的热量带走，同时制冷剂蒸汽在等压下吸热气化为干饱和蒸汽 1；完成一个循环。

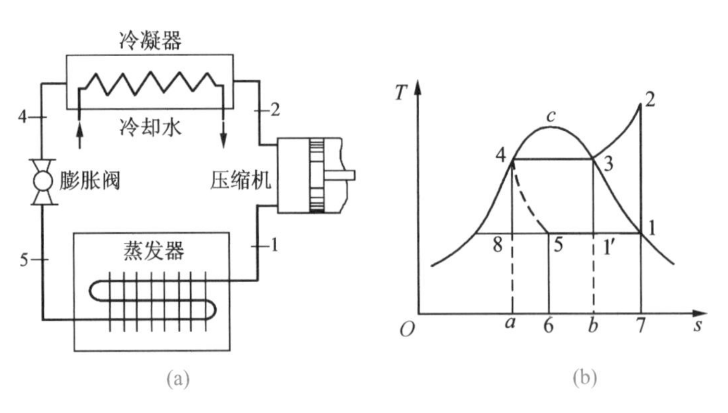

图 8-8 蒸气压缩式制冷装置图，T-s 图

8.5.2 制冷系数

蒸气压缩式制冷的吸热过程在图 8-8(b)中的 5—1 中进行，这是一个等压吸热过程，循环的吸热量(制冷量)为

$$q_2 = h_1 - h_5 = h_1 - h_4$$

其中：4—5 为节流过程所以，$h_4 = h_5$

循环的放热过程在 2—4 中，进行是一个等压放热过程，循环的放热量为

$$q_1 = h_2 - h_4$$

循环的耗功为

$$w = h_2 - h_1$$

制冷系数为

$$\varepsilon = \frac{q_2}{w} = \frac{q_2}{q_1 - q_2} = \frac{h_1 - h_4}{h_2 - h_1} \tag{8-5}$$

8.5.3　蒸气压缩式制冷与逆卡诺循环的对比

蒸气压缩式制冷循环能最大限度地接近逆卡诺循环，图 8-8(b)中，1′—3—4—8—1′为逆卡诺循环，1—2—3—4—5—1 为蒸气压缩式制冷的循环，实现了在蒸发器中定温吸热过程，也实现了定熵压缩过程，放热过程也有部分实现了定温放热。逆卡诺循环和蒸气压缩式制冷循环的压缩、冷凝、膨胀、蒸发四个过程对比如下：

(1) 压缩过程：都为定熵压缩，逆卡诺循环的定熵压缩过程处在湿蒸汽区，由于湿蒸汽的压缩容易造成液滴的猛烈撞击，导致压缩机的液击现象损坏压缩机，所以蒸汽压缩式制冷循环采用从干饱和蒸汽 1 点开始压缩，延长压缩机的使用寿命。

(2) 冷凝过程：逆卡诺循环采用等温放热过程 3—4，蒸汽压缩式制冷采用等压放热过程 2—3—4，其中 3—4 过程是等温放热过程。

(3) 膨胀过程：逆卡诺循环采用膨胀机，蒸汽压缩式制冷采用节流阀，使得设备简化，投资成本降低，另外节流阀的开度可以任意调节，容易调节蒸发温度，同时采用节流阀后，会损失 8—5 过程的制冷量，循环的净功也有所增加。

(4) 蒸发过程：逆卡诺循环为等温吸热 8—1′过程，蒸汽压缩式制冷循环为等温放热 5—1 过程。

总的来说，蒸汽压缩式制冷的循环耗功增加，放热过程的平均放热温度也会增加，同时节流过程会造成不可逆损失，这些因素导致蒸汽压缩式制冷循环的制冷系数小于同温限逆卡诺循环的制冷系数。但与空气压缩式制冷循环相比，蒸汽压缩式制冷有绝对的优势，因为蒸汽压缩式制冷有相当一部分是等温吸热、等温放热，同时吸热过程是利用工质的汽化等温吸热，而不是升温吸热，由于汽化潜热比较大，单位质量的制冷量大大增加，所以，蒸汽压缩式制冷循环得到了广泛的应用。

8.5.4　压焓图

通过上述分析可知，蒸汽压缩式制冷的吸热放热过程为等压过程，节流过程为节流前和节流后焓不变的过程，因此，工程上利用压焓图来描述该循环，并且非常容易确定循环中各个状态点的焓，从而求出吸热量、放热量、循环耗功等参数，如图 8-9 所示，1—2 为定熵压缩过程；2—4 为定压冷却过程；4—5 为节流过程；5—1 为定压吸热过程。

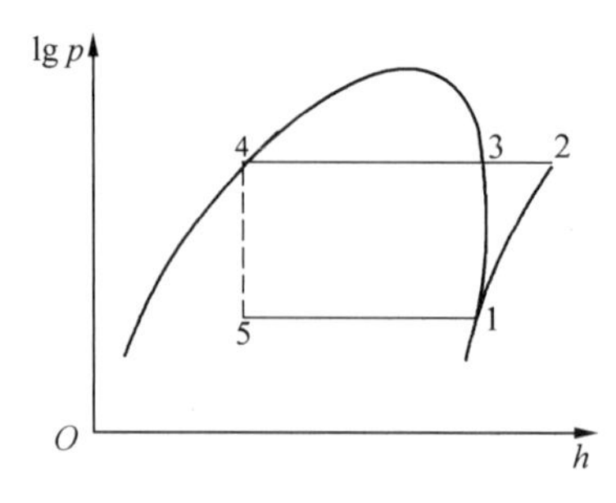

图 8-9　蒸气压缩式制冷压焓图

从压焓图可以看出，蒸汽压缩式制冷循环的吸热过程为定温过程，放热过程也有相当一部分是定温过程，因此蒸汽压缩式制冷的制冷系数比较接近于逆向卡诺循环的制冷系数，所以蒸汽压缩式制冷装置得到广泛应用，如生活中的冰箱和空调，工程中常用的空气能热泵和冷/热水机组等都是采用蒸汽压缩式制冷。

【例 8-3】　有一台氨制冷装置，冷库温度为 −10 ℃，冷却水温度为 25 ℃，冷凝器出口氨饱和液体温度也为 25 ℃，求该装置的制冷量和制冷系数。

解：查 lg p-h 图可得 $h_1=1\ 435$ kJ/kg，$h_2=1\ 605$ kJ/kg，$h_3=325$ kJ/kg

制冷系数：$\varepsilon=\dfrac{h_1-h_4}{h_2-h_1}=\dfrac{h_1-h_3}{h_2-h_1}=\dfrac{1\ 435-325}{1\ 605-1\ 435}=6.52$

制冷量：$q_2=h_1-h_4=h_1-h_3=1\ 435-325=1\ 110$ kJ/kg

8.5.5　影响制冷系数的主要因素

蒸汽压缩式制冷循环的制冷系数通常受到制冷剂蒸发温度(冷源温度)、冷凝温度(热源温度)，以及过冷度和过热度等因素的影响。

1. 蒸发温度的影响

当冷凝温度 t_k 不变，蒸发温度下降时，由 t_0 下降为 t_0'，如图 8-10 所示，原有循环为 1—2—3—4—1，新的循环为 1′—2′—3—4′—1′，可以看出，压缩机消耗的功由 w 上升为 w'，而制冷量由 q_2 下降为 $q_{2'}$，制冷系数下降。如果蒸发温度上升时，制冷系数会提高，此结论跟逆卡诺循环得到的结论一致，温差越大，制冷系数越低，温差越小，制冷系数越高。

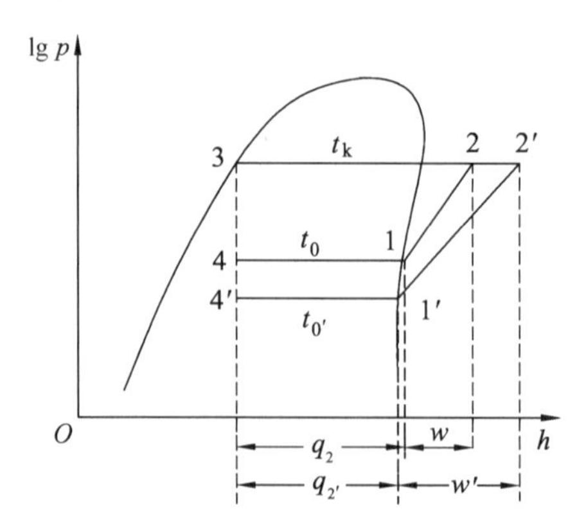

图 8-10　蒸发温度对制冷系数的影响

2. 冷凝温度的影响

同样，当蒸发温度 t_0 不变，冷凝温度上升时，由 t_k 上升为 $t_{k'}$，如图 8-11 所示，循环由1—2—3—4—1 变为1—2′—3′—4′—1，压缩机消耗的功由 w 上升为 w'，而制冷量由 q_2 下降为 $q_{2'}$，制冷系数下降，如果冷凝温度下降时，制冷系数会提高。冷凝温度的高低主要取决于冷却介质，如空气、地下水等，夏天制冷时，由于外界空气温度较高，一般会达到 35 ℃或者更高，采用外界空气作为冷却介质的空调，制冷系数就会低，而地下水的温度较低，一般在 18 ℃左右，所以采用地下水作为冷却介质的空调，制冷系数会大大增加。工程中的水源（地源）热泵机组在制冷工况时，经常采用地下水作为冷却介质，从而得到更大的制冷系数。

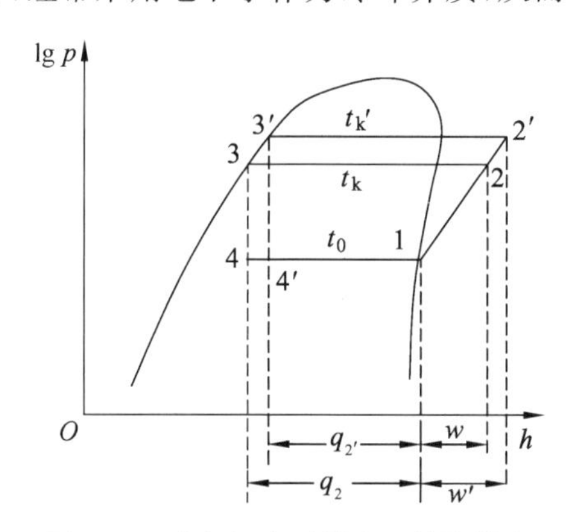

图 8-11　冷凝温度对制冷系数的影响

3. 过冷度和过热度的影响

除了冷凝温度和蒸发温度对制冷系数有影响以外，制冷机的过冷度和过热度也会对制冷系数有较大的影响，图 8-12 中，冷凝过程为 2—4，状态点 4 为饱和状态，冷凝过程在等压下进行，如果冷却到状态点 4 后，继续冷却到 4′，那么就称为过冷措施，相同压力下，饱和温度与过冷液体的温度差称为过冷度，采用过冷措施的循环称为过冷循环。

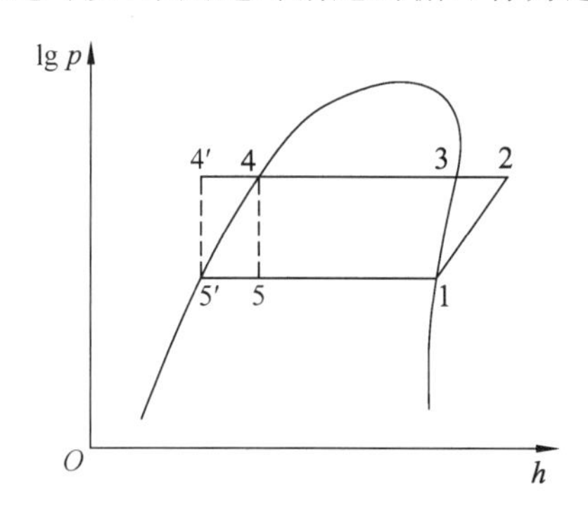

图 8-12　过冷度对制冷循环的影响

过冷循环制冷量　　$q_2 = h_1 - h_{5'}$

制冷量与没有采用过冷的循环相比，增加 $h_5 - h_{5'}$

过冷循环放热量　　$q_1 = h_2 - h_{4'}$

压缩机耗功　　$w = h_2 - h_1$

耗功与原来循环相比，没有变化。

制冷系数

$$\varepsilon=\frac{q_2}{w}=\frac{h_1-h_{4'}}{h_2-h_1}$$

由于耗功不变,制冷量增加,所以制冷系数增加。

过冷度越大,过冷温度就越低,制冷系数也就越高,但是过冷温度并不能任意降低,它取决于冷却介质的温度,同时,需要在冷凝器和膨胀阀之间装设过冷器设备,投资成本会相对增加,由于过冷能增大制冷系数,目前是工程上常用的一种手段和方法。

实际循环中为了不将液滴带入压缩机发生液击,通常制冷剂液体在蒸发器中完全蒸发后还要继续吸收一部分热量,使其在进入压缩机之前处于过热状态,如图 8-13 所示。所谓过热是指制冷剂蒸汽的温度高于同一压力下饱和蒸汽的温度,两者温度差称为过热度。过热以后会导致:压缩机排气温度升高;比功增大;单位冷凝热增大;压缩机吸气比容增大,对于给定压缩机,过热循环的制冷剂质量流量减小。采用过热措施后,由于其制冷量增加,耗功也增加,因此制冷系数可能上升、不变或下降。

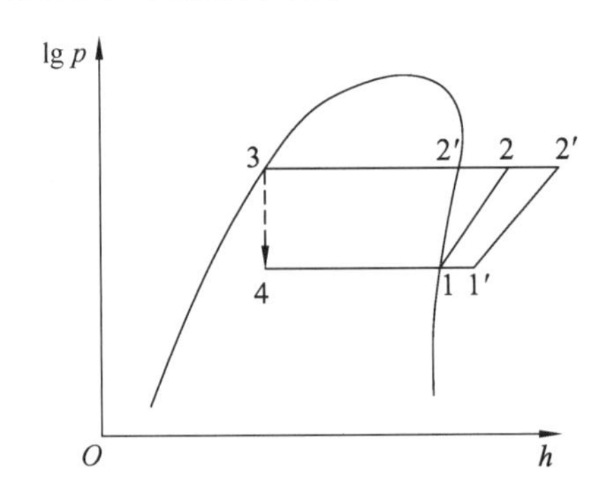

图 8-13　过热对制冷系数的影响

8.6　其他制冷循环

除了空气压缩式制冷循环和蒸汽压缩式制冷循环,工程上还经常用到吸收式制冷和蒸汽喷射式制冷,空气压缩式制冷循环和蒸汽压缩式制冷循环是以消耗机械能为补偿手段,而吸收式制冷和蒸汽喷射式制冷是以消耗热能为代价,有如下特点:(1) 可以利用各种热能驱动;(2) 可以大量节约用电,平衡热电站的热电负荷;(3) 吸收式热泵结构简单,运动部件少,安全可靠;(4) 以水或氨等为制冷剂,其消耗臭氧潜能值 ODP(ozone depletion potential)和全球变暖潜能值 GWP(global warming potential)均为零,对环境和大气臭氧层无害;(5) 吸收式制冷循环的性能系数低于蒸汽压缩式制冷循环。

8.6.1　吸收式制冷

吸收式制冷系统(图 8-14)是由发生器、冷凝器、制冷节流阀、蒸发器、吸收器、溶液节流阀、溶液热交换器和溶液泵组成,目前吸收式制冷机多用二组分溶液,习惯上称低沸点组分为制冷剂,高沸点组分为吸收剂,二者合称为工质对。最常用的工质对有氨水(氨为制冷剂)和溴化锂水溶液(水为制冷剂)。整个系统包括两个回路:一个是制冷剂回路,一个是溶液回路。

制冷剂回路由冷凝器、制冷剂节流阀、蒸发器组成。高压制冷剂气体在冷凝器中冷凝，产生的高压制冷剂液体经节流后到蒸发器蒸发制冷。

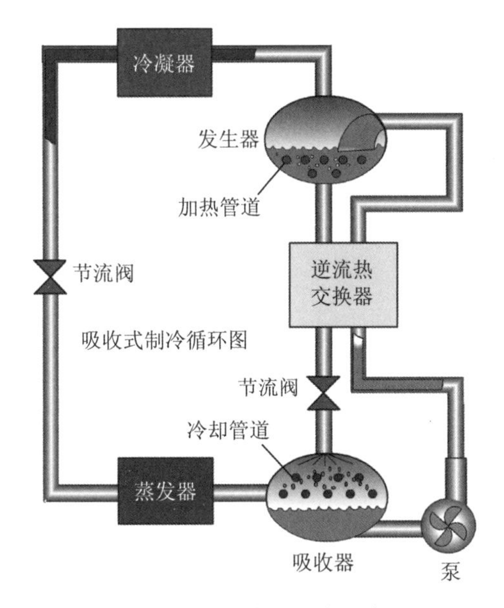

图 8-14　吸收式制冷系统

溶液回路由发生器、吸收器、溶液节流阀、溶液热交换器和溶液泵组成。在吸收器中，吸收剂吸收来自蒸发器的低压制冷剂气体，一方面，形成富含制冷剂的稀溶液，并泵送到发生器加热，使溶液中的制冷剂重新蒸发出来，送入冷凝器；另一方面，产生的浓溶液经冷却、节流后进入吸收器，吸收来自蒸发器的低压制冷剂蒸汽。吸收过程中伴随释放吸收热，为了保证吸收的顺利进行，需要冷却吸收液。

8.6.2　蒸气喷射式制冷

蒸气喷射式制冷系统(图 8-15)组成部件包括喷射器、冷凝器、蒸发器、节流阀、泵。喷射器又由喷嘴、吸入室、扩压器三个部分组成。喷射器的吸入室与蒸发器相连；扩压器与冷凝器相连。

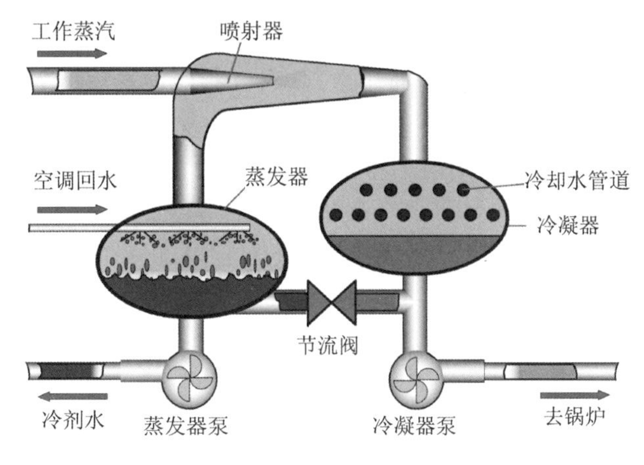

图 8-15　蒸气喷射式制冷系统

工作过程如下：锅炉产生的高温高压工作蒸汽进入喷嘴，膨胀并以高速流动（流速可达1 000 m/s以上），在喷嘴出口处造成很低的压力，使蒸发器中的水汽化，吸收潜热，使未汽化的水温度降低（制冷）产生低温水。蒸发器中产生的水蒸气与工作蒸汽在喷嘴出口处混合，一起进入扩压器；在扩压器中流速降低，压力升高；到冷凝器中，被冷却水冷却为液态水后分两路：一路经过节流阀降压后送回蒸发器，继续蒸发制冷；另一路用泵提高压力送回锅炉，重新加热产生工作蒸汽。

蒸汽喷射式制冷也有四个基本过程：喷射、冷凝、节流、蒸发，其喷射器相当于蒸汽压缩式的压缩机。

特点：以热能为补偿能量形式；结构简单；加工方便；没有运动部件；使用寿命长，故具有一定的使用价值，例如用于制取空调所需的冷水。但这种制冷机所需的工作蒸汽的压力高，喷射器的流动损失大，因而效率较低。

8.7 热泵循环

热泵循环与制冷循环的本质是一样的，但它们的目的不同，制冷循环的目的是从低温物体不断取走热量，起到降温的效果。热泵循环的目的是向高温物体放热，起到升温的效果，由于热泵可以有效利用低品味能，如环境中的废热，因此在节能环保方面有很大的优势。目前常用的供暖装置主要有电加热取暖器、天然气炉、热泵系统。对于消耗同样多的能量，电加热器最多只能将电能全部转化为热能，天然气炉由于燃烧效率问题，也只能部分将化学能转化为热能；而热泵系统，除了将消耗的电能转化为热能外，还会从环境中吸收一定的热量。近年来，随着国家煤改电政策的执行，热泵市场空前火爆。工程中的空气能热水器，冷/热水机组的制热工况正是利用了热泵循环的原理。

热泵系统是由热泵机组、高位能输配系统、低位能采集系统和热能分配系统四大部分组成的一种能级提升的能量利用系统。热泵空调系统是热泵系统中应用最为广泛的一种系统。在空调工程实践中，常在空调系统的部分设备或全部设备中选用热泵装置。空调系统中选用热泵时，称其系统为热泵空调系统，或简称热泵空调。

图8-16为热泵装置的工作原理图和 T-s 图，其主要组成部分与制冷循环相同，包括压缩机、冷凝器、节流阀、蒸发器。工作原理：在蒸发器中制冷剂蒸发吸取自然水源、土壤或者大气环境中的热能，进入压缩机压缩为高温高压的气体，高温高压的气体在冷凝器中放热，将热量传递给水，并通过水泵将水泵入需要供暖的房间，制冷剂放热后被冷却为饱和液体，经节流阀节流后再次进入蒸发器吸热，从而完成一个循环。

热泵按照热源的种类又可以分为空气源热泵、水源热泵（地表水、地下水、生活污水、废水）、土壤源热泵、太阳能热泵；按照热泵驱动方式又可以分为蒸汽压缩式热泵、吸收式热泵。

与蒸汽压缩式制冷装置相比，热泵装置增加了四通换向阀，夏天工作时，四通换向阀不通电，压缩机出口的高压气体通过四通换向阀，首先进入室外热交换器，室内机为蒸发器，进行制冷；冬天工作时，四通换向阀通电，压缩机出口的高压气体通过四通换向阀，首先进入室内热交换器，此时室内机为冷凝器，进行制热，如图8-17所示。

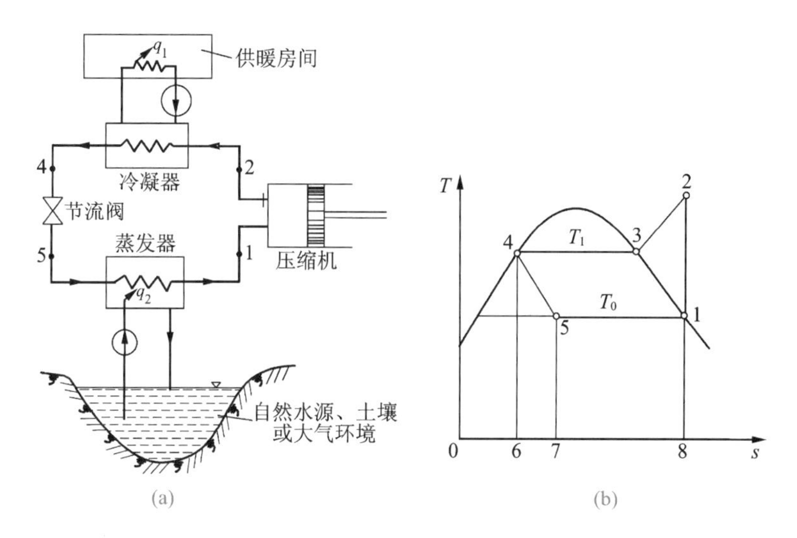

(a) (b)

图 8-16 蒸汽压缩式热泵循环

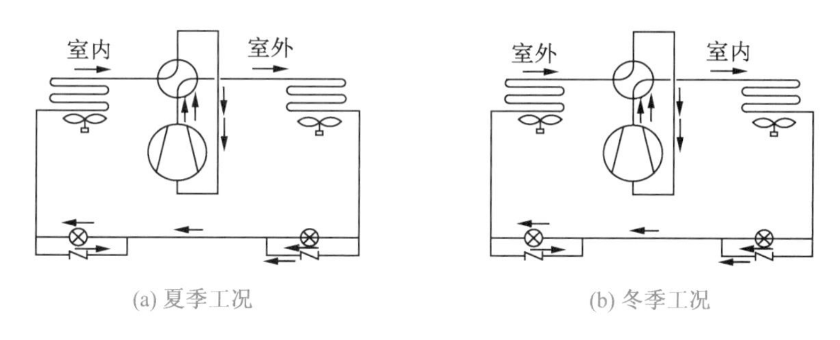

(a) 夏季工况 (b) 冬季工况

图 8-17 热泵的夏季工况和冬季工况

对于热泵循环[图 8-16(b)]:制冷剂从水源、土壤或者环境大气中吸收热量,经过压缩机压缩后,在冷凝器中放出热量,通过风机或者循环泵把该热量释放给用户,制冷剂释放热量后,冷却为饱和液体或者过冷液体,经过节流阀降温降压,进入蒸发器再次吸热,汽化为干饱和蒸汽,从而完成一个循环。

吸热量为 $q_2=h_1-h_5$

放热量为 $q_1=h_2-h_4$

循环消耗的功为 $\omega=h_2-h_1$

热泵的供暖系数为

$$\varepsilon'=\frac{q_1}{w}=\frac{q_1}{q_1-q_2}=\frac{h_2-h_4}{h_2-h_1} \tag{8-6}$$

近年来,热泵系统在市场上得到了飞速的发展,其初投资费用相对会高一些,但后期运行费用低,目前使用最为广泛的为空气源热泵系统和水源热泵系统。空气源热泵系统使用范围广,但在空气温度较低,相对湿度较大时,会出现结霜,从而使制热效果降低,特别是北方严寒地区,冬季时制热效果差,但可通过补气增焓等技术提升其制热效果。相对于空气源热泵,水源热泵在制热效果上就体现出了优势,其通常利用吸收 10 ℃～15 ℃左右的水中的热量,不存在结霜问题,供热系数也较高,但需要有充足的水源或者钻井制造水源,投资成本较高。

【例 8-4】 一台热泵装置功率为 10 kW，从温度为 −13 ℃的周围环境向用户供热，供热温度为 95 ℃，假设该热泵装置按逆卡诺循环工作，求供热量。

解：高温热源温度 $T_1 = 95 + 273 = 368\ \mathrm{K}$

低温热源温度 $T_2 = -13 + 273 = 260\ \mathrm{K}$

供热系数 $$\varepsilon' = \frac{T_1}{T_1 - T_2} = \frac{368}{368 - 260} = 3.41$$

供热量 $Q_1 = \varepsilon' \cdot \omega = 3.41 \times 10 = 34.1\ \mathrm{kW}$

从环境中的吸热量 $Q_2 = Q_1 - \omega = 24.1\ \mathrm{kW}$

其中 24.1/34.1=70.7%是从环境中吸收的热量，因此热泵是一个节能产品。

习　题

8-1 卡诺循环使用制冷剂 R134a 工质，制冷机在冷凝机中放热，温度为 30 ℃，由饱和蒸汽状态变为饱和液体状态，蒸发压力为 160 kPa。在 T-s 图上画出其循环图，试确定：(1) 制冷系数；(2) 从制冷空间吸收的热量；(3) 输入的净功。

8-2 一制冷机使用制冷剂 R134a 工质，按理想的蒸汽压缩制冷循环运行，蒸发和冷凝压力为 0.12 MPa 和 0.7 MPa，冷凝剂流量为 0.05 kg/s。在 T-s 图上画出其循环图，试确定：(1) 从制冷空间带走的热量和压缩机的输入功率；(2) 放给环境的热量；(3) 制冷系数。

8-3 制冷剂 R134a 以 0.3 $\mathrm{m^3/min}$ 的流量进入压缩机，压力为 140 kPa、温度为 −10 ℃，离开时压力为 1 MPa。压缩机的定熵效率为 78%。制冷剂以 0.95 MPa、30 ℃进入节流阀，以 −18.5 ℃的饱和蒸汽状态离开蒸发器。在 T-s 图上画出相对于饱和线的循环图，试确定：(1) 压缩机的输入功率；(2) 从制冷空间带走的热量；(3) 蒸发器和压缩机的压力降及获得的热量。

8-4　热泵使用制冷剂 R134a 加热房间，以 8 ℃的地下水作为热源，房间以 60 000 kJ/h 散失热量。制冷剂以 280 kPa 和 0 ℃的状态进入压缩机，离开时状态为 1 MPa 和 60 ℃。制冷剂在冷凝器中的温度为 30 ℃，试确定：(1) 热泵的输入功率；(2) 从水中吸收的热量；(3) 如果用电阻加热而不用热泵，输入电能的增加量是多少？

8-5　压缩空气制冷循环运行温度 $T_C=290$ K，$T_0=300$ K，如果循环的增压比分别为 3 和 6，分别计算相应的循环制冷系数和每千克工质的制冷量。假如空气为理想气体，比热容取定值 $c_p=1.005$ kJ/(kg·K)，$\kappa=1.4$。

8-6　若习题 8-5 中压气机的绝热效率为 $\eta_{C,s}=0.82$，膨胀机的定温效率 $\eta_T=0.85$ 分别计算 1 kg 工质的制冷量、循环净功量即循环制冷系数。

8-7　某空气压缩制冷循环中，空气进入压气机时，$p_1=0.1$ MPa，$t_1=t_e=-23.15$ ℃，在压气机内定熵压缩到 $p_2=0.4$ MPa，然后进入冷却器。离开冷却器时空气温度 $t_3=t_0=26.85$ ℃。取空气比热容为定值，试求制冷系数及每千克空气的制冷量 q_e。

8-8　今有以 R134a 为工质的制冷循环，其冷凝温度为 40 ℃，蒸发器温度为 20 ℃，求：(1) 蒸发压力和冷凝压力；(2) 循环的制冷系数。

8-9 某热泵型空调器以R134a为工质，设蒸发器中R134a的温度为−10 ℃，进压气机时的蒸汽干度x_1=0.98，冷凝器中饱和液温度为35 ℃。求热泵和循环供暖系数。

8-10 在氨-水吸收式制冷装置中，利用压力为0.3 MPa、干度为0.88的湿饱和蒸汽的冷凝器作为蒸汽发生器的外热源，如果保持冷藏库的温度为−10 ℃，而周围环境温度为30 ℃，试计算：(1)吸收式制冷装置的COP_{max}；(2) 如果实际的热量利用系数为$0.4COP_{max}$，而达到制冷能力为2.8×10^5 kJ/h，需要提供湿饱和蒸汽的质量流量m。

8-11 蒸汽系数制冷循环采用R134a为工质，蒸发器的温度为−20 ℃，压缩机进口状态为干饱和蒸汽，冷凝器出口温度为饱和液体，冷凝温度为40 ℃，制冷工质定熵压缩终了时焓的值为430 kJ/kg，制冷剂质量流量为100 kg/h，求：(1) 制冷系数；(2) 每小时的制冷量；(3) 所需的理论功率。

8-12 热泵利用井水作为热源，将20 ℃的空气8×10^4 m^3/h加热到30 ℃，使用R134a为工质，已知蒸发器温度为5 ℃，冷凝温度为35 ℃，空气的定压容积比热容为c'_p=1.256 kJ/($m^3\cdot K$)，井水温度降低为7 ℃，试求理论上所需的井水量、压缩机功率和压缩机的压气量。

9 湿空气

在日常生活中，我们都有这样的体会，一瓶刚从冰箱里拿出的饮料，不一会儿外壁上就凝聚了一层细密的水珠。那么这层水珠是从哪里来的呢？实际上，空气中总是有以水蒸气形态存在的水分，空气中的水蒸气是看不见的，但是当水蒸气在冰冷的饮料瓶表面遇冷凝结时，就变为可见的水珠了。水蒸气在空气中的含量常用"湿度"来描述。与氮气和氧气在空气中的含量相比，水蒸气在空气中占有的体积分数不到0.03%。虽然空气中水蒸气的含量微乎其微，但却影响着社会生产过程和人们的日常生活。

在生产实践过程中，湿度扮演着重要的安全角色，很多事故的引发与环境空气中的湿度息息相关。湿度高时，遇湿易燃物品如电石、保险粉等容易受潮，发生剧烈的化学反应，放出大量的易燃气体和热量，有时不需要明火就能燃烧或爆炸。湿度低时，可燃物体如木材、纸张等的水分会被蒸发，含水率低，容易被点燃，引起火灾、爆炸事故。

在纺织品的生产过程中，纺织机械表面与纺织纤维间的摩擦、纺织纤维之间的相互摩擦，不可避免地会引起纺织纤维带电，当纺织纤维与机体带有不同电荷时，会妨碍纺织纤维的拉伸、梳理、交织、卷绕过程的顺利进行。通过提高空气的湿度，一方面可以使纤维的比电阻降低，增加电荷散逸的速度，消除静电；另一方面，空气湿度增大时，纤维吸湿后的分子间距离增大，纤维的硬度和脆性降低，纤维的柔软性也大为改善。

在通信行业，空气干燥会引起静电，烧坏电路板，造成线路瘫痪，从而引发事故。空气潮湿会产生冷凝水，导致微电路局部短路，影响设备运行的可靠性以及设备的使用寿命。所以通信行业动力机房环境对湿度有着严格的要求。

在文物保护工程中，如何有效地把文物周围环境中的湿度控制在安全范围之内，是文物保护研究中十分重要的课题。秦始皇陵兵马俑作为世界第八大奇迹，为了有效地保护这一人类古代精神文明的瑰宝，秦俑保护的第一步就是寻找适当的途径，确定和控制秦俑所在环境中湿度的安全范围。

此外，空气湿度的大小影响人们日常生活的现象有：夏天，铺设了瓷砖的地面更容易发生返潮现象，使地面变得湿滑；一些储存仓库的墙壁上也常常出现水珠凝结的现象，引起墙壁发霉、起皮。冬天，戴眼镜的人们从寒冷的室外进入温度较高的室内，如食堂、浴室时，镜片上常常会出现一层水雾，冬天的浴室中也比夏天更容易出现雾气腾腾的现象。湿度对人体舒适感的影响：室内湿度过低时，空气干燥，人的呼吸道会干涩难受，体表汗液蒸发量增加，皮肤会感觉过于干燥；室内湿度过高时，体表汗液不能及时、充分地蒸发掉，积于皮肤表面，人体的不舒服感加大。所以室内湿度也不宜过低或过高。

目前，生产和生活中普遍采用空调系统对室内环境温度和湿度进行控制和调节。在一些要求较高的场合还专门配备了专用的加湿系统以及高效率的除湿系统来精确地控制环境湿度。与温度是个独立的物理量不同，空气的湿度常常受到大气压强和环境温度的影响，湿度的测量也复杂得多。学习湿空气的相关知识，掌握湿空气的热力过程中水蒸气状态参数的变化特点，对于正确测量和调节环境湿度具有非常重要的意义。

9.1 湿空气的有关概念

线上课程视频资料

9.1.1 湿空气与干空气

湿空气是指含有水蒸气的空气。干空气是指完全不含水蒸气的空气。所以，湿空气也是干空气和水蒸气的混合物，可写成

$$湿空气 = 干空气 + 水蒸气 \tag{9-1}$$

湿空气中的干空气，虽然由于时间、地理位置、海拔、环境污染等因素的影响，干空气的成分会发生微小的变化，但是为了计算方便，工程上通常将干空气的组元和成分看作固定，将干空气视为一种“单一”的理想气体。湿空气中的水蒸气，由于含量很少，水蒸气的分压力通常都很低，也可以视为理想气体。所以，湿空气的状态参数可以按照理想气体进行计算。

为了描述方便，分别以下标 a、v、s 表示干空气、水蒸气和饱和水蒸气的参数，而无下标时则为湿空气的参数。

按照道尔顿定律，湿空气的压力 p 等于水蒸气的分压力 p_v 与干空气的分压力 p_a 之和，有

$$p = p_v + p_a \tag{9-2}$$

如果湿空气来自环境大气，湿空气的压力即为大气压力 p_b，有

$$p_b = p_v + p_a \tag{9-3}$$

湿空气的温度 t 与各组分的温度，即水蒸气的温度 t_v、干空气的温度 t_a 相同，有

$$t = t_v = t_a \tag{9-4}$$

湿空气的体积 V 与水蒸气的体积 V_v、干空气的体积 V_a 也相同，有

$$V = V_v = V_a \tag{9-5}$$

9.1.2 未饱和湿空气与饱和湿空气

湿空气中的水蒸气只能以干饱和蒸汽或过热蒸汽的状态存在。根据湿空气中水蒸气状态的不同，湿空气可以分为未饱和湿空气以及饱和湿空气。

由过热蒸汽和干空气组成的湿空气称为未饱和湿空气，即

$$未饱和湿空气 = 过热蒸汽 + 干空气$$

由干饱和蒸汽和干空气组成的湿空气称为饱和湿空气，即

$$饱和湿空气 = 干饱和蒸汽 + 干空气$$

湿空气是一种特殊的理想混合气体，因为在适当的条件下，湿空气中的水蒸气会发生相变，未饱和湿空气与饱和湿空气相互转变。

通常情况下，湿空气中的水蒸气含量很小，水蒸气的分压力 p_v 很低，且低于当时湿空气的温度 t（也即水蒸气温度）所对应的水蒸气饱和压力 p_s。在水蒸气的 p-v 图上（图 9-1），由水蒸气温度 t 和水蒸气分压力 p_v 确定的点 A 表示湿空气中水蒸气的状态。因为湿空气中的水蒸气处于过热蒸汽状态，对应的湿空气是未饱和湿空气。

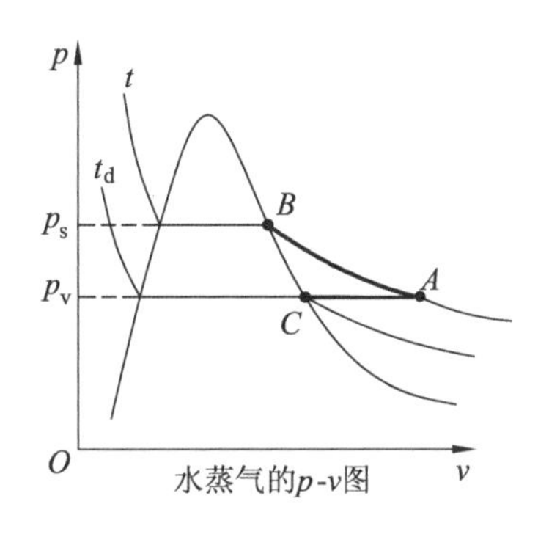

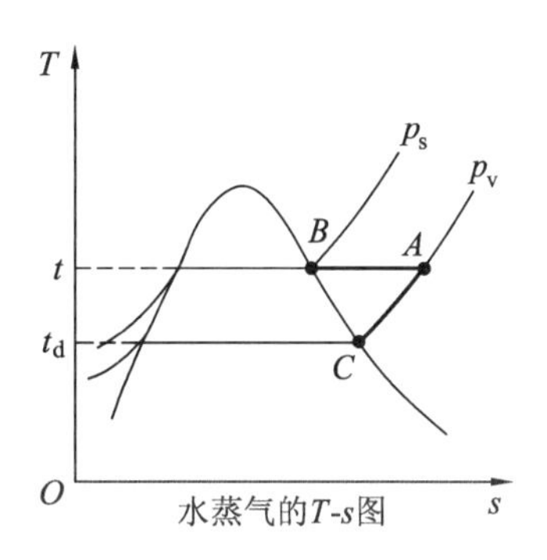

图 9-1 湿空气中的水蒸气状态示意图

假设在温度 t 不变的情况下，向湿空气中增加水蒸气的含量，则湿空气中水蒸气的分压力 p_v 也随之提高，水蒸气的状态将沿着定温线向压力增大的方向变化，当湿空气中水蒸气的分压力 p_v 提高到等于当前温度 t 对应的饱和压力 p_s 时（图上的状态点 B），湿空气中的水蒸气处于干饱和蒸汽状态，对应的湿空气是饱和湿空气。饱和湿空气吸收水蒸气的能力已经达到了极限，若继续向湿空气中增加水蒸气，将凝结为水滴从中析出。

如果湿空气遇冷而温度降低，那么湿空气中的水蒸气在分压力 p_v 保持不变的情况下，温度不断降低，水蒸气的状态将沿着定压线向温度减小的方向变化，当湿空气的温度降低到水蒸气的分压力 p_v 所对应的饱和温度时（图上的状态点 C），湿空气中的水蒸气处于干饱和蒸汽状态，对应的湿空气是饱和湿空气。如果湿空气从 C 点继续冷却，湿空气中就会出现露滴。

由此可见，未饱和湿空气转变为饱和湿空气的实质是湿空气中的水蒸气由过热蒸汽状态转变成了干饱和蒸汽状态，并且未饱和湿空气能够进一步吸收水蒸气，饱和湿空气不能再吸收水蒸气。

9.1.3 结露与露点

通过冷却降温的方法将未饱和湿空气变为饱和湿空气后，若继续降温，湿空气中会发生结露现象，发生结露的瞬间温度称为露点温度，用 t_d 表示。露点温度就是湿空气中水蒸气分压力 p_v 对应的饱和温度，即图 9-1 上状态点 C 的温度。所以，只要已知湿空气中水蒸气的分压力 p_v，就可以直接查附表 14 获得对应的露点温度。

9.2 湿空气的有关参数

9.2.1 表示湿空气湿度的参数

1. 湿空气的绝对湿度

湿空气的绝对湿度是指每立方米湿空气中含有的水蒸气的质量，其符号为 ρ_v。因为湿空气中水蒸气的体积等于湿空气的体积，所以绝对湿度就是湿空气中水蒸气的密度

$$\rho_v=\frac{m_v}{V}=\frac{m_v}{V_v}=\frac{p_v}{R_{g,v}T} \tag{9-6}$$

式中，$R_{g,v}$ 为水蒸气的气体常数。

在一定温度下，饱和湿空气的绝对湿度达到最大值，称为饱和绝对湿度，其符号为 ρ_s

$$\rho_s=\frac{p_s}{R_{g,v}T} \tag{9-7}$$

式中，p_s 为湿空气温度所对应的水蒸气饱和压力。

绝对湿度只能说明湿空气中实际所含水蒸气的质量，不能说明湿空气干燥或潮湿的程度以及进一步吸收水蒸气能力的大小。

2. 湿空气的相对湿度

湿空气的相对湿度是指未饱和湿空气的绝对湿度 ρ_v 与同温度下饱和湿空气的绝对湿度 ρ_s 的比值，其符号为 φ

$$\varphi=\frac{\rho_v}{\rho_s} \tag{9-8}$$

相对湿度描述了湿空气与相同温度下的饱和湿空气的偏离程度。相对湿度的数值反映了湿空气进一步吸收水蒸气的能力，在一定的温度下，φ 值小，表示空气干燥，具有较大的吸湿能力；φ 值大，表示空气潮湿，吸湿能力小。当 $\varphi=0$ 时为干空气，$\varphi=1$ 时则为饱和湿空气，未饱和湿空气的相对湿度在 0 到 1 之间，($0<\varphi<1$)。将 ρ_v、ρ_s 的表达式(9-6)、式(9-7)代入相对湿度的表达式(9-8)，湿空气的相对湿度可表示为

$$\varphi=\frac{\rho_v}{\rho_s}=\frac{p_v}{p_s} \tag{9-9}$$

3. 湿空气的含湿量

在湿空气的吸湿或除湿过程中，湿空气中水蒸气的质量会发生变化，湿空气的质量也随之变化，而只有干空气的质量不会随着湿空气的温度和湿度而改变。为了便于分析和计算，湿空气的含湿量以 1 kg 干空气作为计算的基准。

湿空气的含湿量是指含有单位质量(1 kg)干空气的湿空气中夹带的水蒸气的质量，其符号为 d

$$d=\frac{m_v}{m_a}=\frac{\rho_v V_v}{\rho_a V_a}=\frac{\rho_v}{\rho_a}\qquad \text{kg/kg(干空气)} \tag{9-10}$$

由于湿空气中，水蒸气含量较少，常用克作为单位，可写成

$$d=1\,000\frac{m_v}{m_a}=1\,000\frac{\rho_v V_v}{\rho_a V_a}=1\,000\frac{\rho_v}{\rho_a}\qquad \text{g/kg(干空气)} \tag{9-11}$$

显然，湿空气的含湿量等于湿空气中水蒸气的密度 ρ_v(绝对湿度)与干空气密度 ρ_a 的比值，含湿量又可称为比湿度。含有 1 kg 干空气的湿空气的质量可表示为 $1+d$ kg，这里 d 的单位是 kg/kg(干空气)；或者表示为 $1+0.001d$ kg，这里 d 的单位是 g/kg(干空气)。

根据水蒸气、干空气的理想气体状态方程式，有 $m_v=p_vV/R_{g,v}T$ 和 $m_a=p_aV/R_{g,a}T$，其中水蒸气的气体常数 $R_{g,v}=461.5$ J/(kg·K)，干空气的气体常数 $R_{g,a}=287.1$ J/(kg·K)，代入表达式(9-10)和式(9-11)，有

$$d=0.622\frac{p_v}{p_a}\qquad \text{kg/kg(干空气)} \tag{9-12}$$

或

$$d=622\frac{p_v}{p_a}\qquad \text{g/kg(干空气)} \tag{9-13}$$

又根据理想气体混合物的性质，$p_a = p - p_v$，有

$$d = 0.622 \frac{p_v}{p - p_v} \quad \text{kg/kg(干空气)} \tag{9-14}$$

或

$$d = 622 \frac{p_v}{p - p_v} \quad \text{g/kg(干空气)} \tag{9-15}$$

式(9-14)和式(9-15)说明在湿空气的总压力 p 一定时，含湿量 d 仅取决于水蒸气的分压力 p_v，并随 p_v 的提高而增大，即 $d = f(p_v)$，含湿量 d 与水蒸气分压力 p_v 之间有确定的关系。需要注意，当湿空气的总压力 p 发生变化时，即使含湿量 d 不变，水蒸气的分压力 p_v 也不是定值。

又根据相对湿度的关系式，$\varphi = p_v / p_s$，有

$$d = 0.622 \frac{\varphi p_s}{p - \varphi p_s} \quad \text{kg/kg(干空气)} \tag{9-16}$$

或

$$d = 622 \frac{\varphi p_s}{p - \varphi p_s} \quad \text{g/kg(干空气)} \tag{9-17}$$

式(9-16)和式(9-17)说明当湿空气的压力 p 一定、温度 T 一定(与温度 T 对应的水蒸气的饱和压力 p_s 一定)时，湿空气的含湿量 d 仅取决于湿空气的相对湿度 φ，并随着 φ 的增大而增大。另一方面，如果保持湿空气中的含湿量 d 不变，提高湿空气的温度 T，则水蒸气的饱和压力 p_s 也随之增大，那么湿空气的相对湿度 φ 会降低，所以，工程上经常采用对湿空气加热的方法来提高湿空气吸收水蒸气的能力。

当湿空气达到饱和，相对湿度 $\varphi = 100\%$ 时，含湿量有最大值

$$d_{max} = 0.622 \frac{p_s}{p - p_s} \quad \text{kg/kg(干空气)} \tag{9-18}$$

或

$$d_{max} = 622 \frac{p_s}{p - p_s} \quad \text{g/kg(干空气)} \tag{9-19}$$

通过式(9-18)和式(9-19)也可以看出，提高湿空气的温度 T，水蒸气的饱和压力 p_s 增大后，湿空气的最大含湿量 d_{max} 也增大，说明湿空气吸收水蒸气的能力也得到了提高。

9.2.2 表示湿空气状态的参数

在湿空气的各种热力过程中，发生变化的主要是湿空气中水蒸气的含量，所以，对湿空气进行计算，确定湿空气状态参数的数值以及湿空气的过程分析，总是以单位质量干空气为基准的，如湿空气的焓值、湿空气的熵值、湿空气的比体积等。

1. 湿空气的焓

根据理想气体混合物焓的加和性，湿空气的焓 H 是干空气的焓 H_a 和水蒸气的焓 H_v 之和，有

$$H = H_a + H_v = m_a h_a + m_v h_v \tag{9-20}$$

式中，h_a 为干空气的比焓，h_v 为水蒸气的比焓。

式(9-20)两边同时除以干空气质量 m_a，可得湿空气的比焓 h

$$h=\frac{H}{m_a}=\frac{m_a h_a+m_v h_v}{m_a}=h_a+dh_v \qquad \text{kJ/kg(干空气)} \tag{9-21}$$

湿空气的比焓是指含有 1 kg 干空气的湿空气的焓值，等于 1 kg 干空气的焓和 d kg 水蒸气的焓的总和。

因为焓是状态参数，焓的变化与途径无关。工程上，湿空气的焓值以 0 ℃时干空气的焓和 0 ℃时饱和水的焓为基准点。

若取 0 ℃时干空气的焓值为零，干空气比定压热容 $c_{p0,a}=1.005$ kJ/(kg·K)，则温度为 t 的干空气比焓为

$$h_a=c_{p0,a}t=1.005t \qquad \text{kJ/kg(干空气)}$$

若假定 0 ℃时饱和水的焓值为零，0 ℃下饱和水汽化成饱和水蒸气，其汽化潜热为 $L_{0℃}=2501$ kJ/kg，即 0 ℃时饱和水蒸气的焓值为 2501 kJ/kg，水蒸气比定压热容 $c_{p,v}=1.863$ kJ/(kg·K)，则温度为 t 的水蒸气比焓为

$$h_v=L_{0℃}+c_{p,v}t=2501+1.863t \qquad \text{kJ/kg(水蒸气)}$$

将 h_a 和 h_v 的表达式代入上式，有

$$h=1.005t+d(2501+1.863t) \qquad \text{kJ/kg(干空气)} \tag{9-22}$$

式中，t 单位是℃，d 的单位是 kg/kg(干空气)。

2. 湿空气的熵

湿空气的熵除了与温度有关，还与压力(或比体积)有关。根据理想气体混合物熵的加和性，湿空气的熵 S 是干空气的熵 S_a 和水蒸气的熵 S_v 之和，有

$$\begin{aligned}S(T,p)&=S_a(T,p_a)+S_v(T,p_v)\\&=m_a s_a(T,p_a)+m_v s_v(T,p_v)\end{aligned}$$

式中，s_a 为干空气的比熵，s_v 为水蒸气的比熵。

上式两边同时除以干空气质量 m_a，可得湿空气的比熵 s

$$s(T,p)=\frac{S(T,p)}{m_a}=s_a(T,p_a)+ds_v(T,p_v) \qquad \text{kJ/kg(干空气·K)} \tag{9-23}$$

类似地，湿空气的比熵是指含有 1 kg 干空气的湿空气的熵值，它等于 1 kg 干空气的熵和 d kg 水蒸气的熵的总和。

3. 湿空气的比体积

湿空气的比体积是指含有 1 kg 干空气的湿空气的比体积，它等于 1 kg 干空气和 d kg 水蒸气组成的湿空气的体积。

$$v=(1+d)\frac{R_g T}{p} \qquad \text{m}^3\text{/kg(干空气)} \tag{9-24}$$

式中，R_g 为湿空气的气体常数。

$$R_g=\sum \omega_i R_{g,i}=\frac{1}{1+d}R_{g,a}+\frac{d}{1+d}R_{g,v}=\frac{R_{g,a}+R_{g,v}d}{1+d}$$

9.3　湿空气湿度的测定

9.3.1　干、湿球温度法

如图 9-2 所示，干湿球温度计由 2 个温度计组成。温度计 1 放置在被测的大气环境中，感温头直接暴露在空气中，称为干球温度计，其测出的是干球温度，用 t 表示，干球温度就是环境温度，也是湿空气的温度；温度计 2 的感温头上包裹着潮湿的纱布，纱布的下端浸在水杯中，称为湿球温度计，其测出的是湿球温度，用 t_w 表示。

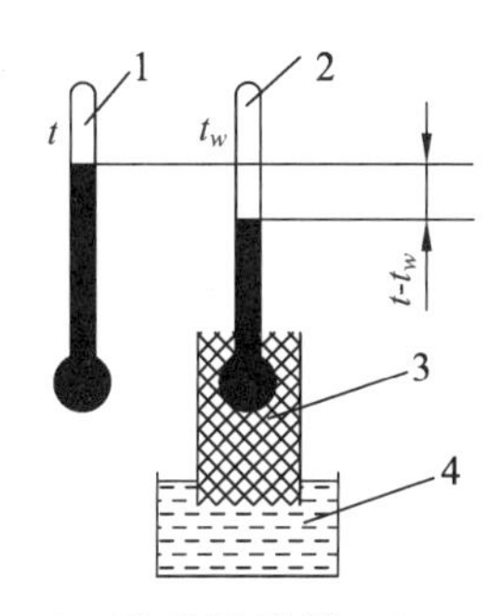

1—干球温度计；2—湿球温度计；3—脱脂棉纱布；4—水杯

图 9-2　干湿球温度计示意图

测量时如果周围的大气环境是未饱和湿空气，未饱和湿空气有吸水能力，湿布上的水将散发到大气环境中，水在汽化时带走汽化潜热，所以湿球温度计的读数降低。当湿球表面的热湿交换达到平衡时，湿球温度计的读数不再降低，此时湿球温度计显示的数值就是湿球温度。在未饱和湿空气中，湿球温度计的读数小于干球温度计的读数，即 $t_w<t$。湿球温度越低，说明湿布中水分蒸发带走的汽化潜热越多，意味着湿空气越干燥，湿空气的相对湿度越小。如果湿球温度计周围的大气环境是饱和湿空气，饱和湿空气不具备吸水能力，湿布上的水分散不出去，不会带走汽化潜热，所以在饱和湿空气中，湿球温度和干球温度相等，即 $t_w=t$。

需要注意的是，湿球温度不仅与湿空气的相对湿度有关，而且受蒸发和传质速率的影响。相对湿度相同的湿空气流过湿球温度计，湿空气的流速越高，湿布上的水分蒸发得越快，湿球温度计的温度值降得也越快，所以流速高时测得的湿球温度低于流速低时测得的湿球温度。试验表明，当湿空气的流速变化介于 2～10 m/s 的范围时，可以忽略流速对湿球温度的影响。

将湿空气的干球温度、湿球温度和相对湿度的对应关系画成曲线（图 9-3），横坐标对应干球温度，曲线对应湿球温度，按照干湿球温度计上的读数，查出干球温度和湿球温度的相交点对应的纵坐标数值，就是所测湿空气的相对湿度。

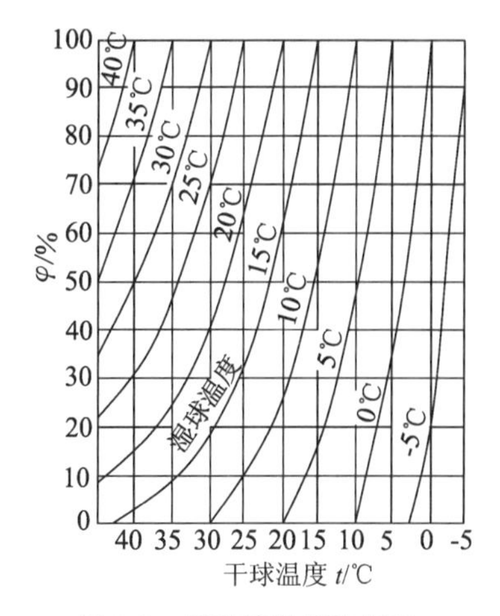

图 9-3　干湿球温度和相对湿度的关系曲线

按照干湿球温度确定湿空气相对湿度的图线，一般是在大气压力为 0.1 MPa 的条件下绘制的，在实际使用过程中，需要注意曲线图的适用范围，当大气压力偏离 0.1 MPa 很多时，需要对查出的相对湿度加以适当的修正。

9.3.2　露点法

如图 9-4 所示，在一个表面镀镍的黄铜盒内装有易挥发的乙醚溶液，温度计 1 放置在大气环境中，称为干球温度计，其测量的是环境温度；温度计2的一端插入乙醚溶液中，称为露点温度计，其测量的是露点温度。

测量时，通过不停地捏橡皮鼓气球，空气一边被打入黄铜盒中，一边又通过另一侧的管口排出，使得容器中的乙醚溶液得到较快速度的蒸发。乙醚在蒸发时会吸收自身热量，乙醚溶液温度降低，金属盒表面的温度也随之降低。当金属盒周围空气中的水蒸气开始在金属盒的外表面发生凝结时，这时露点温度计的读数就是露点温度。需要注意的是，在测量露点温度的过程中，虽然露点温度计的读数降低了，但空气中水蒸气的含量并没有改变。测得露点温度后，通过查干饱和蒸汽表，就可以根据露点温度得到对应的水蒸气含量。

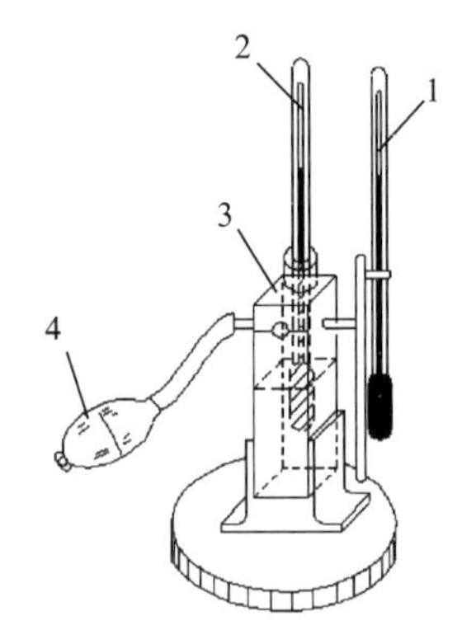

1—干球温度计；
2—露点温度计；
3—镀镍黄铜盒；
4—橡皮鼓气球

图 9-4 露点温度计示意图

测定露点温度在农业上有重要的意义，由于湿空气的温度下降到露点温度时，湿空气中的水蒸气会发生凝结，所以如果露点温度高于0 ℃，即 $t_d>0$ ℃，那么水蒸气凝结成的是露珠；如果露点温度在0 ℃以下，即 $t_d<0$ ℃，那么气温下降到露点时，水蒸气会直接凝结成霜。所以根据露点温度，就可以预报是否会发生霜冻，从而减少农作物的损失。此外，因为露点越低，表示空气中的水分含量越少，空气越干燥，所以露点也是空气湿度的一种表示方式，测定露点实际上就测定了空气中的绝对湿度。

9.3.3 干球温度、湿球温度、露点温度的关系

将干湿球温度计测得的干球温度 t、湿球温度 t_w 以及露点温度计测得的露点温度 t_d 表示在水蒸气的状态示意图上，如图9-5所示。如果湿空气为未饱和湿空气，假设1点表示湿空气中水蒸气的任意状态点，其对应温度即为干球温度计测出的干球温度 t。湿球温度计测量时，一方面由于湿球上水分的蒸发，湿空气中的水蒸气含量增加，水蒸气的分压力 p_v 也增加；另一方面由于水分蒸发吸收了汽化潜热，湿空气的温度降低，所以湿球温度低于状态点1的干球温度 t 但高于状态点3的露点温度 t_d，即在 $\varphi<1$ 的未饱和湿空气中，$t_d<t_w<t$。

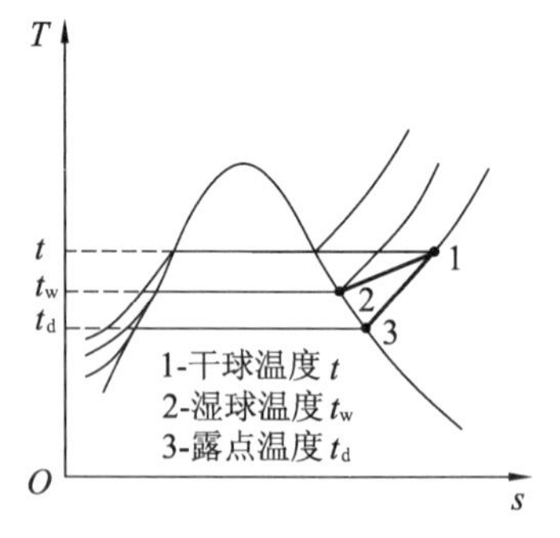

图 9-5 湿空气 t、t_w 和 t_d 之间的关系

如果湿空气为饱和湿空气，湿空气中的水蒸气状态位于干饱和蒸汽线上。因为饱和湿空气不再具有吸湿能力，湿球温度计纱布上的水分蒸发与凝结达到了动态平衡，湿空气中水蒸气含量不再变化，水蒸气的分压力 p_v 也不变，湿空气的温度也不变，且该温度就是 p_v 对应的饱和温度 t_s。所以，干球温度、湿球温度以及露点温度是同一个温度，即在 $\varphi=1$ 的饱和湿空气中，$t_d=t_w=t$。

9.4 湿空气的焓-含湿量图

在研究湿空气的有关问题时，经常会用到湿空气的焓一含湿量图，简称焓湿图或 h-d 图。根据焓湿图，不仅可以确定湿空气的某些状态参数，还可以在图上方便地表示出湿空气的状态变化过程。

在 h-d 图上主要有 5 种图线，如图 9-6 所示，A 点表示焓湿图上的任意状态点。

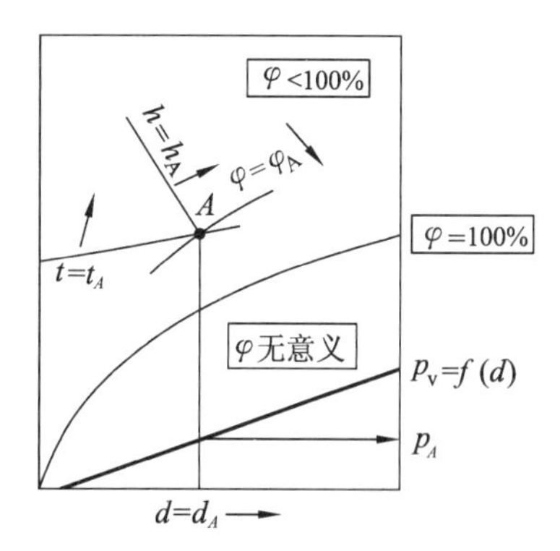

图 9-6　湿空气 h-d 图的示意图

（1）定含湿量线：定含湿量线也称等湿线，在焓湿图上是一组垂直线，与纵坐标平行。如图 9-6 上直线 $d=d_A$ 是通过 A 点的定含湿量线。在同一定含湿量线上，各状态点的含湿量值相同。顺着箭头方向，含湿量的数值增大。

（2）定焓线：定焓线也称等焓线，在焓湿图上是一组与横坐标轴（或垂直线）成 135°夹角的直线群。如图 9-6 上直线 $h=h_A$ 是通过 A 点的定焓线。在焓湿图上，定焓线之间相互平行。顺着箭头方向，焓的数值增大。

（3）定温线：定温线也称等温线，在焓湿图上是一组斜向上翘的直线群。如图 9-6 上直线 $t=t_A$ 是经过 A 点的定温线。当温度不同时，定温线的斜率也不同，所以在焓湿图上，定温线是一组互不平行的直线，定温线越靠近焓湿图的上方，温度值越高。

（4）定相对湿度线：定相对湿度线也称等相对湿度线，在焓湿图上是一组曲线群。如图 9-6 上曲线 $\varphi=\varphi_A$ 是经过 A 点的定相对湿度线。定相对湿度线越靠近焓湿图的下方，相对湿度的值越大。$\varphi=0$ 的定相对湿度线与纵坐标重合，因为 $\varphi=0$ 时，说明是干空气，即 $d=0$。$\varphi=100\%$ 的定相对湿度线是饱和湿空气曲线，又称为临界线，将焓湿图分成两个区域，临界线以上部分 $\varphi<100\%$ 的区域为未饱和湿空气区，临界线以下部分的相对湿度是无意义的，故为空白区。因为在临界线上湿空气已经饱和，如果再降温冷却，水蒸气会凝结成水析出，但湿空气的相对湿度仍然保持为 100%，所以临界线也是不同含湿量时的露点线。

（5）含湿量与水蒸气分压力的换算关系线，即 $p_v=f(d)$ 线，给出了 p_v 与 d 之间的对应关系，根据这条线可以对水蒸气的分压力和含湿量的值进行换算。

在使用焓-含湿量图时，需要注意湿空气的焓湿图是在一定的压力条件下绘制的，即每一张焓湿图都有一个对应的压力。因为确定湿空气的状态需要三个独立的状态参数，在总压力一定的焓湿图上，只要再给出湿空气的任意两个独立状态参数，就可以在焓湿图上确定湿空气状态点的位置，从而确定该状态点对应的湿空气的其余未知状态参数。所以焓湿图上的任何一点都可以代表湿空气的一个确定的平衡状态。常用的焓湿图是按照湿空气压力等于 0.1 MPa，约 1 个大气压的条件绘制的。在实际使用焓湿图的过程中，如果湿空气的总压与焓湿图上的总压差别较大，需要对从焓湿图上查得的参数进行修正，若用于分析湿空气压力范围为（0.1±0.025）MPa 的湿空气性质，所得结果的误差小于 2%。

线上课程视频资料

9.5 湿空气的基本热力过程及工程应用

湿空气的基本热力过程有湿空气的加热、冷却及冷却去湿、加湿、混合过程等，被广泛应用于空气调节、物料干燥、水的冷却等工程上。对湿空气热力过程的分析，主要是讨论湿空气的状态变化以及湿空气与外界的能量交换情况。

9.5.1 加热过程

在工程上，湿空气的加热过程一般是在定压条件下进行的。湿空气在定压加热时，湿空气的压力保持不变，水蒸气的分压力和湿空气的含湿量也保持不变，如图 9-7 中的过程 1—2 所示。在焓湿图上，湿空气的加热过程沿着定含湿量线向温度升高的方向进行。湿空气加热以后，湿空气的温度升高，焓值增加，相对湿度 φ 减小。加热过程中湿空气吸收的热量等于其焓值的增加，即

$$q=h_2-h_1$$

式中，h_1、h_2分别表示单位质量干空气的湿空气在加热过程初态、终态时的焓值。

图 9-7 湿空气加热过程示意图

9.5.2 冷却过程及冷却去湿过程

湿空气的冷却可分为未饱和湿空气的冷却过程以及饱和湿空气的冷却去湿过程，它们具有不同的特点。

未饱和湿空气的冷却过程也是在定压条件下进行的，在冷却过程中，湿空气的压力不变，含湿量不变。未饱和湿空气冷却过程的特征和湿空气加热过程的特征相反，如图 9-8 的过程 1—2′所示。在焓湿图上，未饱和湿空气的冷却过程沿着定含湿量线向温度降低的方向进行。冷却以后，湿空气的温度降低，焓值减小，相对湿度 φ 增大。

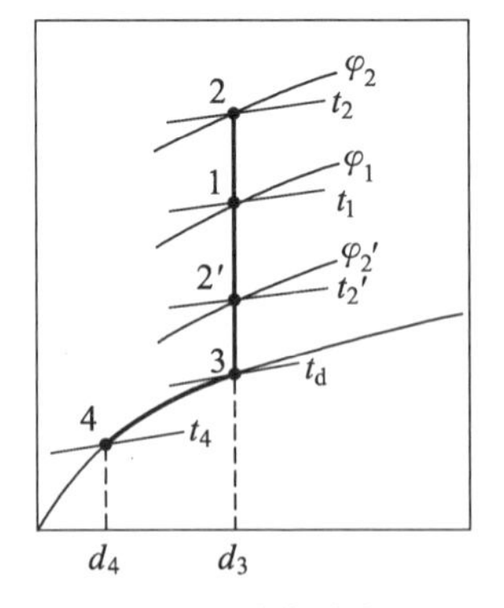

图 9-8 湿空气冷却和冷却去湿过程示意图

如图 9-8 所示，对状态 2′的未饱和湿空气继续冷却至状态 3，此时湿空气的温度降到露点温度，湿空气的相对湿度增大到 100%，湿空气变成饱和湿空气，湿空气从状态 1 冷却到状态 3 都属于未饱和湿空气的冷却过程。如果状态 3 的饱和湿空气进一步降温，就是饱和湿空气的冷却去湿过程，如图 9-8 的过程 3—4 所示，在冷却过程中，会有水蒸气凝结析出，湿空气的含湿量降低，但湿空气的相对湿度仍然保持 100%，这种饱和湿空气的冷却过程伴随着去湿的作用，称为冷却去湿过程。在焓湿图上，冷却去湿过程沿着饱和湿空气曲线向含湿量减小的方向进行，冷却过程中，湿空气的温度 t 降低，焓值降低。

在冷却去湿过程中，含单位质量干空气的湿空气析出的水分为 d_3-d_4 kg/kg(干空气)。湿空气降低的焓值包括两部分：一是冷却介质带走的热量；二是凝结水带走的能量，比焓的表达式为

$$h_3-h_4=q+(d_3-d_4)h_v$$

式中，h_3、d_3和 h_4、d_4分别为单位质量干空气的湿空气在初态、终态时的焓与含湿量；q 表示冷却介质带走的热量；h_v表示凝结水的比焓。

【例 9-1】 温度为 32 ℃，相对湿度为 60％的湿空气进入去湿器的冷却盘管，离开时是 15 ℃的饱和状态，干空气流量为 1.5 kg/s。求：每秒析出的冷凝水量和冷却传热量。

解：由 $t_1=32$ ℃，相对湿度 $\varphi_1=60\%$，在 h-d 图上确定状态点 1 如图 9-8 所示，并查得

$$d_1=0.0181\ \text{kg/kg(干空气)},h_1=78\ \text{kJ/kg(干空气)}$$

湿空气从初始状态 1 在定 d 下冷却，即在 h-d 图上垂直向下与饱和湿空气曲线相交于 3 点，然后再沿饱和湿空气曲线继续冷却到 $t_4=15$ ℃，即状态点 4，在 h-d 图上查得

$$d_4=0.0105\ \text{kg/kg(干空气)},\ h_4=42\ \text{kJ/kg(干空气)}$$

由水蒸气表查得

$$t_4=15\ ℃\text{时},h'=63.95\ \text{kJ/kg}$$

每秒析出的冷凝水量为

$$\Delta\dot{m}_v=\dot{m}_a(d_1-d_4)=1.5\times(0.018\ 1-0.010\ 5)=0.011\ 25\ \text{kg/s}$$

由去湿器的能量平衡方程，每秒冷却传热量为

$$\dot{Q}=\dot{m}_a(h_1-h_4)-\Delta m_v h'=1.5\times(78-42)-0.011\ 25\times62.95$$
$$=54-0.708=53.292\ \text{kW}$$

9.5.3 绝热加湿过程

在绝热的条件下，如果向未饱和湿空气中喷水或者有水分发生了蒸发，未饱和湿空气吸收水分，湿空气的含湿量增加的过程称为湿空气的绝热加湿过程。如图 9-9 中过程 1—2 所示，绝热加湿过程中，含单位质量干空气的湿空气吸收的水分为 d_2-d_1 kg/kg(干空气)，湿空气增加的焓值来自于吸收的水分带入的能量，表达式为

$$h_2-h_1=(d_2-d_1)h_v$$

式中，h_1、d_1和 h_2、d_2分别为单位质量干空气的湿空气在初态、终态时的焓与含湿量；h_v表示水的比焓。

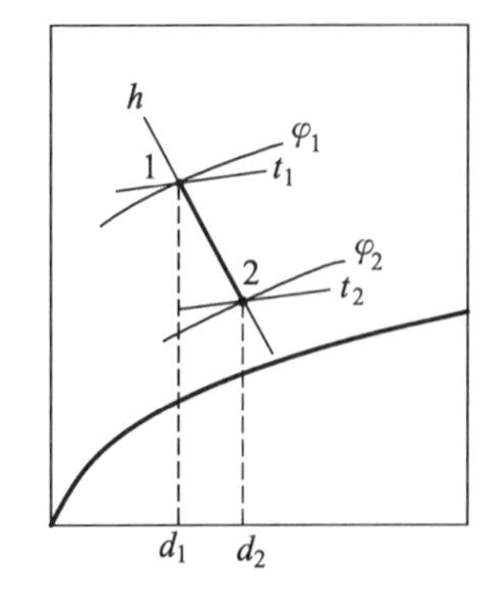

图 9-9 湿空气绝热加湿过程示意图

因为水的比焓 h_v相对要小得多，含湿量差 d_2-d_1也比较小，所以由水分带入的焓值很小，通常可以忽略不计，即

$$h_1\approx h_2$$

所以湿空气的绝热加湿过程可以近似看作定焓过程。在焓湿图上，湿空气的绝热加湿过程应沿定焓线向含湿量增大的方向进行。

因为是绝热过程，所以湿空气中水分蒸发变成水蒸气时，吸收的潜热完全来自空气自身，加湿后湿空气的温度会降低，即 t_2小于 t_1，所以湿空气的绝热加湿过程又称为蒸发冷却过程。因此，湿空气在绝热加湿过程中，湿空气的温度降低，含湿量增加，焓值保持不变，绝

对湿度增大。

【例 9-2】 如图 9-10 所示，将压力为 0.1 MPa、温度为 25 ℃和相对湿度为 60%的湿空气在加热器中加热到 50 ℃，然后送进干燥箱用以烘干物体。从干燥箱出来的空气温度为 40 ℃，试求在该加热及烘干过程中，蒸发 1 kg 水分所消耗的热量。

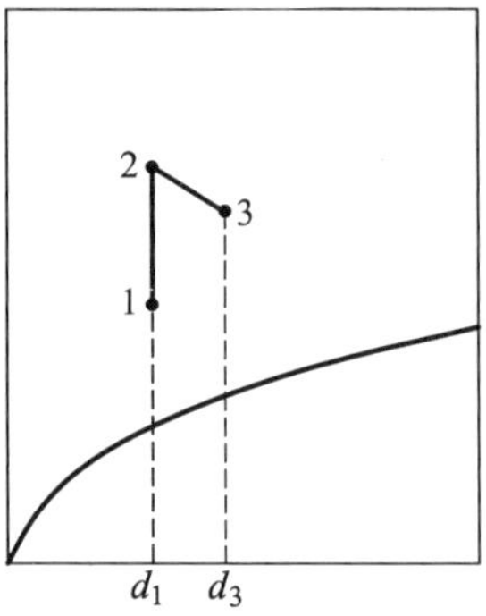

解：根据题意，由 $t_1=25$ ℃、$\varphi_1=60\%$在 h-d 图上查得

$$h_1=56\ \text{kJ/kg(干空气)} \qquad d_1=0.012\ \text{kg/kg(干空气)}$$

加热器中的加热过程 1—2 含湿量不变，$d_2=d_1$，由 d_2 及 $t_2=50$ ℃查得

$$h_2=82\ \text{kJ/kg(干空气)}$$

图 9-10 例 9-2 图

空气在干燥箱内经历的是绝热加湿过程 2—3，有 $h_3=h_2$，由 h_3及 $t_3=40$ ℃查得

$$d_3=0.016\ \text{kg/kg(干空气)}$$

根据上述各点状态参数，可计算得每千克空气吸收的水分和所消耗热量为

$$\Delta d=d_3-d_2=d_3-d_1=0.016-0.012=0.004\ \text{kg/kg(干空气)}$$

$$q=h_2-h_1=82-56=26\ \text{kJ/kg(干空气)}$$

蒸发 1 kg 水蒸气所需干空气量和消耗的热量为

$$m_a=\frac{1}{\Delta d}=\frac{1}{0.004}=250\ \text{kg(干空气)}$$

$$Q=m_a q=250\times 26=6.5\times 10^3\ \text{kJ}$$

9.5.4 绝热混合过程

在工程上，为了获得满足温度及湿度要求的湿空气，将状态不同的湿空气气流进行混合，在混合过程中，忽略气流与外界的热量交换，认为混合过程是在绝热条件下进行的，这个过程称为绝热混合过程。气流绝热混合后湿空气的状态取决于混合前湿空气各股气流的状态及流量。

如图 9-11 所示的焓湿图上，混合前两股湿空气的状态分别表示为 1 和 2，绝热混合后湿空气的状态表示为 0。

在绝热混合前后，湿空气气流中包含的干空气的质量以及水蒸气的质量分别守恒，根据质量守恒定律，分别得到干空气的质量守恒关系式(9-25)及水蒸气的质量守恒关系式(9-26)

$$q_{m,a0}=q_{m,a1}+q_{m,a2} \tag{9-25}$$

式中，$q_{m,a1}$和 $q_{m,a2}$分别是混合前两股干空气的质量流量；$q_{m,a0}$是混合后干空气的质量流量。

$$q_{m,a0}d_0=q_{m,a1}d_1+q_{m,a2}d_2 \tag{9-26}$$

式中，d_1和 d_2分别是混合前两股湿空气的含湿量；d_0是混合后湿空气的含湿量。

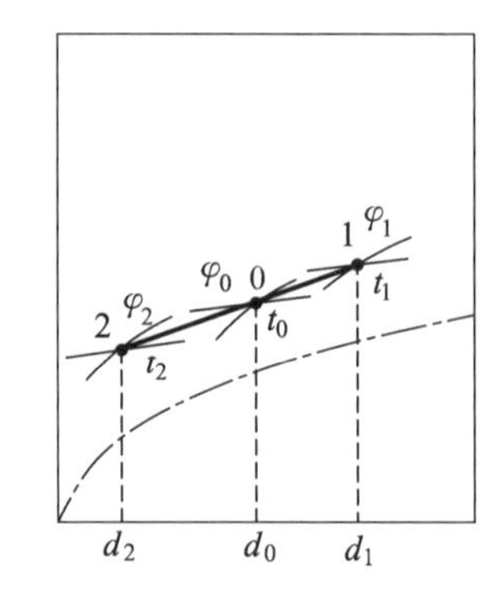

图 9-11 湿空气绝热混合过程示意图

在绝热混合前后干空气的能量也是守恒的，根据能量守恒方程，得到干空气混合前后能量守恒的关系式

$$q_{m,a0}h_0=q_{m,a1}h_1+q_{m,a2}h_2 \tag{9-27}$$

式中，h_1和h_2分别是混合前两股湿空气的比焓；h_0是混合后湿空气的比焓。

将方程式(9-25)、式(9-26)和式(9-27)联立、整理后得到

$$\frac{q_{m,a1}}{q_{m,a2}}=\frac{d_0-d_2}{d_1-d_0}=\frac{h_0-h_2}{h_1-h_0} \tag{9-28}$$

即

$$\frac{h_2-h_0}{d_2-d_0}=\frac{h_0-h_1}{d_0-d_1} \tag{9-29}$$

式(9-29)中，左边项对应焓湿图上从状态2到0这条过程线的斜率，右边项对应焓湿图上从状态0到1这条过程线的斜率，因为等式中左边项等于右边项，所以焓湿图上这两条过程线的斜率相同。即在焓湿图上，湿空气混合后的状态点0必定在连接状态点1和2的直线上。

另外，结合式(9-28)以及焓湿图，混合状态点0将线段1到2分成两段，线段$\overline{02}$与$\overline{10}$的长度之比等于干空气的质量$q_{m,a1}$与$q_{m,a2}$之比，关系式为

$$\frac{q_{m,a1}}{q_{m,a2}}=\frac{\overline{02}}{\overline{10}}$$

利用这个公式就可以确定混合后的状态点0在线段1—2上的位置。

习 题

9-1 请分析说明为什么冬季比夏季的浴室中更易出现“雾气腾腾”的现象。

9-2 试分析当水蒸气分压力不变时，绝对湿度、相对湿度和含湿量三个参数随温度升高而变化的情况。

9-3　未饱和湿空气经历绝热加湿过程，说明其干球温度、湿球温度和露点温度如何变化，并在 h-d 图上表示出来。

9-4　湿空气中水蒸气的状态分别如习题 9-4 图中 1、2、3 所示，请通过分析，比较三种状态下湿空气相对湿度与含湿量的大小。

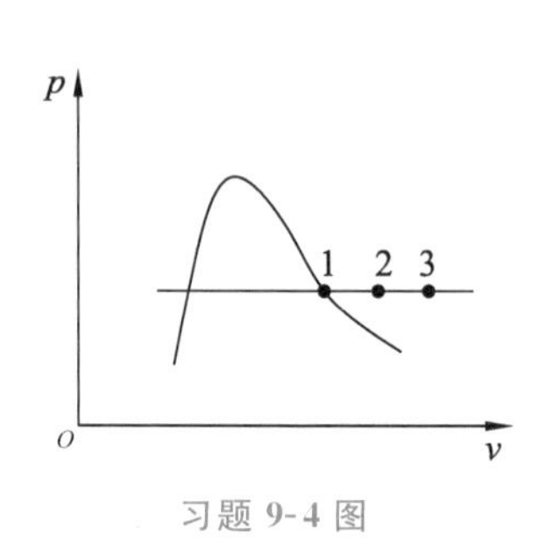

习题 9-4 图

9-5　湿空气干球温度 40 ℃，含湿量 $d=0.04$ kg/kg 干空气，若环境压力为 $p_b=0.1$ MPa，求：

(1) 水蒸气的分压力 p_v；(2) 相对湿度 φ；(3) 露点温度 t_d；(4) 湿空气的焓 h。

附：压力为 0.1 MPa 时饱和湿空气表(部分)：

干球温度 t/℃	35	36	37	38	39	40	45	50	55
饱和分压力 p_s/kPa	5.622	5.940	6.274	6.624	6.991	7.375	9.582	12.335	15.741

9-6　已知容器内储有温度为 30 ℃的干空气 $m_a=18.41$ kg，饱和水蒸气 $m_v=0.5$ kg，试确定此湿空气的压力和容积。已知：$t=30$ ℃时，$p_s=4.2417$ kPa，$v''=32.929$ m^3/kg。

参考文献

[1] 华自强,张忠进,高青,等.工程热力学[M].第4版.北京:高等教育出版社,2009.

[2] 傅秦生. 工程热力学[M].第1版. 北京:机械工业出版社,2017.

[3] 曾丹苓,敖越,张新铭,等.工程热力学[M]. 第3版.北京:高等教育出版社,2002.

[4] 沈维道,童钧耕. 工程热力学[M].第5版.北京:高等教育出版社,2016.

[5] 朱明善,刘颖,林兆庄,等.工程热力学[M].第4版.北京:清华大学出版社,2000.

[6] A. Bejan. Advanced Engineering Thermodynamics[M]. 3nd ed. New York: Wiley,2006.

[7] 切盖尔,博尔斯.Thermodynamics:An Engineering Approach[M].第1版. 北京:机械工业出版社,2016.

[8] 何雅玲.工程热力学精要简析[M].第1版.西安:西安交通大学出版社,2014.

[9] 谭羽非,吴家正,朱彤. 工程热力学[M].第6版.北京:中国建筑工业出版社,2016.

[10] 赵蕾. 工程热力学(双语版)[M].第1版.北京:中国建筑工业出版社,2012.

[11] 童钧耕. 工程热力学学习辅导与习题解答[M]. 第2版.北京:高等教育出版社,2000.

[12] 严家騄,余晓福.水和水蒸气热力性质图表[M]. 第2版.北京:高等教育出版社,2004.

[13] Deborah A Cengel,Michael K Jensen. Introduction to thermal and fluid engineering[M]. New York:John Wiley& Sons,Inc,2005.

附　录

附表1　各种单位的换算关系

1. 压力单位换算

单位	帕(Pa)	巴(bar)	标准大气压(atm)	工程大气压(kgf/cm^2)	毫米汞柱(mmHg)[托(Torr)]	毫米汞柱(mmH_2O)
Pa	1	1×10^5	$9.869\ 23\times10^{-6}$	$1.019\ 72\times10^{-5}$	$7.500\ 62\times10^{-3}$	$1.019\ 72\times10^{-1}$
bar	1×10^5	1	$9.869\ 26\times10^{-1}$	1.019 72	$7.500\ 62\times10^{2}$	$1.019\ 72\times10^{4}$
atm	$1.013\ 25\times10^5$	1.013 25	1	1.033 23	760	$1.033\ 23\times10^{4}$
at (kgf/cm^2)	$9.806\ 55\times10^4$	$9.806\ 55\times10^{-1}$	$9.678\ 41\times10^{-1}$	1	735.559	1×10^4
mmHg (Torr)	133.322	133.322×10^{-5}	$1.315\ 79\times10^{-3}$	$1.359\ 51\times10^{-3}$	1	13.595 1
mmH_2O	9.806 65	$9.806\ 65\times10^{-5}$	$9.678\ 41\times10^{-5}$	1×10^{-4}	735.559×10^{-4}	1

2. 功、热量和能量单位换算

单位	千焦(kJ)	千瓦时(kW・h)	大卡(kcal)	马力・时(hp・h)	千克力・米(kgf・m)
kJ	1	$2.777\ 78\times10^{-4}$	$2.388\ 46\times10^{-1}$	$3.776\ 726\times10^{-4}$	$1.019\ 72\times10^{2}$
kW・h	3 600	1	859.845	1.359 621	$3.670\ 98\times10^{5}$
kcal	4.186 8	1.163×10^{-3}	1	$1.581\ 24\times10^{-3}$	426.936
hp・h	$2.647\ 796\times10^{3}$	735.499×10^{-3}	632.415	1	270 000
kgf・m	$9.806\ 65\times10^{-3}$	$2.724\ 069\times10^{-6}$	$2.342\ 28\times10^{-3}$	$3.703\ 704\times10^{-6}$	1

3. 功率单位换算

单位	千瓦(kW)	千克力・米/秒[(kgf・m)/s]	马力(hp)	大卡/时(kcal/h)	英尺・磅力/秒[(ft・lbf)/s]
kW	1	$1.019\ 72\times10^{-2}$	1.359 62	859.845	$7.375\ 62\times10^{2}$
(kgf・m)/s	$9.806\ 65\times10^{-3}$	1	$1.333\ 33\times10^{-2}$	8.433 2	7.233 01

续表

单位	千瓦 (kW)	千克力·米/秒 [(kgf·m)/s]	马力 (hp)	大卡/时 (kcal/h)	英尺·磅力/秒 [(ft·lbf)/s]
hp	735.499×10^{-3}	75	1	632.415	542.476
kcal/h	1.163×10^{-3}	$1.185\ 93\times10^{-1}$	$1.581\ 21\times10^{-3}$	1	0.857 783
(ft·lbf)/s	$1.355\ 82\times10^{-3}$	$1.382\ 55\times10^{-1}$	$1.843\ 40\times10^{-3}$	1.165 8	1

附表 2　常用气体的热力性质

气体	摩尔质量 M	气体常数 R_g	密度 ρ_0 (0 ℃,1 atm)	比定压热容 c_{p0}	比定容热容 c_{V0}	比热比 k
	g/mol	kJ/(kg·K)	kg/m³	kJ/(kg·K)	kJ/(kg·K)	
He	4.003	2.077	0.179	5.234	3.153	1.667
Ar	39.94	0.2091	1.784	0.524	0.316	1.667
H_2	2.016	4.124 4	0.090	14.36	10.22	1.404
O_2	32.000	0.259 8	1.429	0.917	0.657	1.395
N_2	28.016	0.296 8	1.250	1.038	0.741	1.400
空气	28.97	0.287 1	1.293	1.004	0.716	1.400
CO	28.011	0.296 8	1.25	1.042	0.745	1.399
CO_2	44.010	0.188 9	1.977	0.850	0.661	1.285
H_2O	18.016	0.461 5	0.804	1.863	1.402	1.329
CH_4	16.04	0.518 3	0.717	2.227	1.687	1.32
C_2H_4	28.054	0.296 4	1.260	1.721	1.427	1.208

附表 3　理想气体状态下的摩尔定压热容与温度的关系

$C_{p0,m}=a_0+a_1T+a_2T^2+a_3T^3$[单位为 J/(mol·K)]

气体	a_0	$a_1\times10^3$	$a_2\times10^6$	$a_3\times10^9$	温度范围/K	最大误差/%
H_2	29.21	−1.916	−4.004	−0.870 5	273~1 800	1.01
O_2	25.48	1.520	−5.062	1.312	273~1 800	1.19
N_2	28.90	−1.570	8.081	−28.73	273~1 800	0.59
CO	28.16	1.675	5.372	−2.222	273~1 800	0.89
CO_2	22.26	59.811	−35.01	7.470	273~1 800	0.647
空气	28.15	1.967	4.801	−1.966	273~1 800	0.72
H_2O	32.24	19.24	10.56	−3.595	273~1 500	0.52
CH_4	19.89	50.24	12.69	−11.01	273~1 500	1.33

续表

气体	a_0	$a_1\times10^3$	$a_2\times10^6$	$a_3\times10^9$	温度范围/K	最大误差/%
C_2H_4	4.026	155.0	−81.56	16.98	298～1 500	0.30
C_2H_6	5.414	178.1	−69.38	8.712	298～1 500	0.70
C_3H_6	3.746	234.0	−115.1	29.31	298～1 500	0.44
C_3H_8	−4.220	306.3	−158.6	32.15	298～1 500	0.28

附表4　常用气体0～t ℃的理想气体平均比定压热容

$c_{p,m}\Big|_{0\,℃}^{t}$ kJ/(kg·K)

温度/℃	O_2	N_2	CO	CO_2	H_2O	SO_2	空气
0	0.915	1.039	1.040	0.815	1.859	0.607	1.004
100	0.923	1.040	1.042	0.866	1.873	0.636	1.006
200	0.935	1.043	1.046	0.910	1.894	0.662	1.012
300	0.950	1.049	1.054	0.949	1.919	0.687	1.019
400	0.965	1.057	1.063	0.983	1.948	0.708	1.028
500	0.979	1.066	1.075	1.013	1.978	0.724	1.039
600	0.993	1.076	1.086	1.040	2.009	0.737	1.050
700	1.005	1.087	1.093	1.064	2.042	0.754	1.061
800	1.016	1.097	1.109	1.085	2.075	0.762	1.071
900	1.026	1.108	1.120	1.104	2.110	0.775	1.081
1 000	1.035	1.118	1.130	1.122	2.144	0.783	1.091
1 100	1.043	1.127	1.140	1.138	2.177	0.791	1.110
1 200	1.051	1.136	1.149	1.153	2.211	0.795	1.108
1 300	1.058	1.145	1.158	1.166	2.243	—	1.117
1 400	1.065	1.153	1.166	1.178	2.274	—	1.124
1 500	1.071	1.160	1.173	1.189	2.305	—	1.131
1 600	1.077	1.167	1.180	1.200	2.335	—	1.138
1 700	1.083	1.174	1.187	1.209	2.363	—	1.144
1 800	1.089	1.180	1.192	1.218	2.391	—	1.150
1 900	1.094	1.186	1.198	1.226	2.417	—	1.156
2 000	1.099	1.191	1.203	1.233	2.442	—	1.161
2 100	1.104	1.197	1.208	1.241	2.466	—	1.166
2 200	1.109	1.201	1.213	1.247	2.489	—	1.171
2 300	1.114	1.206	1.218	1.253	2.512	—	1.176

续表

温度/℃	O_2	N_2	CO	CO_2	H_2O	SO_2	空气
2 400	1.118	1.210	1.222	1.259	2.533	—	1.180
2 500	1.123	1.214	1.226	1.264	2.554	—	1.184
2 600	1.127	—	—	—	2.574	—	—
2 700	1.131	—	—	—	2.594	—	—
2 800	—	—	—	—	2.612	—	—
2 900	—	—	—	—	2.630	—	—
3 000	—	—	—	—	—	—	—

附表 5　常用气体 0～t ℃的理想气体平均比定容热容

$c_{V,m}\Big|_{0\ ℃}^{t}$ kJ/(kg・K)

温度/℃	O_2	N_2	CO	CO_2	H_2O	SO_2	空气
0	0.655	0.742	0.743	0.626	1.398	0.477	0.716
100	0.663	0.744	0.745	0.677	1.411	0.507	0.719
200	0.675	0.747	0.749	0.721	1.432	0.532	0.724
300	0.690	0.752	0.757	0.760	1.457	0.557	0.732
400	0.705	0.760	0.767	0.794	1.486	0.573	0.741
500	0.719	0.769	0.777	0.824	1.516	0.595	0.752
600	0.733	0.779	0.789	0.851	1.547	0.607	0.762
700	0.745	0.790	0.801	0.875	1.581	0.624	0.773
800	0.756	0.801	0.812	0.896	1.614	0.632	0.784
900	0.766	0.811	0.823	0.916	1.648	0.645	0.794
1 000	0.775	0.821	0.834	0.933	1.682	0.653	0.804
1 100	0.783	0.830	0.843	0.950	1.716	0.662	0.813
1 200	0.791	0.839	0.857	0.964	1.749	0.666	0.821
1 300	0.798	0.848	0.861	0.977	1.781	—	0.829
1 400	0.805	0.856	0.869	0.989	1.813	—	0.937
1 500	0.811	0.863	0.876	1.001	1.843	—	0.844
1 600	0.817	0.870	0.833	1.011	1.873	—	0.851
1 700	0.823	0.877	0.839	1.020	1.902	—	0.857
1 800	0.829	0.883	0.896	1.029	1.929	—	0.863
1 900	0.834	0.889	0.901	1.037	1.955	—	0.869
2 000	0.839	0.894	0.906	1.045	1.980	—	0.874

续表

温度/℃	O_2	N_2	CO	CO_2	H_2O	SO_2	空气
2 100	0.844	0.900	0.911	1.052	2.005	—	0.879
2 200	0.849	0.905	0.916	1.058	2.028	—	0.884
2 300	0.854	0.909	0.921	1.064	2.050	—	0.889
2 400	0.858	0.914	0.925	1.070	2.072	—	0.893
2 500	0.863	0.918	0.929	1.075	2.093	—	0.987
2 600	0.868	—	—	—	2.113	—	—
2 700	0.872	—	—	—	2.132	—	—
2 800	—	—	—	—	2.151	—	—
2 900	—	—	—	—	2.168	—	—
3 000	—	—	—	—	—	—	—

附表 6 空气的热力性质

T/K	h/(kJ/kg)	p_r	u/(kJ/kg)	ν_r	s^0/[kJ/(kg·K)]
200	199.97	0.336 3	142.56	1707	1.295 59
210	209.97	0.398 7	149.69	1 512	1.344 44
220	219.97	0.469 0	156.82	1 346	1.391 05
230	230.02	0.547 7	164.00	1 205	1.435 57
240	240.02	0.635 5	171.13	1 084	1.478 24
250	250.05	0.732 9	178.28	979	1.519 17
260	260.09	0.840 5	185.45	887.8	1.558 48
270	270.11	0.959 0	192.60	808.0	1.596 34
280	280.13	1.088 9	199.75	738.0	1.632 79
285	285.14	1.158 4	203.33	706.1	1.650 55
290	290.16	1.231 1	206.91	676.1	1.568 02
295	295.17	1.306 8	210.49	647.9	1.685 15
300	300.19	1.386 0	214.07	621.2	1.702 03
305	305.22	1.468 5	217.67	596.0	1.718 65
310	310.24	1.554 6	221.25	572.3	1.734 98
315	315.27	1.644 2	224.85	549.8	1.751 06
320	320.29	1.737 5	228.43	528.6	1.766 90
325	325.31	1.834 5	232.02	508.4	1.782 49
330	330.34	1.935 2	235.61	489.4	1.797 83

续表

T/K	h/(kJ/kg)	p_r	u/(kJ/kg)	ν_r	s^0/[kJ/(kg·K)]
340	340.42	2.149	242.82	454.1	1.827 90
350	350.49	2.379	250.02	422.2	1.857 08
360	360.67	2.626	257.24	393.4	1.885 43
370	370.67	2.892	264.46	367.2	1.913 13
380	380.77	3.176	27 169	343.4	1.940 01
390	390.88	3.481	278.93	321.5	1.966 33
390	390.88	3.481	278.93	321.5	1.966 33
400	400.98	3.806	286.16	301.6	1.991 94
410	411.12	4.153	293.43	283.3	2.016 99
420	421.26	4.522	300.69	266.6	2.041 42
430	432.43	4.915	307.99	251.1	2.065 33
440	441.61	5.332	315.30	236.8	2.088 70
450	451.80	5.775	322.62	223.6	2.111 61
460	462.02	6.245	329.97	211.4	2.134 07
470	472.24	6.712	337.32	200.1	2.146 04
480	482.49	7.268	344.70	189.5	2.177 60
490	492.74	7.824	352.08	179.7	2.198 76
500	503.02	8.411	359.49	170.6	2.219 52
510	513.32	9.031	366.92	162.1	2.239 93
520	523.63	9.984	374.36	154.1	2.259 97
530	533.98	10.37	381.84	146.7	2.279 67
540	544.35	11.10	389.34	139.7	2.299 06
550	554.74	11.86	396.86	133.1	2.318 09
560	565.17	12.66	404.42	127.0	2.336 85
570	575.59	13.50	411.97	121.2	2.355 31
580	586.04	14.38	419.55	115.7	2.373 18
590	596.52	15.31	427.15	110.6	2.301 40
600	607.02	16.28	434.78	105.8	2.409 02
610	617.53	17.30	442.42	101.2	2.426 44
620	628.07	18.36	450.09	96.92	2.443 56
630	638.63	19.48	457.78	92.84	2.460 48
640	649.22	20.64	465.50	88.99	2.477 16

续表

T/K	h/(kJ/kg)	p_r	u/(kJ/kg)	ν_r	s^0/[kJ/(kg·K)]
650	659.84	21.86	473.25	85.34	2.493 64
660	670.47	23.13	481.01	81.9	2.509 85
670	681.14	24.46	488.81	78.61	2.525 80
680	691.82	25.85	496.62	75.50	2.541 75
690	702.52	27.29	504.45	72.56	2.557 31
700	713.27	28.80	512.33	67.76	2.572 77
710	724.04	30.38	520.23	67.07	2.588 10
720	734.82	32.02	528.14	64.53	2.603 19
730	746.62	33.72	536.07	62.13	2.618 03
740	756.44	35.50	544.02	59.82	2.632 80
750	767.29	37.35	551.99	57.63	2.647 37
760	778.18	39.27	560.01	55.54	2.661 76
780	800.03	43.35	576.12	51.64	2.690 13
800	821.95	47.76	592.30	48.08	2.717 87
820	866.08	57.60	624.95	41.85	2.771 70
840	866.08	57.60	624.95	41.85	2.771 70
860	888.27	63.09	641.46	39.12	2.797 83
880	910.56	68.98	657.96	36.61	2.823 44
900	932.93	75.89	674.58	34.31	2.848 56
920	955.38	82.05	561.28	32.18	2.878 21
940	977.92	89.28	708.08	30.22	2.897 48
960	1 000.56	97.00	725.02	28.40	2.921 28
980	1 023.25	105.2	741.98	26.73	2.944 63
1 000	1 046.04	114.0	758.94	25.17	2.967 70
1 020	1 068.89	123.4	771.6	23.72	2.990 34
1 040	1 091.85	133.3	793.36	22.39	3.012 60
1 060	1 114.86	143.9	810.62	21.14	3.034 49
1 080	1 137.89	155.2	827.88	19.98	3.056 08
1 100	1 161.07	167.1	845.33	18.896	3.077 32
1 120	1 184.28	179.7	862.79	17.886	3.093 25
1 140	1 207.57	193.1	880.35	16.946	3.118 83
1 160	1 230.92	207.2	897.91.	16.064	3.139 16

续表

T/K	h/(kJ/kg)	p_r	u/(kJ/kg)	ν_r	s^0/[kJ/(kg·K)]
1 180	1 254.34	222.2	915.57	15.241	3.159 16
1 200	1 277.79	238.0	933.33	14.47	3.178 38
1 220	1 301.31	254.7	951.09!	13.747	3.198 34
1 240	1 324.93	272.3	968.95	13.069	3.217 51
1 260	1 348.55	290.8	986.9	12.435	3.236 38
1 280	1 372.24	310.4	1 004.76	11.835.	3.255 10
1 300	1 395.97	330.9	1 022.82	11.275	3.273 45
1 320	1 419.76	352.5	1 040.88	10.747	3.291 60
1 340	1 443.60	375.3	1 058.94	10.247	3.309 59
1 360	1 467.49	399.1	1 077.10	9.780	3.327 24
1 380	1 491.44	424.2	1 095.26	9.337	3.344 74
1 400	1 515.42	450.5	1 113.52	8.919	3.362 00
1 420	1 539.44	478.0	1 131.77	8.526	3.379 01
1 440	1 563.51	506.9	1 150.13	8.153	3.395 86
1 460	1 587.63	537.1	1 168.49	7.801	3.412 47
1 480	1 611.79	568.8	1 186.95	7.468	3.428 92
1 500	1 635.97	601.9	1 205.41	7.152	3.445 16
1 520	1 660.23	636.9	1 223.87	6.854	3.461 20
1 540	1 684.51	672.8	1 242.43	6.569	3.477 12
1 560	1 708.82	710.5	1 260.99	6.301	3.492 76
1 580	1 733.17	750.0	1 279.65	6.046	3.508 29
1 600	1 757.57	791.2	1 298.30	5.804	3.523 64
1 620	1 782.00	834.1	1 316.96	5.574	3.538 79
1 640	1 806.46	878.9	1 335.72	5.355	3.553 81
1 660	1 830.96	925.6	1 354.48	5.147	3.568 67
1 680	1 855.50	974.2	1 373.24	4.949	3.583 35
1 700	1 880.1	1 025	1 392.7	4.761	3.597 9
1 750	1 941.6	1 161	1 439.8	4.328	3.633 6
1 800	2 003.3	1 310	1 487.2	3.944	3.668 4
1 850	2 065.3	1 475	1 534.9	3.601	3.702 3
1 900	2 127.4	1 655	1 582.6	3.295	3.735 4
1 950	2 189.7	1 852	1 630.6	3.022	3.767 7

续表

T/K	h/(kJ/kg)	p_r	u/(kJ/kg)	v_r	s^0/[kJ/(kg·K)]
2 000	2 252.1	2 068	1 678.7	2 0776	3.799 4
2 050	2 314.6	2 303	1 726.8	2.555	3.393
2 100	2 377.4	2 559	1 775.3	2.356	3.860 5
2 150	2 440.3	2 837	1 823.8	2.175	3.890 1
2 200	2 503.2	3 138	1 872.4	2.012	3.919 1
2 250	2 566.4	3 464	1 921.3	1.864	3.947 4

附表 7　氧的热力性质

T	H_m	U_m	S_m^0	T	H_m	U_m	S_m^0
K	J/mol	J/mol	J/(mol·K)	K	J/mol	J/mol	J/(mol·K)
0	0	0	0	960	29 999	22 017	242.052
260	7 566	5 405	201.27	1 000	31 389	23 075	243.471
270	7 858	5 613	202.128	1 040	32 789	24 142	244.844
280	8 150	5 822	203.191	1 080	34 194	25 214	246.171
298	8 682	6 203	205.033	1 120	35 606	26 294	247.454
300	8 736	6 242	205.213	1 160	37 023	27 379	248.698
320	9 325	6 664	207.112	1 200	38 447	28 469	249.906
360	10 511	7 518	210.604	1 240	39 877	29 568	251.079
400	11 711	8 384	213.765	1 280	41 312	30 670	252.219
440	12 923	9 264	216.656	1 320	32 753	31 778	253.325
480	14 151	10 160	219.326	1 360	44 198	32 891	254.404
520	15 395	11 071	221.812	1 400	45 648	34 008	255.454
560	16 651	11 998	224.146	1 440	47 102	35 129	259.475
600	17 929	12 940	226.346	1 480	48 561	36 256	275.474
640	19 219	13 898	228.429	1 520	50 024	37 387	258..450
680	20 524	14 871	230.405	1 560	51 490	38 520	259.402
720	21 845	15 859	223.291	1 640	54 434	40 799	264.242
760	23 178	16 859	234.091	1 680	55 912	41 944	262.132
800	24 523	17 872	235.810	1 720	57 394	43 093	263.005
840	25 877	18 893	237.462	1 760	58 880	44 247	263.861
880	27 242	19 925	239.051	1 800	60 371	45 405	264.701
920	28 616	20 967	240.580	1 840	61 866	46 568	365.521

续表

$\frac{T}{K}$	$\frac{H_m}{J/mol}$	$\frac{U_m}{J/mol}$	$\frac{S_m^0}{J/(mol \cdot K)}$	$\frac{T}{K}$	$\frac{H_m}{J/mol}$	$\frac{U_m}{J/mol}$	$\frac{S_m^0}{J/(mol \cdot K)}$
1 880	63 365	47 734	266.326	2 450	85 112	64 742	276.424
1 920	64 868	46 904	267.115	2 500	87 057	66.271	277.207
1 960	66 374	50 078	267.891	2 550	89 004	67 802	277.973
2 000	67 881	51 253	268.655	2 600	90 956	69 339	278.738,
2 050	69 772	52 727	269.588	2 650	92 916	70 883	279.485
2 100	74 668	54 208	270.504	2 700	94 881	72 433	280.219
2 150	73 573	55 697	271.399	2 750	96 852	73 987	280.942
2 200	75 484	57 192	272.278	2 800	98 826	75 546	281.654
2 250	77 397	58 690	273.136	2 850	100 808	77 112	282.357
2 300	79 316	60 193	273.981	2 900	102 793	78 682	283.043
2 350	81 243	61 704	274.809	2 950	104 785	80 258	283.728
2 400	83 174	63 219	295.625	3 000	106 780	81 837	284.399

附表 8 氮的热力性质

$\frac{T}{K}$	$\frac{H_m}{J/mol}$	$\frac{U_m}{J/mol}$	$\frac{S_m^0}{J/(mol \cdot K)}$	$\frac{T}{K}$	$\frac{H_m}{J/mol}$	$\frac{U_m}{J/mol}$	$\frac{S_m^0}{J/(mol \cdot K)}$
0	0	0	0	680	19 991	14 337	215.866
260	7 558	5 396	187.514	720	21 220	15 234	217.624
270	7 849	5 604	188.614	760	22 460	16 141	219.301
280	8 141	5 813	189.673	800	23 714	17 061	220.907
290	8 432	6 021	190.695	840	24 974	17 990	222.447
298	8 669	6 190	191.502	880	26 248	18 931	223.927
300	8 723	6 229	191.682	920	27 532	19 883	225.353
320	9 306	6 645	193.562	960	28 826	20 844	226.728
360	10 471	7 478	196.995	1 000	30 129	20 815	228.057
400	11 640	8 314	200.071	1 040	31 442	22 798	229.344
440	12 811	9 153	202.863	1 080	32 762	23 782	230.591
480	13 988	9 997	205.424	1 120	34 092	24 780	231.799
520	15 172	10 848	207.792	1 160	35 430	25 786	232.973
560	16 363	11 707	209.999	1 200	36 777	26 799	234.115
600	17 563	12 574	212.066	1 240	38 129	27 819	235.223
640	18 772	13 450	214.018	1 280	39 488	28 845	236.302

续表

T K	H_m J/mol	U_m J/mol	S_m^0 J/(mol·K)	T K	H_m J/mol	U_m J/mol	S_m^0 J/(mol·K)
1 320	40 853	29 878	237.353	2 100	68 417	50 957	253.726
1 360	42 227	30 919	238.376	2 150	70 226	52 351	254.578
1 400	43 605	31 964	239.375	2 200	72 040	53 749	255.412
1 440	44 988	33 014	240.35	2 250	73 856	55 149	256.227
1 480	46 377	34 071	241.301	2 300	75 676	56 553	257.027
1 520	47 771	35 133	242.228	2 350	77 496	57.958	257.810
1 560	49 168	36 197	243.317	2 400	79 320	59 366	258.580
1 600	50 571	37 268	244.028	2 450	81 149	60 779	259.332
1 640	51 980	38 344	244.896	2 500	82 981	62 195	260.073
1 680	53 393	39 424	245.747	2 550	84 814	63 163	260.799
1 720	54 807	40 507	246.58	2 600	86 650	65 033	261.512
1 760	56 227	41 591	247.396	2 650	88 488	66 455	262.213
1 800	57 651	42 685	248.195	2 700	90 328	67 880	262.902
1 840	59 075	43 777	248.979	2 750	92 171	69 306	263.577
1 880	60 504	44 873	249.748	2 800	94 014	70 734	264.241
1 920	61 936	45 973	250.502	2 850	95 859	72 163	264.895
1 960	63 381	47 075	251.242	2 900	97 705	73 593	265.538
2 000	64 810	48 181	251.969	2 950	99 556	75 028	266.170
2 050	66 612	49 567	252.858	3 000	101 407	76 464	266.793

附表9 氢的热力性质

T K	H_m J/mol	U_m J/mol	S_m^0 J/(mol·K)	T K	H_m J/mol	U_m J/mol	S_m^0 J/(mol·K)
0	0	0	0	400	11 426	8 100	139.106
260	7 370	5 209	126.636	440	12 594	8 936	141.888
270	7 657	5 412	127.719	480	13 764	9 773	144.432
280	7 945	5 617	128.765	520	14 935	10 611	146.775
290	8 233	5 822	129.775	560	16 107	11 451	148.945
298	8 468	5 989	130.574	600	17 280	12 291	150.968
300	8 522	6 027	130.754	640	18 452	13 133	152.863
320	9 100	6 440	132.621	680	19 630	13 976	154.645
360	10 262	7 268	136.039	720	20 807	14 821	156.328

续表

T	H_m	U_m	S_m^0	T	H_m	U_m	S_m^0
K	J/mol	J/mol	J/(mol·K)	K	J/mol	J/mol	J/(mol·K)
760	21 988	15 669	157.923	1 800	54 618	39 652	184.724
800	23 171	16 520	159.440	1 840	55 962	40 663	185.463
840	24 359	17 375	160.891	1 880	57 311	41 680	186.190
880	25 551	18 235	162.277	1 920	58 668	42 705	186.904
920	26 747	19 098	163.607	1 960	60 031	43 735	187.607
960	27 948	19 966	164.884	2 000	61 400	44 771	188.297
1 000	29 154	20 839	166.114	2 050	63 119	46 074	189.148
1 040	30 364	21 717	167.300	2 100	64 847	47 386	189.979
1 080	31 580	22 601	168.449	2 150	66 584	48 708	190.796
1 120	32 802	23 490	169.560	2 200	68 328	50 037	191.598
1 160	34 028	24 384	170.636	2 250	70 080	51 373	192.385
1 200	35 262	25 284	171.682	2 300	71 839	52 716	193.159
1 240	36 502	26 192	172.698	2 350	73 608	54 069	193.921
1 280	37 749	27 106	173.687	2 400	75 383	55 429	194.669
1 320	39 002	28 027	174.652	2 450	77 168	56 798	195.403
1 360	40 263	28 955	175.593	2 500	78 690	58 175	196.125
1 400	41 530	29 889	176.510	2 550	80 755	59 554	196.837
1 440	42 808	30 835	177.410	2 600	82 558	60 941	197.539
1 480	44 091	31 786	178.291	2 650	84 368	62 335	198.229
1 520	45 384	32 746	179.153	2 700	86 186	63 737	198.907
1 560	46 683	33 713	179.995	2 750	88 088	65 144	199.575
1 600	47 990	34 687	180.820	2 800	89 838	66 558	200.234
1 640	49 303	35 668	181.632	2 850	91 671	67 976	200.885
1 680	50 622	36 654	182.428	2 900	93 512	69 401	201.527
1 720	51 947	37 648	183.208	2 950	95 358	70 831	202.157
1 760	53 279	38 645	183.973	3 000	97 211	72 268	202.778

附表 10 二氧化碳的热力性质

T K	H_m J/mol	U_m J/mol	S_m^0 J/(mol·K)	T K	H_m J/mol	U_m J/mol	S_m^0 J/(mol·K)
0	0	0	0	1 240	56 108	45 799	281.158
260	7 979	5 817	208.717	1 280	58 381	47 739	282.962
270	8 335	6 091	210.062	1 320	60 666	49 691	284.722
280	8 697	6 369	211.376	1 360	62 963	51 666	286.439
290	9 063	6 651	212.660	1 400	65 271	53 631	288.106
298	9 364	6 885	213.685	1 440	67 586	55 614	289.743
300	9 431	6 939	213.915	1 480	69 911	57 606	291.333
320	10 186	7 526	216.351	1 520	72 246	59 609	292.888
360	11 748	8 752	220.948	1 560	74 590	61 620	294.411
400	13 372	10 046	225.225	1 600	76 914	63 741	295.901
440	15 054	11 393	229.230	1 640	79 303	65 668	297.356
480	16 791	12 800	233.004	1 680	81 670	67 702	298.781
520	18 576	14 253	236.575	1 720	84 043	69 742	300.177
560	20 407	15 751	239.962	1 760	86 420	71 787	301.543
600	22 280	17 291	243.199	1 800	88 806	73 840	302.884
640	24 190	18 869	246.282	1 840	91 196	75 897	304.198
680	26 138	20 484	249.233	1 880	93 593	77 962	305.487
720	28 121	22 134	252.065	1 920	95 995	80 031	306.751
760	30 135	23 817	254.787	1 960	98 401	82 105	307.992
800	32 179	25 527	257.408	2 000	100 804	84 185	309.210
840	34 251	27 267	259.934	2 050	103 835	86 791	310.701
880	36 347	29 031	262.371	2 100	105 864	89 404	312.160
920	38 467	30 818	264.728	2 150	109 898	92 023	313.589
960	40 607	32 625	267.007	2 200	112 939	94 648	314.988
1 000	42 769	34 455	269.215	2 250	115 984	97 277	316.356
1 040	44 953	36 306	271.354	2 300	119 035	99 912	317.695
1 080	47 153	38 174	273.430	2 350	122 091	102 552	319.011
1 120	49 369	40 057	275.444	2 400	125 152	105 197	320.302
1 160	51 602	41 957	277.403	2 450	128 219	107 849	321.566
1 200	53 848	43 871	279.307	2 500	131 290	110 504	322.808

续表

T K	H_m J/mol	U_m J/mol	S_m^0 J/(mol·K)	T K	H_m J/mol	U_m J/mol	S_m^0 J/(mol·K)
2 550	134 368	113 166	324.026	2 800	149 808	126 528	329.800
2 600	137 449	115 832	325.222	2 850	152 908	129 212	330.896
2 650	140 533	118 500	326.396	2 900	156 009	131 898	331.975
2 700	143 620	121 172	327.549	2 950	159 117	134 589	333.037
2 750	146 713	123 849	328.684	3 000	162 226	137 283	334.084

附表 11 一氧化碳的热力性质

T K	H_m J/mol	U_m J/mol	S_m^0 J/(mol·K)	T K	H_m J/mol	U_m J/mol	S_m^0 J/(mol·K)
0	0	0	0	960	29 033	21 051	233.072
260	7 578	5 396	193.554	1 000	30 355	22 041	234.421
270	7 849	5 604	194.654	1 040	31 688	23 041	235.728
280	8 140	5 812	195.713	1 080	33 029	24 049	236.992
290	8 432	6 020	196.735	1 120	34 377	25 065	238.217
298	8 669	6 190	197.543	1 160	35 733	25 088	239.407
300	8 723	6 229	197.723	1 200	37 095	27 118	240.663
320	9 306	6 645	199.603	1 240	38 466	28 426	241.686
360	10 473	7 480	203.040	1 280	39 844	29 201	242.780
400	11 644	8 319	206.125	1 320	41 226	30 251	243.844
440	12 821	9 163	208.929	1 360	42 613	31 306	244.880
480	14 005	10 014	211.504	1 400	44 007	32 367	245.889
520	15 197	10 874	213.890	1 440	45 408	33 434	246.875
560	16 390	11 743	216.115	1 480	46 813	34 508	247.889
600	17 611	12 622	218.201	1 520	48 222	35 581	248.778
640	18 833	13 512	220.178	1 560	49 635	36 655	249.695
680	20 068	14 414	222.052	1 600	51 053	37 750	250.592
720	21 315	15 328	223.833	1 640	52 572	38 837	251.470
760	22 573	16 255	225.533	1 680	53 895	39 927	252.329
800	23 844	17 193	227.162	1 720	55 323	41 023	253.169
840	25 124	18 140	228.724	1 760	56 756	42 123	253.991
880	26 415	19 099	230.227	1 800	58 191	43 225	254.797
920	27 719	20 070	231.674	1 840	59 626	44 331	255.587

续表

T K	H_m J/mol	U_m J/mol	S_m^0 J/(mol·K)	T K	H_m J/mol	U_m J/mol	S_m^0 J/(mol·K)
1 880	61 072	45 441	256.361	2 450	81 852	61 482	266.012
1 920	62 516	46 552	257.122	2 500	83 692	62 906	266.755
1 960	63 961	47 655	257.868	2 550	85 537	64 335	267.485
2 000	65 408	48 780	258.600	2 600	87 383	65 766	268.202
2 050	67 224	50 179	259.494	2 650	89 230	67 197	268.905
2 100	69 044	51 584	260.370	2 700	91 077	68 628	269.596
2 150	70 864	52 988	261.226	2 750	92 930	70 066	270.285
2 200	72 688	54 396	262.065	2 800	94 784	71 504	270.943
2 250	74 516	55 809	262.887	2 850	96 639	72 945	271.602
2 300	76 345	57 222	263.692	2 900	98 495	74 383	272.249
2 350	78 178	58 640	264.480	2 950	100 352	75 825	272.884
2 400	80 015	60 060	265.530	3 000	102 210	77 267	273.508

附表 12 水蒸气的热力性质(理想气体状态)

T K	H_m J/mol	U_m J/mol	S_m^0 J/(mol·K)	T K	H_m J/mol	U_m J/mol	S_m^0 J/(mol·K)
0	0	0	0	680	23 342	17 688	253.513
260	8 627	6 466	184.139	720	24 840	18 854	254.703
270	8 961	6 716	185.399	760	26 358	20 039	255.873
280	9 296	6 968	185.616	800	27 896	21 245	257.022
290	9 631	7 219	187.791	840	29 454	22 470	258.151
298	9 904	7 425	188.720	880	31 032	23 715	259.262
300	9 966	7 472	188.928	920	32 629	24 980	260.357
320	10 639	7 978	191.098	960	34 207	26 265	261.436
360	11 992	8 998	195.081	1 000	35 882	27 568	262.497
400	13 356	10 030	198.673	1 040	37 542	28 895	263.542
440	14 734	11 075	201.955	1 080	39 223	30 243	264.571
480	16 126	12 135	204.982	1 120	40 923	31 611	265.833
520	17 534	13 211	248.543	1 160	42 642	32 997	267.081
560	18 959	14 303	249.820	1 200	44 380	34 403	268.301
600	20 402	15 413	251.074	1 240	46 137	35 827	269.500
640	21 862	16 541	252.305	1 280	47 912	37 270	270.679

续表

T	H_m	U_m	S_m^0	T	H_m	U_m	S_m^0
K	J/mol	J/mol	J/(mol·K)	K	J/mol	J/mol	J/(mol·K)
1 320	49 707	38 732	271.839	2 100	87 735	70 275	267.081
1 360	51 521	40 213	272.978	2 150	90 330	72 454	268.301
1 400	53 351	41 711	274.098	2 200	92 940	74 649	269.500
1 440	55 198	43 226	248.543	2 250	95 562	76 855	270.679
1 480	57 062	44 756	249.820	2 300	98 199	79 075	271.839
1 520	58 942	46 304	251.074	2 350	100 846	81 308	272.978
1 560	60 838	47 868	252.305	2 400	103 508	83 553	274.098
1 600	62 748	49 445	253.513	2 450	106 183	85 811	275.201
1 640	64 675	51 039	254.703	2 500	108 868	88 082	276.286
1 680	66 614	52 646	255.873	2 550	111 565	90 364	277.354
1 720	68 567	54 267	257.022	2 600	114 273	92 656	278.407
1 760	70 535	55 902	258.151	2 650	116 991	94 958	279.441
1 800	72 513	57 547	259.262	2 700	119 717	97 269	280.462
1 840	74 506	59 207	260.357	2 750	122 453	99 588	281.464
1 880	76 511	60 881	261.436	2 800	125 198	101 971	282.453
1 920	78 527	62 564	262.497	2 850	127 962	104 256	283.429
1 960	80 555	64 259	263.542	2 900	130 717	106 205	284.390
2 000	82 593	65 965	264.571	2 950	133 486	108 959	285.338
2 050	85 156	68 111	265.833	3 000	136 264	111 121	286.273

附表 13 饱和水及干饱和水蒸气热力性质表(按温度排列)

t	p	v′	v″	h′	h″	s′	s″
℃	Mpa	m³/kg		m³/kg		kJ/kg	
0	0.000 611 2	0.001 000 22	206.154	−0.05	2 500.51	−0.000 2	9.154 4
0.01	0.000 611 7	0.001 000 21	206.012	0	2 500.53	0	9.154 1
1	0.000 657 1	0.001 000 18	192.464	4.18	2 502.35	0.015 3	9.127 8
2	0.000 705 9	0.001 000 13	179.787	8.39	2 504.19	0.030 6	9.101 4
3	0.000 758	0.001 000 09	168.041	12.61	2 506.03	0.045 9	9.075 2
4	0.000 813 5	0.001 000 08	157.151	16.82	2 507.87	0.061 1	9.049 3
5	0.000 872 5	0.001 000 08	147.048	21.02	2 509.71	0.076 3	9.023 6
6	0.000 935 2	0.001 000 1	137.67	25.22	2 511.55	0.091 3	8.998 2
7	0.001 001 9	0.001 000 14	128.961	29.42	2 513.39	0.106 3	8.973 0

续表

t	p	v'	v''	h'	h''	s'	s''
℃	Mpa	m³/kg		m³/kg		kJ/kg	
8	0.001 072 8	0.001 000 19	120.868	33.62	2 515.23	0.121 3	8.948 0
9	0.001 148	0.001 000 26	113.342	37.81	2 517.06	0.136 2	8.923 3
10	0.001 227 9	0.001 000 34	106.341	42	2 518.9	0.151	8.898 8
11	0.001 312 6	0.001 000 43	99.825	46.19	2 520.74	0.165 8	8.874 5
12	0.001 402 5	0.001 000 54	93.756	50.38	2 522.57	0.180 5	8.850 4
13	0.001 497 7	0.001 000 66	88.101	54.57	2 524.41	0.195 2	8.826 5
14	0.001 598 5	0.001 000 8	82.828	58.76	2 526.24	0.209 8	8.802 9
15	0.001 705 3	0.001 000 94	77.91	62.95	2 528.07	0.224 3	8.779 4
16	0.001 818 3	0.001 001 1	73.32	67.13	2 529.9	0.238 8	8.756 2
17	0.001 937 7	0.001 001 27	69.034	71.32	2 531.72	0.253 3	8.733 1
18	0.002 064	0.001 001 45	65.029	75.5	2 533.55	0.267 7	8.710 3
19	0.002 197 5	0.001 001 65	61.287	79.68	2 535.37	0.282	8.687 7
20	0.002 338 5	0.001 001 85	57.786	83.86	2 537.2	0.296 3	8.665 2
22	0.002 644 4	0.001 002 29	51.445	92.23	2 540.84	0.324 7	8.621
24	0.002 984 6	0.001 002 76	45.884	100.59	2 544.47	0.353	8.577 4
26	0.003 362 5	0.001 003 28	40.997	108.95	2 548.1	0.381	8.534 7
28	0.003 781 4	0.001 003 83	36.694	117.32	2 551.73	0.408 9	8.492 7
30	0.004 245 1	0.001 004 42	32.899	125.68	2 555.35	0.436 6	8.451 4
35	0.005 626 3	0.001 006 05	25.222	146.59	2 564.38	0.505	8.351 1
40	0.007 381 1	0.001 007 89	19.529	167.5	2 573.36	0.572 3	8.255 1
45	0.009 589 7	0.001 009 93	15.263 6	188.42	2 582.3	0.638 6	8.163
50	0.012 344 6	0.001 012 16	12.036 5	209.33	2 591.19	0.703 8	8.074 5
55	0.015 752	0.001 014 55	9.572 3	230.24	2 600.02	0.768	7.989 6
60	0.019 933	0.001 017 13	7.674	251.15	2 608.79	0.831 2	7.908
65	0.025 024	0.001 019 86	6.199 2	272.08	2 617.48	0.893 5	7.829 5
70	0.031 178	0.001 022 76	5.044 3	293.01	2 626.1	0.955	7.754
75	0.038 565	0.001 025 82	4.133	313.96	2 634.63	1.015 6	7.681 2
80	0.047 376	0.001 029 03	3.408 6	334.93	2 643.06	1.075 3	7.611 2
85	0.057 818	0.001 032 4	2.828 8	355.92	2 651.4	1.134 3	7.543 6
90	0.070 121	0.001 035 93	2.361 6	376.94	2 659.63	1.192 6	7.478 3
95	0.084 533	0.001 039 61	1.982 7	397.98	2 667.73	1.250 1	7.415 4

续表

t	p	v'	v''	h'	h''	s'	s''
℃	Mpa	m^3/kg		m^3/kg		kJ/kg	
100	0.101 325	0.001 043 44	1.673 6	419.06	2 675.71	1.306 9	7.354 5
110	0.143 243	0.001 051 56	1.210 6	461.33	2 691.26	1.418 6	7.238 6
120	0.198 483	0.001 060 31	0.892 19	503.76	2 706.18	1.527 7	7.129 7
130	0.270 018	0.001 069 68	0.668 73	546.38	2 720.39	1.634 6	7.027 2
140	0.361 19	0.001 079 72	0.509	589.21	2 733.81	1.739 3	6.930 2
150	0.475 71	0.001 090 46	0.392 86	632.28	2 746.35?	1.842	6.838 1
160	0.617 66	0.001 101 93	0.307 09	675.62	2 757.92	1.942 9	6.750 2
170	0.791 47	0.001 114 2	0.242 83	719.25	2 768.42	2.042	6.666 1
180	1.001 93	0.001 127 32	0.194 03	763.22	2 777.74	2.139 6	6.585 2
190	1.254 17	0.001 141 36	0.156 5	807.56	2 785.8	2.235 8	6.507 1
200	1.553 66	0.001 156 41	0.127 32	852.34	2 792.47	2.330 7	6.431 2
210	1.906 17	0.001 172 58	0.104 38	897.62	2 797.65	2.424 5	6.357 1
220	2.317 83	0.001 19	0.086 157	943.46	2 801.2	2.517 5	6.284 6
230	2.795 05	0.001 208 82	0.071 553	989.95	2 803	2.609 6	6.213
240	3.344 59	0.001 229 22	0.057 43	1 037.2	2 802.88	2.701 3	6.142 2
250	3.973 51	0.001 251 45	0.050 112	1 085.3	2 800.66	2.792 6	6.071 6
260	4.689 23	0.001 275 79	0.042 195	1 134.3	2 796.14	2.883 7	6.000 7
270	5.499 56	0.001 302 62	0.035 637	1 184.5	2 789.05	2.975 1	5.929 2
280	6.412 73	0.001 332 42	0.030 165	1 236	2 779.08	3.066 8	5.856 4
290	7.437 46	0.001 365 82	0.025 565	1 289.1	2 765.81	3.159 4	5.781 7
300	8.583 08	0.001 403 69	0.021 669	1 344	2 748.71	3.253 3	5.704 2
310	9.859 7	0.001 447 28	0.018 343	1 401.2	2 727.01	3.349	5.622 6
320	11.278	0.001 498 44	0.015 479	1 461.2	2 699.72	3.447 5	5.535 6
330	12.851	0.001 560 08	0.012 987	1 524.9	2 665.3	3.55	5.440 8
340	14.593	0.001 637 28	0.010 79	1 593.7	2 621.32	3.658 6	5.334 5
350	16.521	0.001 740 08	0.008 812	1 670.3	2 563.39	3.777 3	5.210 4
360	18.657	0.001 894 23	0.006 958	1 761.1	2 481.68	3.915 5	5.053 6
370	21.033	0.002 214 8	0.004 982	1 891.7	2 338.79	4.112 5	4.807 6
371	21.286	0.002 279 69	0.004 735	1 911.8	2 314.11	4.142 9	4.767 4
372	21.542	0.002 365 3	0.004 451	1 936.1	2 282.99	4.179 6	4.717 3
373	21.802	0.002 496	0.004 087	1 968.8	2 237.98	4.229 2	4.645 8
373.99	22.064	0.003 106	0.003 106	2 085.9	2 085.9	4.409 2	4.409 2

附表 14　饱和水及干饱和水蒸气热力性质表(按压力排列)

p	t	v'	v''	h'	h''	s'	s''
Mpa	℃	m³/kg		kJ/kg		kJ/(kg·K)	
0.001 0	6.949 1	0.001 000 1	129.185	29.21	2 513.29	0.105 6	8.973 5
0.002 0	17.540 3	0.001 001 4	67.008	73.58	2 532.71	0.261 1	8.722 0
0.003 0	24.114 2	0.001 002 8	45.666	101.07	2 544.68	0.354 6	8.575 8
0.004 0	28.953 3	0.001 004 1	34.796	121.30	2 553.45	0.422 1	8.472 5
0.005 0	32.879 3	0.001 005 3	28.191	137.72	2 560.55	0.476 1	8.393 0
0.006 0	36.166 3	0.001 006 5	23.738	151.47	2 566.48	0.520 8	8.323
0.007 0	38.996 7	0.001 007 5	20.528	163.31	2 571.56	0.558 9	8.273 7
0.008 0	41.507 5	0.001 008 5	18.102	173.81	2 576.06	0.592 4	8.226 6
0.009 0	43.790 1	0.001 009 4	16.204	183.36	2 580.15	0.622 6	8.185 4
0.010	45.798 8	0.001 010 3	14.673	191.76	2 583.72	0.649 0	8.148 1
0.015	53.970 5	0.001 014 0	10.022	225.93	2 598.21	0.754 8	8.006 5
0.020	60.065 0	0.001 017 2	7.649 7	251.43	2 608.90	0.832 0	7.906 8
0.025	64.972 6	0.001 019 8	6.204 7	271.96	2 617.43	0.893 2	7.829 8
0.030	69.104 1	0.001 022 2	5.229 6	289.26	2 624.56	0.944 0	7.767 1
0.040	75.872 0	0.001 026 4	3.993 9	317.61	2 636.10	1.026 0	7.668 8
0.050	81.338 8	0.001 029 9	3.240 9	340.55	2 645.31	1.091 2	7.592 8
0.060	85.949 6	0.001 033 1	2.732 4	359.91	2 652.97	1.145 4	7.531 0
0.070	89.955 6	0.001 035 9	2.365 4	376.75	2 659.55	1.192 1	7.478 9
0.080	93.510 7	0.001 038 5	2.087 6	391.71	2 665.33	1.233 0	7.433 9
0.090	96.712 1	0.001 040 9	1.869 8	405.20	2 670.48	1.269 6	7.394 3
0.10	99.634	0.001 043 2	1.694 3	417.52	2 675.14	1.302 8	7.358 9
0.12	104.810	0.001 047 3	1.428 7	439.37	2 683.26	1.360 9	7.297 8
0.14	109.318	0.001 051 0	1.236 8	458.44	2 690.22	1.411 0	7.246 2
0.16	113.326	0.001 054 4	1.091 59	475.42	2 696.29	1.455 2	7.201 6
0.18	116.941	0.001 057 6	0.977 67	490.76	2 701.69	1.494 6	7.162 3
0.20	120.240	0.001 060 5	0.885 85	504.78	2 706.53	1.530 3	7.127 2
0.25	127.444	0.001 067 2	0.718 79	535.47	2 716.83	1.607 5	7.052 8
0.30	133.556	0.001 073 2	0.605 87	561.58	2 725.26	1.672 1	6.992 1
0.35	138.891	0.001 078 6	0.524 27	584.45	2 732.37	1.727 8	6.940 7
0.40	143.642	0.001 083 5	0.462 46	604.87	2 738.49	1.776 9	6.896 1

续表

p	t	v'	v''	h'	h''	s'	s''
Mpa	℃	m^3/kg		kJ/kg		kJ/(kg·K)	
0.50	151.867	0.001 092 5	0.374 86	640.35	2 748.59	1.861 0	6.821 4
0.60	158.863	0.001 100 6	0.315 63	670.67	2 756.66	1.931 5	6.760 0
0.70	164.983	0.001 107 9	0.272 81	697.32	2 763.29	1.992 5	6.707 9
0.80	170.444	0.001 114 8	0.240 37	721.20	2 768.86	2.046 4	6.662 5
0.90	175.389	0.001 121 2	0.214 91	742.90	2 773.59	2.094 8	6.622 2
1.00	179.916	0.001 127 2	0.194 38	762.84	2 777.67	2.138 8	6.585 9
1.10	184.100	0.001 133 0	0.177 47	781.35	2 781.21	2.179 2	6.552 9
1.20	187.995	0.001 138 5	0.163 28	798.64	2 784.29	2.216 6	6.525
1.30	191.644	0.001 143 8	0.151 20	814.89	2 786.99	2.251 5	6.494 4
1.40	195.078	0.001 148 9	0.140 79	830.24	2 789.37	2.284 1	6.468 3
1.50	198.327	0.001 153 8	0.131 72	844.82	2 791.46	2.314 9	6.443 7
1.60	201.410	0.001 158 6	0.123 75	858.69	2 793.29	2.344 0	6.420 6
1.70	204.346	0.001 163 3	0.116 68	871.96	2 794.91	2.371 6	6.398 8
1.80	207.151	0.001 167 9	0.110 37	884.67	2 796.33	2.397 9	6.378 1
1.90	209.838	0.001 172 3	0.104 707	896.88	2 797.58	2.423 0	6.358 3
2.00	212.417	0.001 176 7	0.099 588	908.64	2 798.66	2.447 1	6.339 5
2.20	217.289	0.001 185 1	0.090 700	930.97	2 800.41	2.492 4	6.304 1
2.40	221.829	0.001 193 3	0.083 244	951.91	2 801.67	2.534 4	6.271 4
2.60	226.085	0.001 201 3	0.076 898	971.67	2 802.51	2.573 6	6.240 9
2.80	230.096	0.001 209 0	0.071 427	990.41	2 803.01	2.610 5	6.212 3
3.0	233.893	0.001 216 6	0.066 662	1 008.2	2 803.19	2.645 4	6.185 4
3.5	242.597	0.001 234 8	0.057 054	1 049.6	2 802.51	2.725 0	6.123 8
4.0	250.394	0.001 252 4	0.049 771	1 087.2	2 800.53	2.796 2	6.068 8
5.0	263.980	0.001 286 2	0.039 439	1 154.2	2 793.64	2.920 1	5.972 4
6.0	275.625	0.001 319 0	0.032 440	1 213.3	2 783.82	3.026 6	5.888 5
7.0	285.869	0.001 351 5	0.027 371	1 266.9	2 771.72	3.121 0	5.812 9
8.0	295.048	0.001 384 3	0.023 520	1 316.5	2 757.70	3.206 6	5.743 0
9.0	303.385	0.001 417 7	0.020 485	1 363.1	2 741.92	3.285 4	5.677 1
10.0	311.037	0.001 452 2	0.018 026	1 407.2	2 724.46	3.359 1	5.613 9
11.0	318.118	0.001 488 1	0.015 987	1 449.6	2 705.34	3.428 7	5.552 5
12.0	324.715	0.001 526 0	0.014 263	1 490.7	2 684.50	3.495 2	5.492 0

续表

p	t	v'	v''	h'	h''	s'	s''
Mpa	℃	m^3/kg		kJ/kg		kJ/(kg·K)	
13.0	330.894	0.001 566 2	0.012 780	1 530.8	2 661.80	3.559 4	5.431 8
14.0	336.707	0.001 609 7	0.011 486	1 570.4	2 637.07	3.622 0	5.371 1
15.0	342.196	0.001 657 1	0.010 340	1 609.8	2 610.01	3.683 6	5.309 1
16.0	347.396	0.001 709 9	0.009 311	1 649.4	2 580.21	3.745 1	5.245 0
17.0	352.334	0.001 770 1	0.008 373	1 690.0	2 547.01	3.807 3	5.177 6
18.0	357.034	0.001 840 2	0.007 503	1 732.0	2 509.45	3.871 5	5.105 1
19.0	361.514	0.001 925 8	0.006 679	1 776.9	2 465.87	3.939 5	5.025 0
20.0	365.789	0.002 037 9	0.005 870	1 827.2	2 413.05	4.015 3	4.932 2
21.0	369.868	0.002 207 3	0.005 012	1 889.2	2 341.67	4.108 8	4.812 4
22.0	373.752	0.002 704 0	0.003 684	2 013.0	2 084.02	4.296 9	4.406 6
22.064	373.990	0.003 106	0.003 106	2 085.9	2 085.87	4.409 2	4.409 2

附表 15　未饱和水及过热蒸汽表(摘录)

v 的单位为 m^3/kg，h 的单位为 kJ/kg，s 的单位为 kJ/(kg·K)

(粗线左下侧为未饱和水，右上侧为过热蒸汽)

p/MPa \ t/℃		0	60	140	160	180	200	300	350	400	500	600
0.1	v	0.001 000 2	0.001 101 71	1.888 9	1.983 8	2.078 3	2.172 3	2.638 8	2.870 9	3.102 7	3.565 6	4.027 9
	h	0.05	251.22	2 756.2	2 795.8	2835.3	2 874.8	3 073.8	3 174.9	3 277.3	3 486.5	3 702.7
	s	−0.000 2	0.831 2	7.565 4	7.659 0	7.748 2	7.833 4	8.214 8	8.384 0	8.542 2	8.831 7	9.094 6
0.5	v	0.001 000 0	0.001 016 9	0.001 079 6	0.383 58	0.404 50	0.424 87	0.522 55	0.570 12	0.617 29	0.710 94	0.804 08
	h	0.46	251.56	589.30	2 767.2	2 811.7	2 854.9	3 063.6	3 167.0	3 271.1	3 482.2	3 699.06
	s	−0.000 1	0.831 0	1.739 2	6.864 7	6.965 1	7.058 5	7.458 8	7.631 9	7.792 4	8.084 8	8.349 1
1	v	0.000 999 7	0.001 016 7	0.001 079 3	0.001 101 7	0.194 43	0.205 90	0.257 93	0.282 47	0.306 48	0.354 10	0.401 09
	h	0.97	251.98	589.63	675.84	2 777.9	2 827.3	3 050.4	3 157.0	3 263.1	3 476.8	3 695.7
	s	−0.000 1	0.830 7	1.738 6	1.942 4	6.586 4	6.693 1	7.121 6	7.299 9	7.463 8	7.759 7	8.0259
2	v	0.000 999 2	0.001 016 2	0.001 078 7	0.001 100 9	0.001 126 5	0.001 156 0	0.125 449	0.138 564	0.151 190	0.175 666	0.199 598
	h	1.99	252.82	590.27	676.43	763.72	852.52	3 022.6	3 136.2	3 246.8	3 465.9	3 687.8
	s	0.000 0	0.830 2	1.737 6	1.941 2	2.138 2	2.330 0	6.764 8	6.955 0	7.125 8	7.429 3	7.699 1
3	v	0.000 998 7	0.001 015 8	0.001 078 1	0.001 100 2	0.001 125 6	0.001 154 9	0.081 126	0.090 520	0.099 352	0.116 174	0.132 427
	h	3.01	253.16	590.92	677.01	764.23	852.93	2 992.4	3 114.4	3 230.1	3 454.9	3 679.9
	s	0.000 0	0.829 6	1.736 6	1.940 0	2.136 9	2.328 4	6.537 1	6.741 4	6.919 9	7.231 4	7.505 1
4	v	0.000 998 2	0.001 015 3	0.001 077 4	0.001 099 5	0.001 124 8	0.001 153 9	0.058 821	0.066 436	0.073 401	0.086 417	0.098 836
	h	4.03	254.50	591.58	677.60	764.74	853.34	2 959.5	3 091.5	3 212.7	3 443.6	3 671.9
	s	0.000 1	0.829 1	1.735 5	1.938 9	2.135 5	2.326 8	6.359 5	6.580 5	6.767 7	7.087 7	7.365 3
5	v	0.000 997	0.001 014 9	0.001 076 8	0.001 098 8	0.001 124 0	0.001 152 9	0.045 301	0.051 932	0.057 804	0.068 552	0.078 675
	h	5.04	255.34	592.23	678.19	765.25	853.75	2 923.3	3 067.4	3 194.9	3 432.2	3 663.9
	s	0.000 2	0.828 6	1.734 5	1.937 7	2.134 2	2.325 3	6.206 4	6.447 7	6.644 6	6.973 5	7.255 3
6	v	0.000 997 2	0.001 014 4	0.001 076 2	0.001 098 1	0.001 123 1	0.001 151 9	0.036 148	0.042 213	0.047 382	0.056 632	0.065 228
	h	6.05	256.18	592.88	678.78	765.76	854.17	2 883.1	3 041.9	3 176.4	3 420.6	3 655.7
	s	0.000 2	0.828 0	1.733 5	1.936 5	2.132 8	2.323 7	6.065 6	6.331 7	6.539 5	6.878 1	7.164 0

续表

p/MPa \ t/℃		0	60	140	160	180	200	300	350	400	500	600
9	v	0.000 995 7	0.001 013 1	0.001 074 4	0.001 096 0	6.001 120 7	0.001 149 0	0.001 401 8	0.025 786	0.029 921	0.036 733	0.042 789
	h	9.08	258.69	594.85	680.56	767.32	855.44	1 343.5	2 955.3	3 117.1	3 385.0	3 630.8
	s	0.000 4	0.826 5	1.730	1.933 0	2.128 8	2.319 1	3.251 4	6.034 2	6.284 2	6.656 0	6.955 2
12	v	0.000 994 2	0.001 011 8	0.001 072 5	0.001 093 8	0.001 118 3	0.001 146 2	0.001 389 2	0.017 202	0.021 079	0.026 782	0.031 573
	h	12.10	261.20	596.82	682.36	768.90	856.75	1 340.1	2 846.2	3 050.6	3 348.0	3 605.8
	s	0.000 5	0.824 9	1.727 4	1.929 6	2.124 9	2.314 6	3.238 2	5.757 4	6.073 6	6.486 8	6.800 6
15	v	0.000 992 8	0.001 010 5	0.001 070 8	0.001 091 9	0.001 115 9	0.001 143 4	0.001 377 7	0.011 469	0.015 652	0.207 97	0.024 882
	h	15.10	263.72	5.988 0	684.16	770.49	858.08	1 337.3	2 691.2	2 974.6	3 309.0	3 580.7
	s	0.000 6	0.823 3	1.724 4	1.926 2	2.121 0	2.310 2	3.226 0	5.440 3	5.879 8	6.344 9	6.675 7
17	v	0. 000 991 8	0.001 009 6	0.001 069 6	0.001 090 6	0.001 114 4	0.001 141 6	0.001 370 5	0.001 726 9	0.013 025 0	0.017 965 1	0.021 728 5
	h	17. 10	265.39	600.13	685.37	771.57	858.98	1 335.6	1 666.0	2 917.2	3 281.17	3 563.3
	s	0.000 6	0.822 3	1.722 5	1.923 9	2.118 5	2.307 2	3.218 3	3.769 4	5.752 0	6.259 6	6.602 5
20	v	0.000 990 4	0.001 008 4	0.001 067 9	0.001 088 6	0. 001 112 1	0.001 138 9	0.001 360 5	0.001 664 5	0.009 945 8	0.014 768 1	0.018 165 5
	h	20.08	267.90	602.12	687.20	773.19	860.36	1 333.4	1 645.2	2 816.8	3 239.3	3 536.3
	s	0.000 6	0.820 7	1.719 5	1.920 6	2.114 7	2.302 9	3.207 2	3.727 5	5.552 0	6.141 5	6.503 5

附表 16 氨(NH_3)的饱和性质(温度基准)

t	p_s	v''	v'	h''	h'	s''	s'
℃	kPa	m³/kg×10⁻³		KJ/kg		kJ/(kg·K)	
−60.00	21.99	3 685.08	1.401 0	1 373.19	−69.533 0	6.659 2	−0.109 09
−55.00	30.29	3 474.22	1.412 6	1 382.01	−47.506 2	6.545 4	−0.007 17
−50.00	41.03	2 616.51	1.424 5	1 390.64	−25.434 2	6.438 2	0.092 64
−45.00	54.74	1 998.91	1.436 7	1 399.07	−3.302 0	6.336 9	0.190 49
−40.00	72.01	1 547.36	1.449 3	1 407.26	18.902 4	6.241 0	0.286 51
−35.00	93.49	1 212.49	1.462 3	1 415.20	41.188 3	6.150 1	0.380 82
−30.00	119.90	960.867	1.475 7	1 422.86	63.562 9	6.063 6	0.473 51
−28.00	132.02	878.100	1.481 1	1 425.84	72.538 7	6.030 2	0.510 15
−26.00	145.11	803.761	1.486 7	1 428.76	81.530 0	5.997 4	0.546 55
−24.00	159.22	736.868	1.492 3	1 431.64	90.537 0	5.965 2	0.582 72
−22.00	174.41	676.570	1.498 0	1 434.46	99.560 0	5.933 6	0.618 65
−20.00	190.74	622.122	1.503 7	1 432.23	108.599	5.902 5	0.654 36
−18.00	208.26	572.875	1.509 6	1 439.94	117.656	5.872 0	0.698 84
−16.00	227.04	528.257	1.515 5	1 442.60	126.729	5.842 0	0.725 11
−14.00	247.14	487.769	1.521 5	1 445.20	135.820	5.812 5	0.760 16
−12.00	268.63	450.971	1.527 6	1 447.74	144.929	5.783 5	0.795 01
−10.00	291.57	417.477	1.533 8	1 450.22	154.056	5.755 0	0.829 65
−9.00	303.60	401.860	1.536 9	1 451.44	158.628	5.740 9	0.846 90
−8.00	316.02	386.944	1.540 0	1 452.64	163.204	5.726 9	0.864 10
−7.00	328.84	372.692	1.543 2	1 453.83	167.785	5.713 1	0.881 25
−6.00	342.07	359.071	1.546 4	1 455.00	172.371	5.699 3	0.898 35
−5.00	355.71	346.046	1.549 6	1 456.15	176.962	5.685 6	0.915 41
−4.00	369.77	333.589	1.552 8	1 457.29	181.559	5.672 1	0.932 42
−3.00	384.26	321.670	1.556 1	1 458.42	186.161	5.658 6	0.649 38
−2.00	399.20	310.263	1.559 4	1 459.53	190.768	5.645 3	0.966 30
−1.00	414.58	299.340	1.562 7	1 460.62	195.381	5.632 0	0.983 17
0	430.43	288.880	1.566 0	1 461.70	200.000	5.618 9	1.000 00
1.00	446.74	278.858	1.569 4	1 462.76	204.625	5.605 8	1.016 79
2.00	463.53	269.253	1.572 7	1 463.80	209.256	5.592 9	1.033 54
3.00	480.81	260.046	1.576 2	1 464.83	213.892	5.580 0	1.050 24
4.00	498.59	251.216	1.579 6	1 465.84	218.535	5.567 2	1.066 91
5.00	516.87	242.745	1.583 1	1 466.84	223.185	5.554 5	1.083 53
6.00	535.67	234.618	1.586 6	1 467.82	227.841	5.541 9	1.100 12
7.00	555.00	226.817	1.590 1	1 468.78	232.503	5.529 4	1.116 67
8.00	574.87	219.326	1.593 6	1 469.72	237.172	5.517 0	1.133 17
9.00	595.28	212.132	1.597 2	1 470.64	241.848	5.504 6	1.149 64
10.00	616.25	205.221	1.600 8	1 471.57	246.531	5.492 4	1.166 07
11.00	637.78	198.580	1.604 5	1 472.46	251.221	5.480 2	1.182 46
12.00	659.89	192.196	1.608 1	1 473.34	255.918	5.468 1	1.198 82
13.00	682.59	186.058	1.611 8	1 474.2	260.622	5.456 1	1.215 15

续表

t	p_s	v''	v'	h''	h'	s''	s'
℃	kPa	$m^3/kg\times10^{-3}$		KJ/kg		kJ/(kg·K)	
14.00	705.88	180.154	1.615 6	1 475.05	265.334	5.444 1	1.231 44
15.00	729.79	174.475	1.619 3	1 475.88	270.053	5.432 2	1.247 69
16.00	754.31	169.009	1.623 1	1 476.69	274.779	5.420 4	1.263 91
17.00	779.46	163.748	1.626 9	1 477.48	279.513	5.408 7	1.280 10
18.00	805.25	158.683	1.630 8	1 478.25	284.255	5.397 1	1.296 26
19.00	831.69	153.804	1.634 7	1 479.01	289.005	5.385 5	1.312 38
20.00	858.79	149.106	1.638 6	1 479.75	293.762	5.374 0	1.328 47
21.00	880.57	144.578	1.642 6	1 480.48	298.527	5.362 6	1.244 52
22.00	915.03	140.214	1.646 6	1 481.18	303.300	5.351 2	1.360 55
23.00	944.18	136.006	1.650 7	1 481.87	308.081	5.339 9	1.376 54
24.00	974.03	131.950	1.654 7	1 482.53	312.870	5.328 6	1.392 50
25.00	1 004.6	128.037	1.658 8	1 483.18	317.067	5.317 5	1.408 43
26.00	1 035.9	124.261	1.663	1 483.81	322.471	5.306 3	1.424 33
27.00	1 068	120.619	1.667 2	1 484.42	327.284	5.295 3	1.440 20
28.00	1 100.7	117.103	1.671 4	1 485.01	332.104	5.284 3	1.456 04
29.00	1 134.3	113.708	1.675 7	1 485.59	336.933	5.273 3	1.471 85
30.00	1 168.6	110.430	1.680 0	1 486.14	341.769	5.262 4	1.487 62
31.00	1 203.7	107.263	1.684 4	1 486.67	346.614	5.251 6	1.503 37
32.00	1 239.6	104.205	1.688 8	1 487.18	351.466	5.240 8	1.519 08
33.00	1 276.3	101.248	1.693 2	1 487.66	356.326	5.230 0	1.534 77
34.00	1 313.9	98.391 3	1.697 7	1 488.13	361.195	5.219 3	1.550 42
35.00	1 352.2	93.629 0	1.702 3	1 488.57	366.072	5.208 6	1.566 05
36.00	1 391.5	92.957 9	1.706 9	1 488.99	370.957	5.198 0	1.581 65
37.00	1 431.5	90.374 3	1.711 5	1 489.39	375.851	5.187 4	1.597 22
38.00	1 472.4	87.874 8	1.716 2	1 489.76	380.754	5.176 8	1.612 76
39.00	1 514.3	85.456 1	1.720 9	1 490.10	385.666	5.166 3	1.628 28
40.00	1 557.0	83.115 0	1.725 7	1 490.42	390.587	5.155 8	1.643 77
41.00	1 600.6	80.848 4	1.730 5	1 490.71	395.519	5.145 3	1.659 24
42.00	1 645.1	78.653 6	1.735 4	1 490.98	400.462	5.134 9	1.674 70
43.00	1 690.6	76.527 6	1.740 4	1 491.21	405.416	5.124 4	1.690 13
44.00	1 737.0	74.467 8	1.745 4	1 491.41	410.362	5.114 0	1.705 54
45.00	1 784.3	72.471 6	1.750 4	1 491.58	415.362	5.103 6	1.720 95
46.00	1 832.6	70.536 5	1.755 5	1 491.72	420.358	5.091 2	1.736 35
47.00	1 881.9	68.060 2	1.760 7	1 491.83	425.369	5.082 7	1.751 74
48.00	1 932.2	66.540 3	1.765 9	1 491.98	430.399	5.072 3	1.767 14
49.00	1 983.3	63.074 6	1.771 0	1 491.91	435.450	5.061 8	1.783 54
50.00	2 035.9	61.360 8	1.776 6	1 491.89	440.523	5.051 4	1.797 98
51.00	2 089.1	61.697 1	1.782 0	1 491.83	445.623	5.040 9	1.813 43
53.00	2 199.1	58.511 4	1.793 1	1 491.58	455.913	5.019 8	1.844 45
55.00	2 312.2	55.501 4	1.804 4	1 491.12	466.353	4.998 3	1.875 71

附表 17 氟利昂 134a 过热蒸汽热力性质

p=0.05 MPa(t_s=−40.64 ℃)				p=0.10 MPa(t_s=−26.45 ℃)		
t	v	h	s	v	h	s
℃	m^3/kg	kJ/kg	kJ/(kg·K)	m^3/kg	kJ/kg	kJ/(kg·K)
−20.0	0.404 77	388.69	1.828 2	0.193 79	383.1	1.751 0
−10.0	0.421 95	396.49	1.858 4	0.207 42	395.08	1.797 5
0.0	0.438 98	404.43	1.888	0.216 33	403.20	1.828 2
10.0	0.455 86	412.53	1.917 1	0.225 08	411.44	1.857 8
20.0	0.472 73	420.79	1.945 8	0.233 79	419.81	1.886 8
30.0	0.489 45	429.21	1.974 0	0.242 42	428.32	1.915 4
40.0	0.506 17	437.79	2.001 9	0.250 94	436.98	1.943 5
50.0	0.522 81	446.53	2.029 4	0.259 45	445.79	1.971 2
60.0	0.539 45	455.43	2.056 5	0.267 93	454.76	1.998 5
70.0	0.556 02	464.50	2.083 3	0.276 37	463.88	2.025 5
80.0	0.572 58	473.73	2.109 8	0.284 77	473.15	2.052 1
90.0	0.589 06	483.12	2.136 0	0.293 13	482.58	2.078 4

p=0.15 MPa(t_s=−17.20 ℃)				p=0.20 MPa(t_s=−10.14 ℃)		
t	v	h	s	v	h	s
℃	m^3/kg	kJ/kg	kJ/(kg·K)	m^3/kg	kJ/kg	kJ/(kg·K)
−10.0	0.135 84	393.63	1.760 7	0.099 98	392.14	1.732 9
0.0	0.142 03	401.93	1.791 6	0.104 86	400.63	1.764 6
10.0	0.148 13	410.32	1.821 8	0.109 61	409.17	1.795 3
20.0	0.154 10	418.81	1.851 2	0.114 26	417.79	1.825 2
30.0	0.160 02	427.42	1.880 1	0.118 81	426.51	1.854 5
40.0	0.165 86	436.17	1.908 5	0.123 32	435.34	1.883 1
50.0	0.171 68	445.05	1.936 5	0.127 75	444.30	1.911 3
60.0	0.177 42	454.08	1.964 0	0.132 15	453.39	1.939 0
70.0	0.183 13	463.25	1.991 1	0.136 52	462.62	1.966 3
80.0	0.188 83	472.57	2.017 9	0.140 86	471.98	1.993 2
90.0	0.194 49	482.04	2.044 3	0.145 16	481.50	2.019 7
100.0	0.200 16	491.66	2.070 4	0.149 45	491.15	2.046 0

续表

p=0.25 MPa(t_s=−4.35 ℃)				p=0.30 MPa(t_s=0.63 ℃)		
t	v	h	s	v	h	s
℃	m^3/kg	kJ/kg	kJ/(kg·K)	m^3/kg	kJ/kg	kJ/(kg·K)
0.0	0.082 53	399.30	1.742 7			
10.0	0.086 47	408.00	1.774 0	0.071 03	406.81	1.756 0
20.0	0.000 31	416.76	1.804 4	0.074 34	415.70	1.786 8
30.0	0.094 06	425.58	1.834 0	0.077 56	424.64	1.816 8
40.0	0.097 77	434.51	1.863 0	0.080 72	433.66	1.846 1
50.0	0.101 41	443.54	1.891 4	0.083 81	442.77	1.874 7
60.0	0.104 98	452.69	1.919 2	0.086 88	451.99	1.902 8
70.0	0.108 54	461.98	1.946 7	0.089 89	461.33	1.930 5
80.0	0.112 07	471.39	1.973 8	0.092 88	470.80	1.957 6
90.0	0.115 57	480.95	2.000 4	0.005 83	480.40	1.984 4
100.0	0.119 04	490.64	2.026 8	0.098 75	490.13	2.010 9
110.0	0.122 50	500.48	2.052 8	0.101 68	500.00	2.037 0

p=0.40 MPa(t_s=8.93 ℃)				p=0.50 MPa(t_s=15.72 ℃)		
t	v	h	s	v	h	s
℃	m^3/kg	kJ/kg	kJ/(kg·K)	m^3/kg	kJ/kg	kJ/(kg·K)
20.0	0.054 33	413.51	1.757 8	0.042 27	411.22	1.733 6
30.0	0.056 89	422.70	1.788 6	0.044 45	420.68	1.765 3
40.0	0.059 39	431.92	1.818 5	0.046 56	430.12	1.796 0
50.0	0.061 03	441.20	1.047 7	0.048 60	439.58	1.825 7
60.0	0.064 20	450.56	1.876 2	0.050 59	449.09	1.854 7
70.0	0.066 55	460.02	1.904 2	0.052 53	458.68	1.883 0
80.0	0.068 86	469.59	1.931 6	0.054 44	468.36	1.910 8
90.0	0.071 14	479.28	1.958 7	0.050 32	478.14	1.938 2
100.0	0.073 41	489.09	1.985 4	0.058 17	488.04	1.965 1
110.0	0.075 64	499.03	2.011 7	0.060 00	498.05	1.991 5
120.0	0.077 86	509.11	2.037 6	0.061 83	508.19	2.017 7
130.0	0.080 06	519.31	2.063 2	0.063 63	518.46	2.043 5

续表

$p=0.60$ MPa($t_s=21.55$ ℃)				$p=0.70$ MPa($t_s=26.72$ ℃)		
t	v	h	s	v	h	s
℃	m^3/kg	kJ/kg	kJ/(kg·K)	m^3/kg	kJ/kg	kJ/(kg·K)
30.0	0.036 13	418.58	1.745 2	0.030 13	416.37	1.727 0
40.0	0.037 98	428.26	1.776 6	0.031 83	426.32	1.759 3
50.0	0.039 77	437.91	1.807 0	0.033 44	436.19	1.790 4
60.0	0.041 49	447.58	1.836 4	0.034 98	446.04	1.820 4
70.0	0.043 17	457.31	1.865 2	0.036 48	455.91	1.849 6
80.0	0.044 82	467.10	1.893 3	0.037 94	465.82	1.878 0
90.0	0.046 44	476.90	1.920 9	0.039 36	475.81	1.905 9
100.0	0.048 02	486.97	1.948 0	0.040 76	485.89	1.933 3
110.0	0.049 59	497.06	1.974 7	0.042 13	496.06	1.960 2
120.0	0.051 13	507.27	2.001 0	0.043 48	506.33	1.986 7
130.0	0.052 66	517.59	2.027 0	0.044 83	516.72	2.012 8
140.0	0.054 17	528.04	2.052 6	0.046 15	527.23	2.038 5

$p=0.80$ MPa($t_s=31.32$ ℃)				$p=0.90$ MPa($t_s=35.50$ ℃)		
t	v	h	s	v	h	s
℃	m^3/kg	kJ/kg	kJ/(kg·K)	m^3/kg	kJ/kg	kJ/(kg·K)
40.0	0.027 18	424.31	1.743 5	0.023 55	422.19	1.728 0
50.0	0.028 67	434.41	1.775 3	0.024 94	432.57	1.761 3
60.0	0.030 09	444.45	1.805 9	0.026 26	442.81	1.792 5
70.0	0.031 45	454.47	1.835 5	0.027 52	453.00	1.822 7
80.0	0.032 77	464.52	1.864 4	0.028 74	463.10	1.851 9
90.0	0.034 06	474.62	1.892 6	0.029 92	473.40	1.880 4
100.0	0.035 31	484.79	1.920 2	0.031 06	483.67	1.908 3
110.0	0.036 54	495.04	1.947 3	0.032 19	494.01	1.937 5
120.0	0.037 75	505.39	1.974 0	0.033 29	504.43	1.962 5
130.0	0.038 95	515.84	2.000 2	0.034 38	514.05	1.988 9
140.0	0.040 13	526.40	2.026 1	0.035 44	525.57	2.015 0

续表

p=1.0 MPa(t_s=39.49 ℃)				p=1.1 MPa(t_s=42.99 ℃)		
t	v	h	s	v	h	s
℃	m^3/kg	kJ/kg	kJ/(kg·K)	m^3/kg	kJ/kg	kJ/(kg·K)
40.0	0.020 61	419.97	1.714 5			
50.0	0.021 94	430.64	1.748 1	0.019 47	428.64	1.735 5
60.0	0.023 19	441.12	1.780 0	0.020 66	439.37	1.768 2
70.0	0.024 37	451.49	1.810 7	0.021 78	449.93	1.799 0
80.0	0.025 51	461.82	1.840 4	0.022 85	460.42	1.829 6
90.0	0.026 60	472.16	1.869 2	0.023 88	470.89	1.858 8
100.0	0.027 66	482.53	1.897 4	0.024 88	481.37	1.887 3
110.0	0.028 70	492.96	1.925 0	0.025 84	491.89	1.915 1
120.0	0.029 71	503.46	1.952	0.026 79	502.48	1.942 4
130.0	0.030 71	514.05	1.978	0.027 71	513.14	1.969 2
140.0	0.031 69	524.73	2.004 8	0.028 62	523.88	1.995 5
150.0	0.032 65	535.52	2.030 6	0.029 51	534.72	2.021 4

p=1.2 MPa(t_s=46.31 ℃)				P=1.3 MPa(t_s=49.44 ℃)		
t	v	h	s	v	h	s
℃	m^3/kg	kJ/kg	kJ/(kg·K)	m^3/kg	kJ/kg	kJ/(kg·K)
50.0	0.017 39	426.53	1.723 2	0.015 59	424.3	1.711 3
60.0	0.018 54	437.55	1.756 9	0.016 73	435.65	1.745 9
70.0	0.019 62	448.33	1.788 8	0.017 78	446.68	1.778 5
80.0	0.020 64	458.99	1.819 4	0.018 75	457.52	1.809 6
90.0	0.021 61	469.6	1.849 0	0.019 68	468.28	1.839 7
100.0	0.022 55	480.19	1.877 8	0.020 57	478.99	1.866 8
110.0	0.023 46	490.81	1.905 9	0.021 44	489.72	1.897 2
120.0	0.024 34	501.48	1.933 4	0.022 27	500.47	1.924 9
130.0	0.025 21	512.21	1.960 3	0.023 09	511.28	1.952 0
140.0	0.026 06	523.02	1.986 8	0.023 88	522.16	1.978 7
150.0	0.026 89	533.02	2.012 9	0.024 67	533.12	2.004 9

续表

	p=1.4 MPa(t_s=52.48 ℃)			p=1.5 MPa(t_s=55.23 ℃)		
t	v	h	s	v	h	s
℃	m^3/kg	kJ/kg	kJ/(kg·K)	m^3/kg	kJ/kg	kJ/(kg·K)
60.0	0.015 16	433.66	1.735 1	0.013 79	431.57	1.724 5
70.0	0.016 18	444.96	1.768 5	0.014 79	442.17	1.758 8
80.0	0.017 13	456.01	1.800 3	0.015 72	454.45	1.791 2
90.0	0.018 02	466.92	1.830 8	0.016 58	465.54	1.822 2
100.0	0.018 88	477.77	1.860 2	0.017 41	476.52	1.852 0
110.0	0.019 70	488.60	1.888 9	0.018 19	487.47	1.881 0
120.0	0.b20 50	499.45	1.916 8	0.018 95	498.41	1.909 2
130.0	0.021 27	510.34	1.944 2	0.019 69	509.38	1.936 7
140.0	0.022 02	521.28	1.971 0	0.020 41	520,40	1.963 7
150.0	0.022 76	532.30	1.997 3	0.021 11	531.48	1.990 2

	p=1.6 MPa(t_s=57.94 ℃)			p=1.7 MPa(t_s=60.45 ℃)		
t	v	h	s	v	h	s
℃	m^3/kg	kJ/kg	kJ/(kg·K)	m^3/kg	kJ/kg	kJ/(kg·K)
60.0	0.012 56	429.36	1.713 9			
70.0	0.013 56	441.32	1.749 3	0.012 47	439.37	1.739 8
80.0	0.014 47	452.84	1.782 4	0.013 36	451.17	1.773 8
90.0	0.015 32	464.11	1.813 9	0.014 19	462.65	1.805 8
100.0	0.016 11	475.25	1.844 1	0.014 97	473.94	1.836 5
110.0	0.016 87	486.31	1.873 4	0.015 70	485.14	1.866 1
120.0	0.017 60	497.36	1.901 8	0.016 41	496.29	1.894 8
130.0	0.018 31	508.41	1.929 6	0.017 09	507.43	1.922 8
140.0	0.019 00	519.50	1.956 8	0.017 75	518.6	1.950 2
150.0	0.010 60	530.65	1.983 4	0.018 39	529.81	1.977 0

	p=2.0 MPa(t_s=67.57 ℃)			p=3.0 MPa(t_s=86.26 ℃)		
t	v	h	s	v	h	s
℃	m^3/kg	kJ/kg	kJ/(kg·K)	m^3/kg	kJ/kg	kJ/(kg·K)
70.0	0.009 75	432.85	1.711 2			
80.0	0.010 65	445.76	1.748 3			
90.0	0.011 46	457.99	1.782 4	0.005 85	436.84	1.701 1
100.0	0.012 19	469.84	1.814 6	0.006 69	452.92	1.744 8

续表

p=2.0 MPa(t_s=67.57 ℃)				p=3.0 MPa(t_s=86.26 ℃)		
t	ν	h	s	ν	h	s
℃	m³/kg	kJ/kg	kJ/(kg·K)	m³/kg	kJ/kg	kJ/(kg·K)
110.0	0.012 88	481.47	1.845 4	0.007 37	467.11	1.782 4
120.0	0.013 52	492.97	1.875 0	0.007 96	480.41	1.816 6
130.0	0.014 15	504.4	1.903 7	0.008 50	493.22	1.048 8
140.0	0.014 74	615.82	1.931 7	0.008 99	505.72	1.879 4
150.0	0.015 32	527.24	1.959 0	0.009 46	518.04	1.908 9

p=4.0 MPa(t_s=100.35 ℃)				p=5.0 MPa		
t	ν	h	s	ν	h	s
℃	m³/kg	kJ/kg	kJ/(kg·K)	m³/kg	kJ/kg	kJ/(kg·K)
60.0				0.000 92	285.68	1.270 0
70.0				0.000 96	301.31	1.316 3
80.0				0.001 00	317.85	1.363 8
90.0				0.001 08	335.94	1.414 3
100.0				0.001 22	357.51	1.472 8
110.0	0.004 24	445.56	1.711 2	0.001 71	394.74	1.571 1
120.0	0.004 98	463.93	1.758 6	0.002 89	437.91	1.682 5
130.0	0.005 54	479.52	1.797 7	0.003 63	461.41	1.741 6
140.0	0.006 03	403.9	1.833 0	0.004 17	479.51	1.785 9
150.0	0.006 47	507.59	1.865 7	0.004 02	495.48	1.824 1
160.0	0.006 87	520.87	1.896 7	0.005 02	510.34	1.858 8
170.0	0.007 25	533.88	1.926 4	0.005 37	524.53	1.891 2

附表 18　氟利昂 134a 的饱和性质(温度基准)

t	p_s	v''	v'	h''	h'	s''	s'
℃	kPa	m³/kg×10⁻³		kJ/kg		kJ/(kg·K)	
−85.00	2.56	5 890.907	0.648 4	345.37	94.12	1.870 2	0.534 8
−80.00	3.87	4 045.366	0.655 01	348.41	99.89	1.853 5	0.566 8
−75.00	5.72	2 816.477	0.661 06	351.48	105.68	1.837 9	0.597 4
−70.00	8.27	2 004.070	0.667 19	354.57	111.46	1.823 9	0.627 2
−65.00	11.72	1 442.296	0.673 27	357.68	117.38	1.810 7	0.656 2

续表

t	p_s	v''	v'	h''	h'	s''	s'
℃	kPa	$m^3/kg\times10^{-3}$		kJ/kg		kJ/(kg·K)	
−60.00	16.29	1 055.363	0.679 47	360.81	123.37	1.798 7	0.684 7
−55.00	22.24	785.161	0.685 83	363.95	129.42	1.787 8	0.712 7
−50.00	29.90	593.412	0.692 38	367.10	135.54	1.778 2	0.740 5
−45.00	39.58	454.926	0.699 16	370.25	141.72	1.769 5	0.767 8
−40.00	51.69	353.529	0.706 19	373.4	147.96	1.761 8	0.794 9
−35.00	66.63	278.087	0.713 48	376.54	154.26	1.754 9	0.821 6
−30.00	84.85	221.302	0.721 05	379.67	160.62	1.748 8	0.847 9
−25.00	106.86	177.937	0.728 92	382.79	167.04	1.743 4	0.874 0
−20.00	133.18	144.45	0.737 12	385.89	173.52	1.738 7	0.899 7
−15.00	164.36	118.481	0.745 72	388.97	180.04	1.734 6	0.925 3
−10.00	201.00	97.832	0.754 63	392.01	186.63	1.730 9	0.950 4
−5.00	243.71	81.304	0.763 88	395.01	193.29	1.727 6	0.975 3
0.00	293.14	68.164	0.773 65	397.98	200.00	1.724 8	1.000 0
5.00	349.96	57.47	0.783 84	400.9	206.78	1.722 3	1.024 4
10.00	414.88	48.721	0.794 53	403.76	213.63	1.720 1	1.048 6
15.00	488.6	41.532	0.805 77	406.57	220.55	1.718 2	1.072 7
20.00	571.88	35.576	0.817 62	409.3	227.55	1.716 5	1.096 5
25.00	665.49	30.603	0.830 17	411.96	234.63	1.714 9	1.120 2
30.00	770.21	26.424	0.843 47	414.52	241.8	1.713 5	1.143 7
35.00	886.87	22.899	0.857 68	416.99	249.07	1.712 1	1.167 2
40.00	1 016.32	10.803	0.872 84	419.34	256.44	1.710 8	1.190 6
45.00	1 159.45	17.320	0.889 19	421.55	263.94	1.709 3	1.213 9
50.00	1 317.19	15.112	0.906 94	423.62	271.57	1.707 8	1.237 3
55.00	1 490.52	13.203	0.926 34	425.51	279.36	1.706 1	1.260 7
60.00	1 680.47	11.538	0.947 75	427.18	287.33	1.704 1	1.284 2
65.00	1 888.17	10.08	0.971 75	428.61	295.51	1.701 6	1.308 0
70.00	2 114.81	8.788	0.999 02	429.7	303.94	1.698 6	1.332 1
75.00	2 361.75	7.638	1.030 73	430.38	312.71	1.694 8	1.356 8
80.00	2 630.48	6.601	1.068 69	430.53	321.92	1.689 8	1.382 2
85.00	2 922.80	5.647	1.116 21	429.86	331.74	1.682 9	1.408 9
90.00	3 240.89	4.751	1.180 24	427.99	342.54	1.673 2	1.437 9
95.00	3 587.80	3.851	1.279 26	423.7	355.23	1.657 4	1.471 4
100.00	3 969.25	2.779	1.534 10	412.19	395.04	1.623	1.523 4
101.00	4 051.31	2.382	1.968 10	404.50	392.88	1.601 8	1.570 7
101.15	4 064.00	1.969	1.968 50	393.07	393.07	1.571 2	1.571 2

附表 19 氟利昂 134a 饱和性质(压力基准)

p_s	t	v''	v'	h''	h'	s''	s'
kPa	℃	$m^3/kg\times10^{-3}$		kJ/kg		kJ/(kg·K)	
10.00	−67.32	1 676.284	0.670 44	356.24	114.63	1.816 6	0.642 8
20.00	−56.94	868.908	0.683 59	362.86	127.30	1.791 5	0.703 0
30.00	−49.94	591.338	0.692 47	367.14	135.62	1.778 0	0.740 8
40.00	−44.81	450.539	0.699 42	370.37	141.95	1.769 2	0.768 8
50.00	−40.64	364.782	0.705 27	373.00	147.16	1.762 7	0.791 4
60.00	−37.08	306.836	0.710 41	375.24	151.64	1.757 7	0.810 5
80.00	−31.25	234.033	0.719 13	378.90	159.04	1.750 3	0.841 4
100.00	−26.45	189.737	0.726 67	381.89	165.15	1.745 1	0.866 5
120.00	−22.37	159.324	0.733 19	384.42	170.43	1.740 9	0.887 5
140.00	−18.82	137.972	0.739 20	386.63	175.04	1.737 8	0.905 9
160.00	−15.64	121.49	0.744 61	388.58	175.20	1.735 1	0.922 0
180.00	−12.79	108.637	0.749 55	390.31	182.95	1.732 8	0.936 4
200.00	−10.14	98.326	0.754 38	391.93	186.45	1.731 0	0.949 7
250.00	−4.35	79.485	0.765 17	395.41	194.16	1.727 3	0.978 6
300.00	0.63	66.694	0.774 92	398.36	200.85	1.724 5	1.003 1
350.00	5.00	57.477	0.783 83	400.90	206.77	1.722 3	1.024 4
400.00	8.93	50.444	0.792 2	403.16	212.16	1.720 6	1.043 5
450.00	12.44	45.016	0.799 92	405.14	217.00	1.719 1	1.060 4
500.00	15.72	40.612	0.807 44	406.96	221.55	1.718 0	1.076 1
550.00	18.75	36.955	0.814 61	408.62	225.79	1.716 9	1.090 6
600.00	21.55	33.870	0.821 29	410.11	229.74	1.715 8	1.103 8
650.00	24.21	31.327	0.828 13	411.54	233.50	1.715 2	1.116 4
700.00	26.72	29.081	0.834 65	412.85	237.09	1.714 4	1.128 3
800.00	31.32	25.428	0.847 14	415.18	243.71	1.713 1	1.150 0
900.00	35.50	22.569	0.859 11	417.22	249.80	1.712 0	1.169 5
1 000.00	39.39	20.228	0.870 91	419.05	255.53	1.710 9	1.187 7
1 200.00	46.31	16.708	0.893 71	422.11	265.93	1.708 9	1.220 1
1 400.00	52.48	14.130	0.916 33	424.58	275.42	1.706 9	1.248 9
1 600.00	57.94	12.198	0.938 64	426.52	284.01	1.704 9	1.274 5
1 800	62.92	10.664	0.961 40	428.04	292.07	1.702 7	1.298 1
2 000	67.56	9.398	0.985 26	429.21	299.80	1.700 2	1.320 3
2 200	71.74	8.375	1.009 48	429.99	306.95	1.697 4	1.340 6
2 400	75.72	7.482	1.035 76	430.45	314.01	1.694 1	1.360 4
2 600	79.42	6.714	1.063 91	430.54	320.83	1.690 4	1.379 2
2 800	82.93	6.036	1.095 1	430.28	327.59	1.686 1	1.397 7
3 000	86.25	5.421	1.130 32	429.55	334.34	1.680 9	1.415 9
3 200	89.39	4.860	1.171 07	428.32	341.14	1.674 6	1.434 2
3 400	92.33	4.340	1.219 92	426.45	348.12	1.677 0	1.452 7
4 064	101.15	1.969	1.968 50	393.07	393.07	1.571 2	1.571 2

附表 20 R410a (50% R32/50% R125)热力性质表

温度/℃		压力/MPa		密度/(kg/m³)		比体积/(m³/kg)		比焓/(kJ/kg)		比熵/(kJ/kgK)	
液相	气相	液相	气相	液相	气相	液相	气相	液相	气相	液相	气相
1.000 0	1.000 0	0.826 54	0.823 84	1 165.9	31.575	0.000 857 68	0.031 671	201.52	421.69	1.005 5	1.808 6
2.000 0	2.000 0	0.852 99	0.850 21	1 161.9	32.603	0.000 860 66	0.030 672	203.05	421.98	1.011 0	1.806 7
3.000 0	3.000 0	0.880 08	0.877 22	1 157.8	33.659	0.000 863 68	0.029 710	204.58	422.27	1.016 4	1.804 8
4.000 0	4.000 0	0.907 82	0.904 87	1 153.7	34.744	0.000 866 75	0.028 782	206.11	422.54	1.021 9	1.802 9
5.000 0	5.000 0	0.936 21	0.933 18	1 149.6	35.859	0.000 869 87	0.027 887	207.66	422.81	1.027 4	1.801 0
6.000 0	6.000 0	0.965 26	0.962 14	1 145.4	37.005	0.000 873 03	0.027 023	209.20	423.08	1.032 8	1.799 1
7.000 0	7.000 0	0.994 98	0.991 78	1 141.2	38.182	0.000 876 23	0.026 190	210.76	423.33	1.038 3	1.797 2
8.000 0	8.000 0	1.025 4	1.022 1	1 137.0	39.392	0.000 879 49	0.025 386	212.31	423.58	1.043 7	1.795 2
9.000 0	9.000 0	1.056 5	1.053 1	1 132.8	40.634	0.000 882 80	0.024 610	213.88	423.82	1.049 2	1.793 3
10.000	10.000	1.088 3	1.084 8	1 128.5	41.911	0.000 886 17	0.023 860	215.45	424.05	1.054 6	1.791 4
11.000	11.000	1.120 8	1.117 2	1 124.1	43.223	0.000 889 58	0.023 136	217.03	424.27	1.060 1	1.789 5
12.000	12.000	1.154 1	1.150 4	1 119.7	44.571	0.000 893 06	0.022 436	218.61	424.48	1.065 6	1.787 6
13.000	13.000	1.188 1	1.184 3	1 115.3	45.957	0.000 896 59	0.021 760	220.20	424.69	1.071 0	1.785 7
14.000	14.000	1.222 8	1.218 9	1 110.9	47.380	0.000 900 18	0.021 106	221.79	424.88	1.076 5	1.783 8
15.000	15.000	1.258 3	1.254 3	1 106.4	48.844	0.000 903 84	0.020 473	223.40	425.07	1.081 9	1.781 9
16.000	16.000	1.294 5	1.290 4	1 101.9	50.348	0.000 907 56	0.019 862	225.01	425.24	1.087 4	1.780 0
17.000	17.000	1.331 6	1.327 4	1 097.3	51.894	0.000 911 35	0.019 270	226.62	425.41	1.092 9	1.778 1
18.000	18.000	1.369 4	1.365 1	1 092.7	53.483	0.000 915 20	0.018 697	228.25	425.56	1.098 3	1.776 1
19.000	19.000	1.408 0	1.403 6	1 088.0	55.117	0.000 919 13	0.018 143	229.88	425.70	1.103 8	1.774 2
20.000	20.000	1.447 5	1.442 9	1 083.3	56.798	0.000 923 14	0.017 606	231.52	425.83	1.109 3	1.772 2
21.000	21.000	1.487 7	1.483 1	1 078.5	58.525	0.000 927 22	0.017 087	233.16	425.95	1.114 8	1.770 3
22.000	22.000	1.528 8	1.524 1	1 073.7	60.303	0.000 931 38	0.016 583	234.82	426.06	1.120 2	1.768 3
23.000	23.000	1.570 8	1.565 9	1 068.8	62.131	0.000 935 62	0.016 095	236.48	426.16	1.125 7	1.766 3
24.000	24.000	1.613 6	1.608 6	1 063.9	64.012	0.000 939 96	0.015 622	238.15	426.24	1.131 2	1.764 3
25.000	25.000	1.657 2	1.652 1	1 058.9	65.948	0.000 944 38	0.015 164	239.84	426.31	1.136 8	1.762 3
26.000	26.000	1.701 8	1.696 6	1 053.9	67.940	0.000 948 90	0.014 719	241.53	426.37	1.142 3	1.760 3
27.000	27.000	1.747 3	1.741 9	1 048.8	69.991	0.000 953 51	0.014 288	243.22	426.41	1.147 8	1.758 2
28.000	28.000	1.793 6	1.788 2	1 043.6	72.103	0.000 958 23	0.013 869	244.93	426.44	1.153 3	1.756 1
29.000	29.000	1.840 9	1.835 3	1 038.4	74.279	0.000 963 05	0.013 463	246.65	426.46	1.158 9	1.754 1
30.000	30.000	1.889 1	1.883 4	1 033.1	76.520	0.000 967 99	0.013 068	248.38	426.46	1.164 4	1.751 9
31.000	31.000	1.938 3	1.932 4	1 027.7	78.830	0.000 973 05	0.012 686	250.12	426.44	1.170 0	1.749 8
32.000	32.000	1.988 4	1.982 4	1 022.3	81.211	0.000 978 22	0.012 314	251.87	426.41	1.175 6	1.747 6
33.000	33.000	2.039 5	2.033 4	1 016.7	83.666	0.000 983 53	0.011 952	253.63	426.35	1.181 2	1.745 4
34.000	34.000	2.091 6	2.085 4	1 011.2	86.199	0.000 988 97	0.011 601	255.41	426.28	1.186 8	1.743 2
35.000	35.000	2.144 7	2.138 3	1 005.5	88.813	0.000 994 55	0.011 260	257.19	426.20	1.192 4	1.741 0
36.000	36.000	2.198 8	2.192 3	999.71	91.511	0.001 000 3	0.010 928	258.99	426.09	1.198 1	1.738 7

续表

温度/℃		压力/MPa		密度/(kg/m³)		比体积/(m³/kg)		比焓/(kJ/kg)		比熵/(kJ/kgK)	
液相	气相	液相	气相	液相	气相	液相	气相	液相	气相	液相	气相
37.000	37.000	2.253 9	2.247 3	993.86	94.298	0.001 006 2	0.010 605	260.80	425.96	1.203 8	1.736 4
38.000	38.000	2.310 1	2.303 3	987.91	97.179	0.001 012 2	0.010 290	262.63	425.81	1.209 5	1.734 0
39.000	39.000	2.367 3	2.360 4	981.87	100.16	0.001 018 5	0.009 984 4	264.47	425.64	1.215 2	1.731 6
40.000	40.000	2.425 6	2.418 6	975.72	103.24	0.001 024 9	0.009 686 5	266.32	425.45	1.220 9	1.729 1
41.000	41.000	2.485 0	2.477 9	969.46	106.42	0.001 031 5	0.009 396 4	268.19	425.23	1.226 7	1.726 6
42.000	42.000	2.545 5	2.538 2	963.08	109.73	0.001 038 3	0.009 113 6	270.08	424.98	1.232 5	1.724 1
43.000	43.000	2.607 1	2.599 7	956.58	113.15	0.001 045 4	0.008 838 0	271.99	424.71	1.238 3	1.721 5
44.000	44.000	2.669 9	2.662 4	949.95	116.70	0.001 052 7	0.008 569 2	273.91	424.41	1.244 2	1.718 8
45.000	45.000	2.733 8	2.726 1	943.19	120.38	0.001 060 2	0.008 307 0	275.85	424.08	1.250 1	1.716 1
46.000	46.000	2.798 8	2.791 1	936.28	124.21	0.001 068 1	0.008 051 1	277.81	423.72	1.256 0	1.713 3
47.000	47.000	2.865 1	2.857 2	929.21	128.19	0.001 076 2	0.007 801 2	279.79	423.33	1.26 20	1.710 4
48.000	48.000	2.932 5	2.924 6	921.98	132.33	0.001 084 6	0.007 557 0	281.80	422.90	1.268 0	1.707 5
49.000	49.000	3.001 2	2.993 2	914.57	136.64	0.001 093 4	0.007 318 3	283.83	422.43	1.274 1	1.704 4
50.000	50.000	3.071 1	3.063 0	906.97	141.15	0.001 102 6	0.007 084 8	285.88	421.92	1.280 2	1.701 3
51.000	51.000	3.142 2	3.134 1	899.16	145.85	0.001 112 2	0.006 856 3	287.97	421.37	1.286 4	1.698 0
52.000	52.000	3.214 7	3.206 5	891.12	150.77	0.001 122 2	0.006 632 5	290.08	420.77	1.292 7	1.694 7
53.000	53.000	3.288 4	3.280 2	882.84	155.93	0.001 132 7	0.006 413 1	292.23	420.12	1.299 0	1.691 2
54.000	54.000	3.363 5	3.355 2	874.29	161.35	0.001 143 8	0.006 197 8	294.41	419.41	1.305 4	1.687 6
55.000	55.000	3.439 8	3.431 6	865.44	167.04	0.001 155 5	0.005 986 4	296.63	418.65	1.311 9	1.683 9
56.000	56.000	3.517 6	3.509 4	856.26	173.05	0.001 167 9	0.005 778 6	298.89	417.82	1.318 6	1.679 9
57.000	57.000	3.596 7	3.588 6	846.72	179.40	0.001 181 0	0.005 574 0	301.20	416.92	1.325 3	1.675 8
58.000	58.000	3.677 3	3.669 2	836.76	186.14	0.001 195 1	0.005 372 4	303.57	415.94	1.332 2	1.671 5
59.000	59.000	3.759 2	3.751 3	826.34	193.30	0.001 210 2	0.005 173 3	305.99	414.87	1.339 2	1.667 0
60.000	60.000	3.842 6	3.834 8	815.37	200.95	0.001 226 4	0.004 976 3	308.48	413.70	1.346 4	1.662 2
61.000	61.000	3.927 6	3.919 9	803.78	209.17	0.001 244 1	0.004 780 9	311.06	412.41	1.353 7	1.657 1
62.000	62.000	4.014 0	4.006 6	791.46	218.03	0.001 263 5	0.004 586 5	313.72	410.99	1.361 4	1.651 7
63.000	63.000	4.101 9	4.094 9	778.25	227.66	0.001 284 9	0.004 392 6	316.50	409.42	1.369 3	1.645 8
64.000	64.000	4.191 5	4.184 8	763.97	238.21	0.001 309 0	0.004 198 0	319.41	407.67	1.377 6	1.639 5
65.000	65.000	4.282 6	4.276 3	748.34	249.89	0.001 336 3	0.004 001 7	322.49	405.69	1.386 4	1.632 5
66.000	66.000	4.375 4	4.369 7	730.95	263.01	0.001 368 1	0.003 802 1	325.78	403.43	1.395 7	1.624 7
67.000	67.000	4.469 9	4.464 8	711.18	278.04	0.001 406 1	0.003 596 6	329.38	400.80	1.405 9	1.615 9
68.000	68.000	4.566 1	4.561 8	687.93	295.74	0.001 453 6	0.003 381 3	333.40	397.65	1.417 4	1.605 7
69.000	69.000	4.664 1	4.660 7	659.03	317.59	0.001 517 4	0.003 148 7	338.15	393.73	1.430 8	1.593 3
70.000	70.000	4.763 9	4.761 7	618.88	347.08	0.001 615 8	0.002 881 1	344.34	388.39	1.448 4	1.576 8
71.000	71.000	4.865 7	4.865 0	541.23	399.47	0.001 847 7	0.002 503 3	355.76	378.96	1.481 2	1.548 6
71.344	71.344	4.901 2	4.901 2	459.03	459.03	0.002 178 5	0.002 178 5	368.71	368.71	1.518 5	1.518 5

本数据来自 NIST Refprop 软件。

附图　湿空气 h-d 图

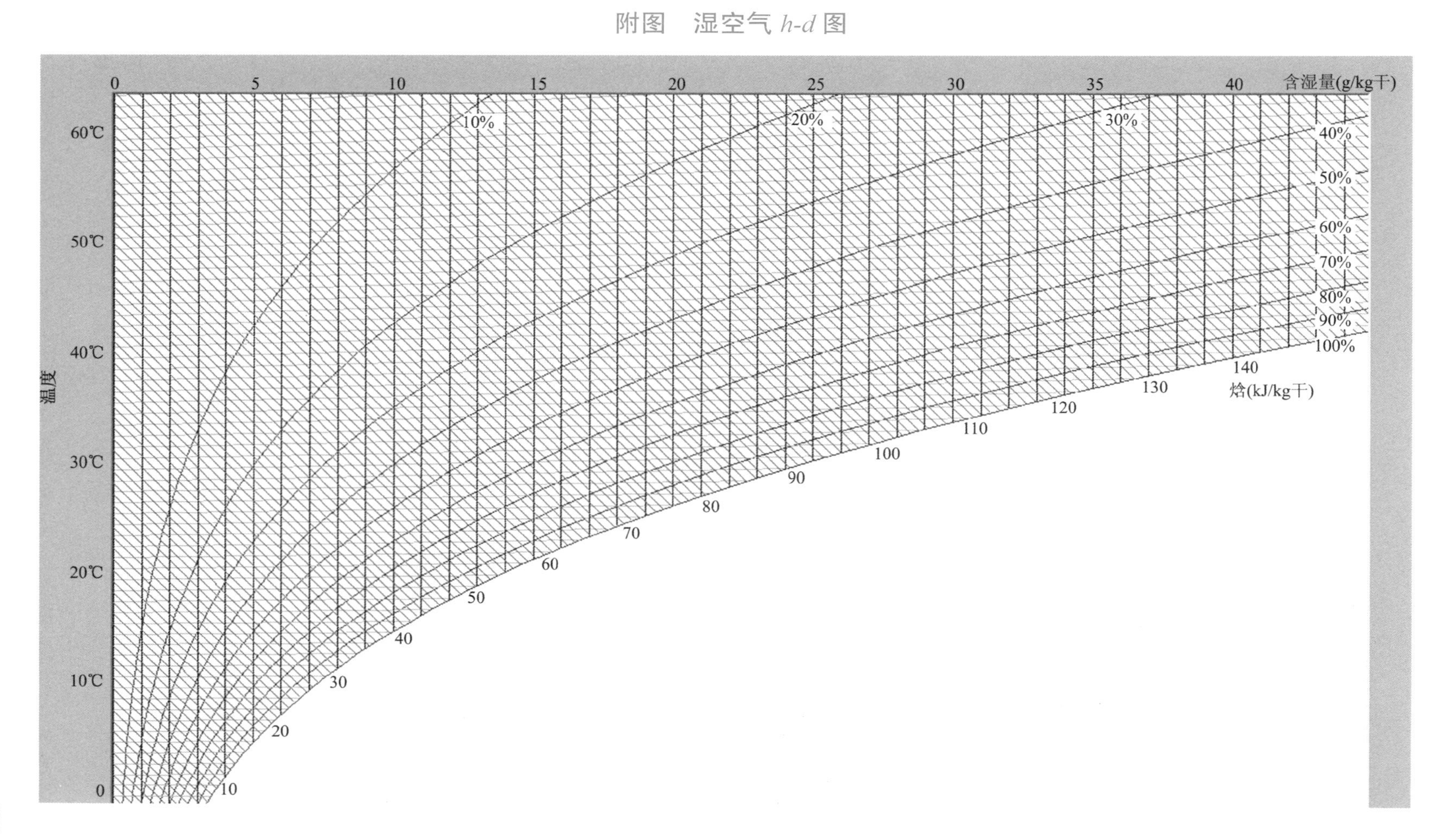
含湿量(g/kg干)
0
5
10
15
20
25
30
35
40
温度
60℃
50℃
40℃
30℃
20℃
10℃
0
10%
20%
30%
40%
50%
60%
70%
80%
90%
100%
焓(kJ/kg干)
10
20
30
40
50
60
70
80
90
100
110
120
130
140